Faktor 10

Mathematik

Herausgegeben von

Max Schröder

Bernd Wurl

Alexander Wynands

Schroedel

Faktor 10
Mathematik

Herausgegeben und bearbeitet von

Kerstin Cohrs-Streloke, Klaus Frankenberg, Karl-Heinz Hasemann, Dr. Martina Lenze, Anette Lessmann, Hartmut Lunze, Ludwig Mayer, Jürgen Ruschitz, Dr. Max Schröder, Prof. Bernd Wurl, Prof. Dr. Alexander Wynands

in Zusammenarbeit mit der Verlagsredaktion

Zum Schülerband erscheinen:	Lösungen:	Best.-Nr. 84386
	Materialien:	Best.-Nr. 84392
	CD Rund um ...:	Best.-Nr. 84398

Druck A [6] / Jahr 2013
Alle Drucke der Serie A sind im Unterricht parallel verwendbar.

Illustration: Hans-Jürgen Feldhaus
Zeichnungen: Michael Wojczak
Satz: typotext, Dortmund
Druck und Bindung: westermann druck GmbH, Braunschweig

ISBN 978-3-507-**84380**-6

Hinweise zum Umgang mit dem Buch

Merksätze
Merksätze stehen auf einem grauen Hintergrund und sind durch rote Balken gekennzeichnet.

Beispiele
Musterbeispiele als Lösungshilfen stehen auf einem grauen Hintergrund und sind durch einen gelben Balken gekennzeichnet.

Tipp
Nützliche Tipps und Hilfen sind besonders gekennzeichnet.

TIPP

Testen, Üben, Vergleichen (TÜV)
Jedes Kapitel endet mit einer TÜV-Seite, bestehend aus den wichtigsten Ergebnissen und typischen Aufgaben dazu. Die Lösungen dieser Aufgaben sind zur Selbstkontrolle für die Schülerinnen und Schüler am Ende des Buches angegeben.

TESTEN · ÜBEN · VERGLEICHEN

Diagnosetest
Zur Vorbereitung auf Klassenarbeiten gibt es nach jeder TÜV-Seite eine Seite mit Grund- und Wahlaufgaben zu Inhalten des jeweiligen Kapitels. Die Lösungen sind zur Selbstkontrolle im Anhang angegeben.

DIAGNOSETEST

Diagnose: Fit für die Abschlussprüfung?
Am Ende enthält der Schülerband eine umfangreiche Sammlung von Aufgaben zur Vorbereitung auf die Abschlussprüfung in Klasse 10.
Im ersten Teil werden Aufgaben zum Basiswissen angeboten, dann folgen Seiten mit komplexen Aufgaben zur Auswahl, in denen besonders die allgemeinen Kompetenzen angesprochen werden. Die Lösungen dieser Aufgaben befinden sich ebenfalls im Anhang.

DIAGNOSE

Lesen, Verstehen, Lösen
Bei den mit diesem Logo versehenen Seiten oder Aufgaben steht die Schulung der allgemeinen Kompetenzen Argumentieren, Problemlösen, Modellieren, Verwenden von Werkzeugen sowie Kommunizieren besonders im Vordergrund. Auch bei der Bearbeitung nicht gekennzeichneter Aufgaben, bei denen das Augenmerk vorwiegend auf inhaltlichen Kompetenzen liegt, werden diese Kompetenzen benötigt und gefestigt.

LVL

Bleib fit
Zum Wiederholen gibt es regelmäßig Aufgabenseiten zu Inhalten aus früheren Kapiteln.

Bleib FIT!

Differenzierung
Aufgaben oder Abschnitte mit erweitertem Anforderungsniveau sind gelb gekennzeichnet.

4.

INHALTSVERZEICHNIS

Bildquellenverzeichnis

Umschlagfoto: cY (Sebastian Bonk)/www.photocase.de;

Dieter Rixe, Braunschweig: S. 6, 14, 36, 40, 41, 49 (2), 68 (3), 119 (Christbaumkugel, Gastank, Ball, Kugelstoßen), 120 (Bälle), 124 (Handball), 131, 144;

Alexander Wynands, Königswinter: S. 27, 97 (Holzstäbe), 146; dpa picture-alliance GmbH, Frankfurt/Main: S. 31 (Müngstener Brücke), 45 (Bob Beamon), 46 (Rathaus Leipzig), 102 (Ötzi, Tutanchamun); 147; Mauritius-Vidler, Mittenwald: S. 31 (Gateway Arch); Bildagentur Pitopia GbR, Karlsruhe: S. 43; Morris/Goscinny: Lucky Luke – Die Daltons brechen aus. Band 17 © DELTA Verlagsgesellschaft mbH, Stuttgart 1978, Nachdruck 1982. Übers. aus dem Französ.: Gudrun Penndorf. © DARGAUD S.A., EDITEUR Paris 1971 – von Morris und Goscinny: S. 44; Archiv für Kunst und Geschichte, Berlin: 46 (2, Vasen), 97 (Weber: Das Gerücht), 102 (Höhlenmalerei), 115 (Pyramide), 125 (St. Paul's Cathedral); version, Berlin: S. 48; Christa Englmair, Trostberg: S. 54; Mauritius images GmbH, Mittenwald - Thorsten Krüger: S. 59; Karsten Steinke, Sickte: Seite 61; Corbis Düsseldorf: S. 62 (Pistenraupe), 116 (Pyramide); Bilderberg Archiv der Fotografen – M.Kirchgessner, Hamburg: Seite 62 (Eisenbahn-Bergstrecke); IFA-Bilderteam – Welsh, München: Seite 63 (Fallschirm hinter Motorboot); TV-yesterday, München – W. M. Webber: Seite 74; A1PIX/BIS, München: S. 83; Helga von Graefe, Helmstedt: S. 94 (2); 105 (3, Kegel basteln); 108 (3, Kirchturm, Glaspyramide, Metallpyramide); 125 (Sandhaufen); 126 (Litfasssäule, Dose), 140 (7), 142 (2), 148; Johannes Lieder, Ludwigsburg: Seite 97 (Bakterienkultur); Deutsche Stiftung Weltbevölkerung, Hannover: Seite 99; Werner Otto, Reisefotografie Bildarchiv, Oberhausen: S. 105 (Holstentor); Tatonka GmbH, Dasing: S. 108 (Zelt); Deutsches Museum, München: S. 112; Michael Fabian: S. 115 (Sandhaufen), 124 (Disco-Kugel); Dave G. Houser / Corbis Düsseldorf: S. 117 (Pyramide); Astrofoto/Motomaro Shirao: S. 119 (Mond); Eventhaus Butzer, Cadolzburg: Seite 126 (Indianerzelt); Günther Bosch, Dettingen: Seite 128 (2); Mauritius images GmbH - ACE, Mittenwald: S. 137; walz2consult GbR, Überlingen: S. 138 (Daltons); LOOK GmbH, München: S. 138 (Pferde); Stock Food, München: S. 139

Trotz entsprechender Bemühungen ist es nicht in allen Fällen gelungen, den Rechtsinhaber ausfindig zu machen. Gegen Nachweis der Rechte zahlt der Verlag für die Abdruckerlaubnis die gesetzlich geschuldete Vergütung.

1 Basiswissen

Abschluss-prüfung

Aufgaben zum Allgemeinen Teil **Klasse 10**

1. Löse die Gleichung $3\,(2x - 5) - (x + 7) = (x - 9)\,(-5)$

2. Der Umfang des Rechtecks beträgt 44 cm.
Berechne den Flächeninhalt der Teilfläche ①.

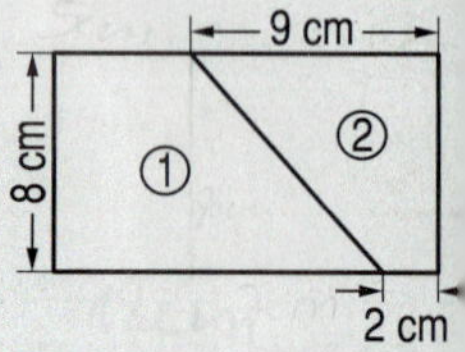

3. Drei Maschinen verpacken pro Stunde 2400 Dosen mit je 580 g Kirschen in Transportkartons. Für einen Auftrag sollen 7300 kg Kirschen verpackt werden. Wie lange arbeiten die drei Maschinen für diesen Auftrag? Runde auf Minuten.

4. Im Warenpreis ist die gesetzliche Mehrwertsteuer (MwSt.) von 19 % erhalten. Frau Zorn bezahlt für ihre Waren 423,40 €. Berechne die Mehrwertsteuer.

5. Bestimme den Median (Zentralwert) und das arithmetische Mittel der folgenden Sprungweiten:
4,46 m – 3,95 m – 4,17 m – 4,28 m – 3,79 m – 4,08 m – 4,45 m – 4,22 m

6. In einer Klasse mit 30 Schülerinnen und Schülern, die je einen Zettel mit ihrem Namen in eine Lostrommel tun, sind 18 Mädchen. Wie groß ist die Wahrscheinlichkeit, aus der Trommel den Namen eines Jungen zu ziehen?

7. Wie groß ist die abgebildete Tischfläche ungefähr?
Beschreibe, wie du vorgehst.

8. Berechne die Zinsen: Kreditsumme 8 000 €, Zinssatz 9,5 %, Laufzeit ein Vierteljahr

9. Das Diagramm zeigt die Veränderung des prozentualen Anteils verschiedener Altersgruppen an der Gesamtbevölkerung.

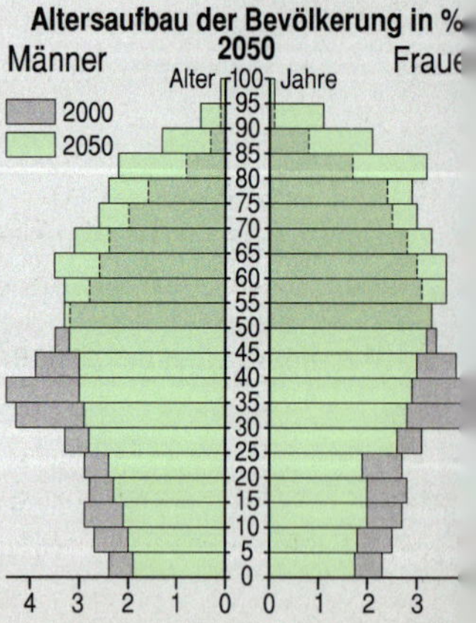

a) Wie viel Prozent der Männer sind im Jahr 2050 nach dieser Prognose 60 Jahre alt? Wie viel Prozent sind es bei den Frauen?

b) Welche Altersgruppe nimmt von 2000 bis 2050 prozentual am stärksten ab?

Abschlussprüfung

ufgaben zum Allgemeinen Teil **Klasse 10b**

- Notiere zwei Angaben, die zu der Aussage recht gut passen.
  Die Stadt Hagen hat nur ☐ der Einwohner von Köln.
  ☐ ein Zehntel ☐ein Fünftel ☐ein Drittel ☐ein Viertel
  ☐50 % ☐40 % ☐30 % ☐20 % ☐10 %.

Einwohner	
Köln	983 347
Hagen	203 151
(Stand 31.12.2005)	

- In der abgebildeten Regentonne steht das Wasser einen halben Meter hoch.
  Wie viel Liter Wasser sind enthalten? Notiere deine Rechnung.

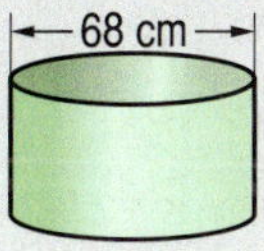

- In einer Gärtnerei kosten 7 Tulpen 5,95 €. Wie viel kosten 3 Tulpen?

- Wie viel Prozent sind 1 200 m von 5 km?

- Bestimme den Median (Zentralwert) und die Spannweite der folgenden Geldbeträge.
  24,30 € – 41,70 € – 37,90 € – 18,50 € – 36,20 € – 51,80 € – 46,50 € – 39,90 € – 28,60 €

- Wie groß ist die Wahrscheinlichkeit, mit einem normalen Würfel weder eine Fünf noch eine Sechs zu werfen?

- Löse die Gleichung. $4y - 9 = 3 \cdot (5y - 11) - 7y - 2 \cdot (y - 3)$

- Im Jugendheim findet um 20.00 Uhr eine Party statt. Felix und Nils machen sich gleichzeitig mit dem Fahrrad auf den Weg. Ihre Fahrten sind im Koordinatensystem dargestellt.

  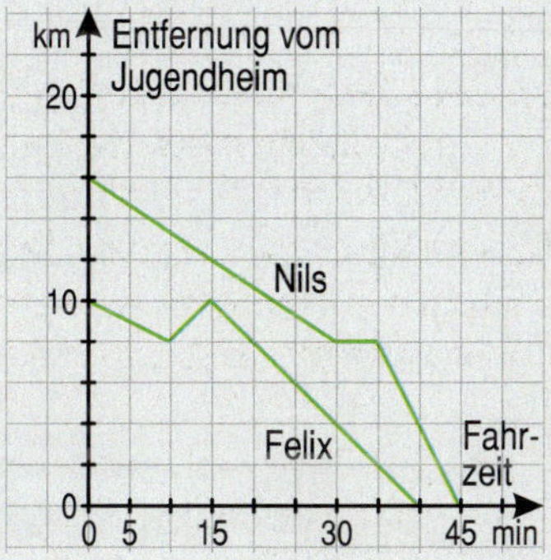

  a) Wie weit wohnt Nils vom Jugendheim entfernt?

  b) Felix trifft 10 Minuten vor Partybeginn im Jugendheim ein. Wie viel Minuten vor Partybeginn trifft Nils ein?

  c) Wer machte eine Pause? Wie lange dauerte sie?

- Ein Betrag von 1 000 € wird genau 2 Jahre zu 4,25 % p. a. verzinst.
  Wie hoch ist danach das Guthaben, wenn zwischenzeitlich nichts eingezahlt und auch nichts abgehoben wird?

Auf dieser Seite rechne ich ohne Taschenrechner

Grundrechenarten mit Brüchen und Dezimalbrüchen

1. Welcher Bruchteil ist gefärbt, welcher nicht?

a) 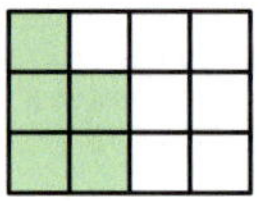 b) 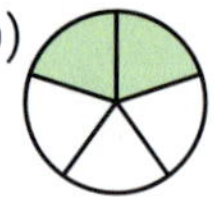 c) 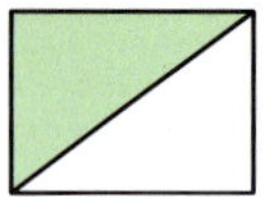

2. Berechne den Bruchteil.

a) $\frac{2}{3}$ von 60 g b) $\frac{3}{4}$ von 48 km
c) $\frac{5}{6}$ von 120 € d) $\frac{3}{10}$ von 90 kg

3. Von 60 kontrollierten Pkws hatte ein Drittel leichte Mängel, $\frac{2}{5}$ wiesen erhebliche Mängel auf. Wie viele Pkws waren das jeweils?

4. Addiere bzw. subtrahiere.

a) $\frac{2}{9} + \frac{5}{9}$ b) $\frac{5}{7} + \frac{4}{7}$ c) $\frac{3}{5} - \frac{1}{5}$
d) $\frac{5}{14} + \frac{11}{14}$ e) $\frac{7}{10} - \frac{5}{10}$ f) $\frac{7}{8} - \frac{3}{8}$

5. Berechne das Ergebnis. Vergiss das Kürzen nicht.

a) $4\frac{2}{3} + 3\frac{2}{3}$ b) $6\frac{7}{9} + 3\frac{4}{9}$ c) $9\frac{1}{2} + 4\frac{1}{2}$
d) $2\frac{1}{8} + 7\frac{5}{8}$ e) $4\frac{4}{5} + 2\frac{3}{5}$ f) $8\frac{4}{7} + 1\frac{2}{7}$

6. Berechne das Ergebnis.

a) $4\frac{7}{9} - \frac{2}{9}$ b) $1 - \frac{3}{5}$ c) $3\frac{1}{4} - \frac{3}{4}$
d) $2 - \frac{7}{10}$ e) $3\frac{1}{6} - 1\frac{5}{6}$ f) $5\frac{4}{7} - \frac{3}{7}$
g) $7\frac{5}{8} - 2\frac{7}{8}$ h) $5 - \frac{3}{7}$ i) $3\frac{1}{3} - 1$

7. Erweitere zunächst so, dass du addieren bzw. subtrahieren kannst.

a) $\frac{1}{4} + \frac{2}{5}$ b) $\frac{10}{12} - \frac{2}{3}$ c) $\frac{5}{6} - \frac{1}{5}$

8. a) $2\frac{3}{5} + \frac{2}{7}$ b) $4\frac{3}{5} - \frac{3}{4}$ c) $2\frac{7}{9} + 3\frac{5}{6}$
d) $2\frac{3}{5} - \frac{2}{7}$ e) $4\frac{3}{5} + \frac{3}{4}$ f) $3\frac{5}{6} - 2\frac{7}{9}$

9. Erweitere erst, dann setze ein <, = oder >.

a) $\frac{3}{5}$ ■ $\frac{4}{7}$ b) $\frac{1}{4}$ ■ $\frac{3}{12}$ c) $\frac{2}{3}$ ■ $\frac{1}{2}$ d) $\frac{4}{5}$ ■ $\frac{5}{6}$

10. Rechne aus.

a) $\frac{2}{7} \cdot 4$ b) $\frac{3}{5} \cdot 3$ c) $\frac{5}{6} \cdot \frac{3}{4}$
d) $\frac{2}{3} \cdot \frac{1}{2}$ e) $\frac{6}{7} \cdot \frac{2}{3}$ f) $\frac{3}{8} \cdot \frac{4}{3}$

11. a) Bestimme die Hälfte von $\frac{1}{4}$; $\frac{4}{9}$; $\frac{12}{17}$.
b) Bestimme $\frac{1}{3}$ von $\frac{1}{2}$; $\frac{3}{4}$; $\frac{9}{11}$; $\frac{12}{13}$.

12. a) $\frac{3}{4} : 2$ b) $\frac{5}{6} : 4$ c) $\frac{2}{3} : 3$

Bruchteile vom Ganzen

$\frac{2}{3}$ Zähler / Nenner

Zählt die Bruchteile

Nennt die Bruchteile

Berechnen von Bruchteilen:
Wie viel Euro sind $\frac{2}{3}$ von 12 €?

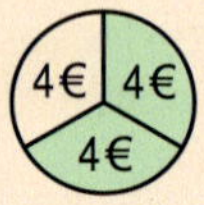

$12\,€ \xrightarrow{:3} 4\,€ \xrightarrow{\cdot 2} 8\,€$

$\frac{2}{3}$ von 12 € sind 8 €.

Addition bzw. **Subtraktion** von Brüchen mit gleichem Nenner:

Zähler addieren bzw. subtrahieren, der Nenner bleibt

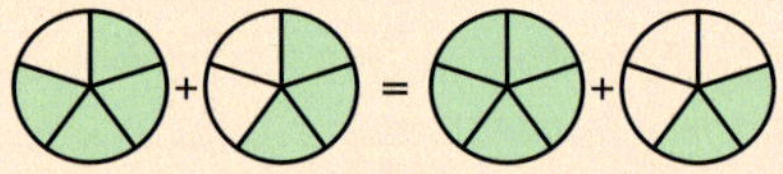

$\frac{4}{5} + \frac{3}{5} = \frac{7}{5} = \frac{5}{5} + \frac{2}{5} = \mathbf{1\frac{2}{5}}$

Summe von gemischten Zahlen:

$5\frac{3}{8} + 2\frac{7}{8} = 7\frac{10}{8} = 8\frac{2}{8} = \mathbf{8\frac{1}{4}}$

Subtraktion von gemischten Zahlen:
(Ein Ganzes in einen Bruch umgewandelt.)

$6\frac{3}{5} - 2\frac{4}{5} = 4\frac{3}{5} - \frac{4}{5} = 3\frac{8}{5} - \frac{4}{5} = \mathbf{3\frac{4}{5}}$

Brüche mit verschiedenen Nennern werden vor dem Addieren bzw. Subtrahieren **so erweitert,** dass sie den **gleichen Nenner** haben.

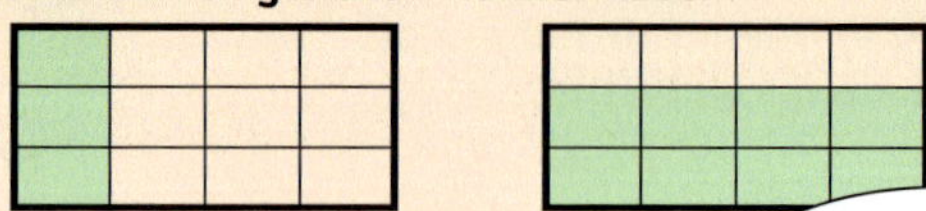

$\frac{1}{4} + \frac{2}{3}$

Gemischte Zahl erst in einen Bruch verwandeln

$\frac{1}{4} + \frac{2}{3} = \frac{1 \cdot 3}{4 \cdot 3} + \frac{2 \cdot 4}{3 \cdot 4} = \frac{3}{12} + \frac{8}{12} = \mathbf{\frac{11}{12}}$

Multiplikation

Bruch mal natürliche Zahl:
Zähler mal Zahl. $\frac{3}{5} \cdot 2 = \frac{3 \cdot 2}{5} = \frac{6}{5} = \mathbf{1\frac{1}{5}}$

Bruch mal Bruch:
Zähler mal Zähler,
Nenner mal Nenner. $\frac{5}{9} \cdot \frac{3}{4} = \frac{5 \cdot \cancel{3}^{1}}{\cancel{9}_{3} \cdot 4} = \mathbf{\frac{5}{12}}$

$\frac{1}{3}$ von ... heißt geteilt durch 3

Bruch durch natürliche Zahl:
Nenner mal Zahl. $\frac{2}{5} : 3 = \frac{2}{5 \cdot 3} = \mathbf{\frac{2}{15}}$

Erstmal ohne Taschenrechner

13. Gib den Bruch in dezimaler Schreibweise an.

a) $\frac{9}{10}$ b) $\frac{4}{100}$ c) $\frac{8}{10\,000}$ d) $\frac{3}{1000}$

14. Schreibe als Bruch mit Zähler und Nenner

a) 0,06 b) 0,2 c) 0,007 d) 0,0009

15. Schreibe als Summe von Brüchen mit Nenner 10, 100, ...

a) 0,26 b) 0,34 c) 0,135 d) 0,324

16. Überschlage erst, dann rechne genau.

a) 256,30 + 74,25 + 110,72
b) 2,45 kg + 0,84 kg + 8,29 kg
c) 23,854 kg + 3,450 kg + 154,600 kg

17. Schreibe stellengerecht untereinander und addiere dann.

a) 13,5 + 3,94 + 0,52 b) 93,6 + 213,04 + 12,2

18. Überschlage erst, rechne dann genau.

a) 100,00 − 12,48 − 46,98
b) 50,00 € − 3,89 € − 21,59 €
c) 124,500 kg − 53,240 kg − 32,865 kg

19. Schreibe zuerst stellengerecht untereinander.

a) 356,86 − 251,09 b) 0,894 − 0,216 c) 12,34 − 8,25

20. Die Ziffernfolge im grünen Feld stimmt. Bestimme das Ergebnis mit einer Überschlagsrechnung.

a) 54,2 · 9,2 = 0004986400 b) 24,6 · 0,5 = 0000123000
c) 0,732 · 6,82 = 0049922400 d) 0,38 · 0,35 = 0000133000

21. a) 124,8 · 12 b) 0,56 · 0,24 c) 253,6 · 12,75
d) 0,02 · 3,5 e) 1,04 · 9 f) 34,5 · 245,22
g) 0,28 · 2,1 h) 0,007 · 4 i) 11,9 · 2,7

22. Erweitere zunächst so, dass du dividieren kannst. Rechne dann schriftlich und führe die Probe durch.

a) 1,75 : 0,7 b) 1,88 : 0,8 c) 16,16 : 0,02
d) 69,9 : 0,75 e) 200 : 0,04 f) 4,368 : 1,2

23. Runde das Ergebnis auf Hundertstel.

a) 34,7 : 1,23 b) 0,49 : 1,33 c) 56,26 : 11,52

24. Dividiere Zähler durch Nenner und schreibe als Dezimalbruch.

a) $\frac{1}{2}$ b) $\frac{1}{3}$ c) $\frac{1}{4}$ d) $\frac{2}{5}$

25. Rechne mit dem Taschenrechner. Runde auf Hundertstel.

a) $4{,}2 + 0{,}8 \cdot 5{,}32$ b) $(3{,}74 - 0{,}5) : 0{,}5$ c) $14{,}5 \cdot 41{,}6 - \frac{125}{8}$
d) $0{,}5 \cdot (0{,}7 - \frac{1}{5})$ e) $(3{,}91 - 1{,}35) : 4 - \frac{2}{5}$ f) $\frac{34 + 26}{0{,}8}$

Dezimalbrüche: Brüche mit dem Nenner 10, 100, 1 000, ... sind Dezimalbrüche. Für sie gibt es eine dezimale Schreibweise mit Komma.

$\frac{1}{10} = 0{,}1$ $\frac{1}{100} = 0{,}01$ ...

Bei **Addition** und **Subtraktion** immer Komma unter Komma

30,74 + 0,4 + 2,603

Überschlag: 31 + 0 + 3 = 34

```
  30,740
   0,400
   2,603
       1
  33,743
```

12,32 − 4,4 − 2,63

Überschlag: 12 − (4 + 3) = 5

```
  12,32
 − 4,40
 − 2,63
    111
   5,29
```

Multiplikation: Das Produkt hat so viele Nachkommastellen wie die Faktoren zusammen.

Überschlag: 20 · 3 = 60

```
23,81 · 2,7
     4762
    16667
   64,287
```

Division: 1,38 : 0,4 = ...
Im Divisor darf kein Komma stehen. Beide Zahlen werden mit 10 (100, 1000 ...) erweitert.

```
  13,8 : 4 = 3,45
− 12
   18
 − 16
    20
  − 20
```

Probe: 3,45 · 4 = 13,80

Punkt- vor Strichrechnung, Klammer zuerst!

Maßeinheiten

1. Entscheide: kleiner (<) oder größer (>).
a) Länge eines Autos ■ 400 dm
b) Höhe des Eiffelturms ■ 10 000 cm
c) Länge einer Stecknadel ■ 500 mm

2. Notiere in der angegebenen Maßeinheit.
a) 24 500 m = ■ km b) 2 460 mm = ■ dm
c) 1,8 cm = ■ mm d) 0,8 km = ■ m

3.

0,5 km²	500 m	270 a	4 ha
1 500 cm	50 dm²	5 *l*	2 500 cm²

a) Wähle alle Flächenangaben aus.
b) Ordne die Flächenmaße der Größe nach.

4. Welcher Flächeninhalt passt am besten?

Fußballfeld, Tennisplatz, Schulheft, Fläche USA, Klassenraum, CD

9 Mio. km², 1 ha, 113 cm², 65 m², 2,6 a, 6 dm²

5. Ordne die Volumenmaße der Größe nach.

0,5 ml	$\frac{1}{2}$ m³	650 *l*	87 000 cm³	8,5 dm³

6. Notiere in der angegebenen Volumeneinheit.
a) 0,3 m³ = ■ dm³ b) 7 000 cm³ = ■ dm³
c) 50 dm³ = ■ m³ d) 200 000 cm³ = ■ m³
e) 8 hl = ■ *l* f) 4,3 dm³ = ■ *l*

7. Wie viele Sekunden hat der September?

8. Rechne um.
a) in Minuten: 2 Tage; 4,75 h; 0,3 h
b) in Sekunden: 1,5 h; 0,6 min; 0,25 min

9.

	Anfangszeit	Dauer	Ende
a)	11.45 Uhr	$6\frac{3}{4}$ h	
b)		$4\frac{1}{2}$ h	21.15 Uhr

10. Wie viel wiegt der Körper? Ordne zu.

Tafel Schokolade, Elefant, Mensch, Tüte Zucker

70 kg, 1 kg, 4 t, 100 g, 500 mg

11. Wie viel Stücke zu 250 g ergeben $1\frac{1}{2}$ kg?

1 km = 1 000 m
1 m = 10 dm = 100 cm = 1 000 mm
1 dm = 10 cm = 100 mm
1 cm = 10 mm

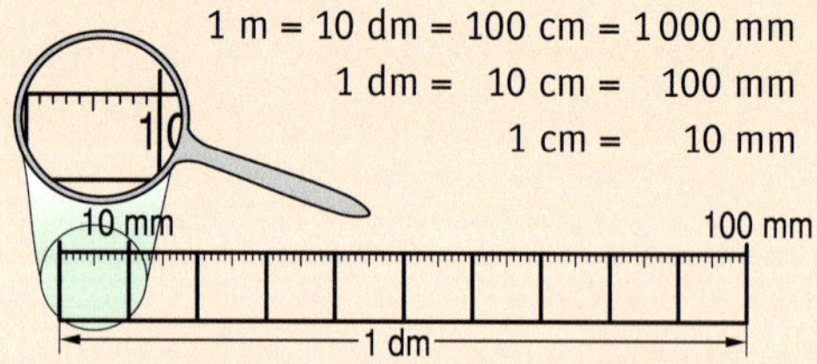

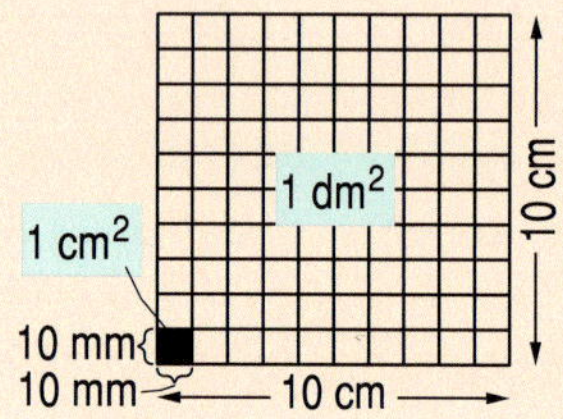

100 kleinere Einheiten ergeben die nächstgrößere Einheit.

1 m² = 100 dm²
1 a = 100 m²
1 ha = 100 a
1 km² = 100 ha

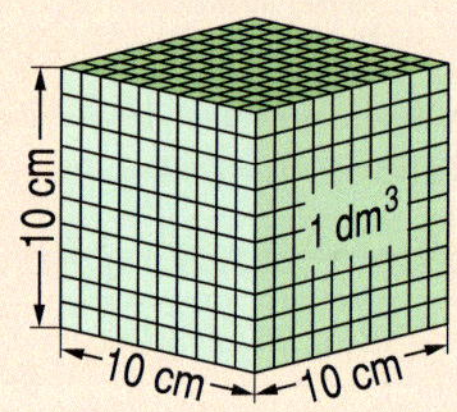

1 000 cm³ = **1 dm³ = 1 *l*** = 1 000 ml
1 000 dm³ = **1 m³ = 1000 *l***

1 Tag = 24 h = 1 440 min = 86 400 s
1 h = 60 min = 3 600 s
1 min = 60 s
0,1 min = 6 s

Dauer von **14.00 Uhr** bis **17.15 Uhr** : $3\frac{1}{4}$h

$2\frac{3}{4}$ h = 2,75 h = 2 h 45 min

Die Masse des Autos beträgt 1,35 t, das sind 1 350 kg.

1 g = 1000 mg 1 kg = 1000 g 1 t = 1000 kg

Schätzen und Runden

1. Gib die Rundungsstelle (Z, H, T, HT oder Mio.) an, auf die gerundet wird.

a) 672 469 ≈ 672 000 b) 73 649 235 ≈ 74 000 000

c) 62 387 ≈ 62 400 d) 320 843 267 ≈ 320 800 000

2. Runde die Zahlen auf die in der Klammer stehende Rundungsstelle.

a) (Mio.) 894 567 346 b) (HT) 674 321 483

c) (Mrd.) 945 061 283 d) (ZT) 1 896 588

3. Rechne aus und runde anschließend auf Cent.

a) 27 € : 8 b) 12,56 € : 9 c) 34,60 € : 21 d) 84,55 € : 7

4. Runde auf mm, runde auch auf cm.

a) 7,894 cm b) 35,089 cm c) 9,88 cm d) 0,081 cm

5. Finde das richtige Ergebnis durch Überschlag heraus.

a) 9,85 · 294,2 · 0,9
① 26 080,83 ② 2 608,083 ③ 260,8083 ④ 26,8083

b) 2731,344 : 26,4
① 10 346 ② 1034,6 ③ 103,46 ④ 10,346

6. Eine Kaffeerösterei produziert täglich 2,1 t Kaffee. Etwa 820 kg davon enthalten kein Koffein. Welcher Anteil ist das etwa?

Ⓐ 4 % Ⓑ 40 % Ⓒ 82 % Ⓓ zwei Fünftel Ⓔ ein Achtel

Runden
Bei 0, 1, 2, 3, 4 rundet man ab.
Bei 5, 6, 7, 8, 9 rundet man auf.

Runde 457 283 auf Tausender.

HT	ZT	T	H	Z	E
4	5	7	2	8	3

↑ abrunden (H)

457 283 ≈ **457 000**

Runde 5,248 auf Hundertstel.

E	$\frac{1}{10}$	$\frac{1}{100}$	$\frac{1}{1000}$
5	2	4	8

↑ aufrunden ($\frac{1}{1000}$)

5,248 ≈ **5,25**

Überschlagsrechnung
Rechne mit gerundeten Zahlen und schätze das Ergebnis ab.
Von 21,5 kg Kartoffeln sind 2 200 g verfault.
Wie viel Prozent sind das?

$\frac{2\,200\text{ g}}{21\,500\text{ g}} \approx \frac{2\,000\text{ g}}{20\,000\text{ g}} = \frac{1}{10}$

Ca. 10 % Kartoffeln sind verfault.

7. Die 1-Euro-Münze hat ein Gewicht von 7,50 g. Es sollen 1-Euro-Münzen im Wert von 2 Mio. € von der Prägeanstalt zur Bundesbank transportiert werden. Reicht ein einziger Lkw mit einer Zuladung von 7,5 t für den Transport aus?

8. Ein Testfahrer fährt 2 Stunden lang mit einer Motordrehzahl von 5 000 Umdrehungen pro Minute. Wie viele Umdrehungen sind das in dieser Zeit? Ⓐ 6 000 Ⓑ 60 000 Ⓒ 600 000 Ⓓ 6 000 000

9. Erstelle eine Tabelle mit deinen eigenen Körpermaßen.

10. Benutze zum Messen nur deine eigenen Körpermaße.

a) Wie lang und wie breit ist dein Handy ungefähr?

b) Wie breit und wie lang ist dein Klassenzimmer etwa?

c) Wie dick ist dein Mathematikbuch ungefähr?

d) Wie hoch ist etwa eine Treppenstufe im Schulgebäude?

e) Wie groß ist ungefähr der Flächeninhalt deines Schultisches?

Vergleichsgrößen zum Abschätzen von Längen

Vergleiche mit deinen eigenen Körpermaßen.

Körpergröße	ca.	1,80 m
Schrittlänge	ca.	80 cm
Ellenbogen	ca.	40 cm
Handspanne	ca.	20 cm
Handbreite	ca.	8 cm
Daumenbreite	ca.	2 cm

11. Übertrage ins Heft und setze dann das passende Zeichen (<, = oder >) ein.

a) Höhe deines Klassenzimmers ■ 40 dm b) Höhe der Zimmertür ■ 200 mm

c) Alter eines Zehntklässlers ■ 7000 Tage d) Masse eines Pkws ■ 900 g

Dreiecke und Vierecke

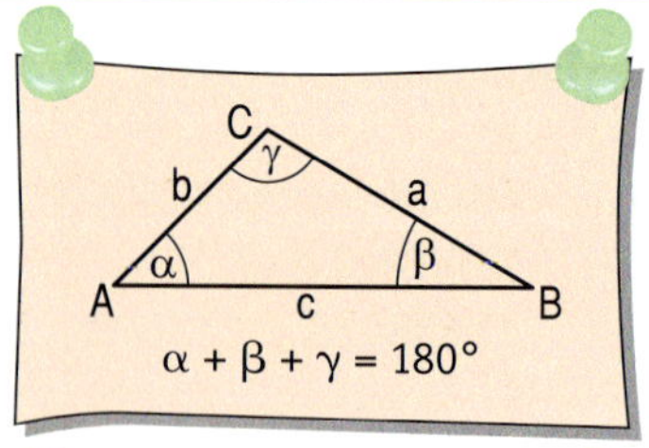

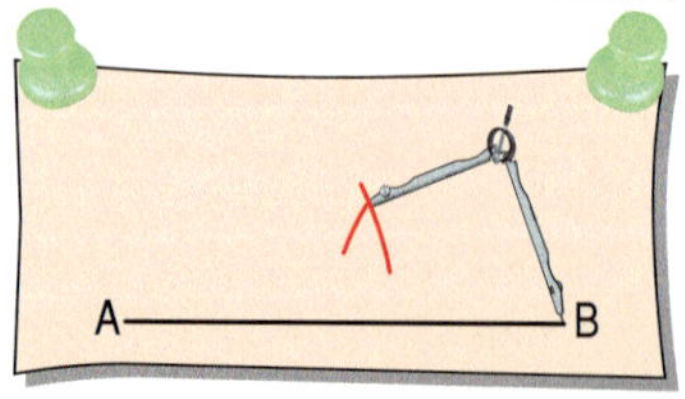

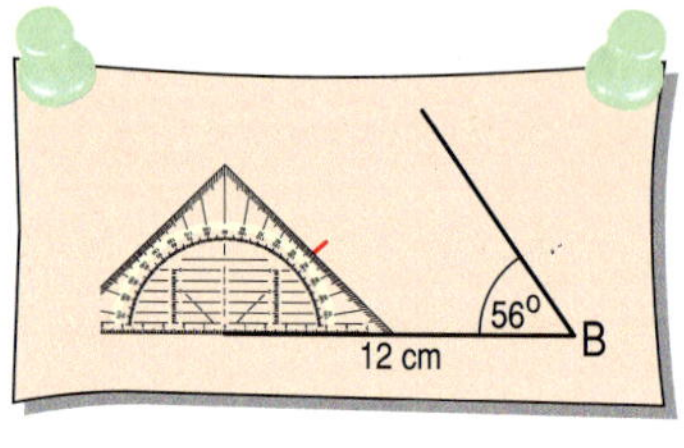

1.

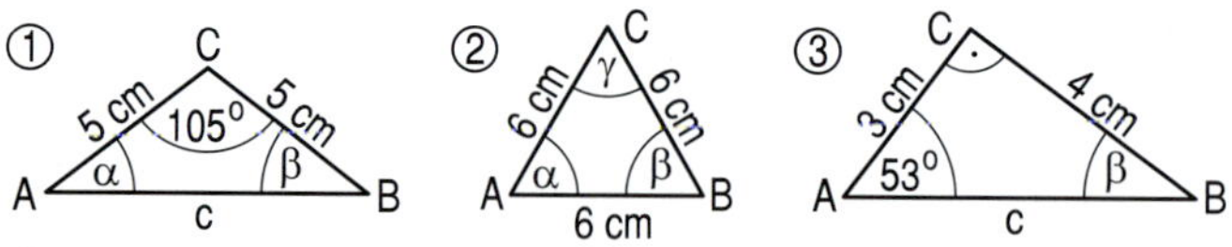

a) Benenne die Dreiecke mit einem passenden Begriff:

Rechtwinkliges Dreieck	Gleichschenkliges Dreieck	Gleichseitiges Dreieck

b) Zeichne die Dreiecke mit Zirkel und Geodreieck.

c) Ermittle die fehlenden Winkelgrößen und Längen.

2. Zeichne die Giebelfront im Maßstab 1:100. Ermittle anschließend die Giebelhöhe durch eine Messung.

a) $\beta = 56°$
$\alpha = 42°$

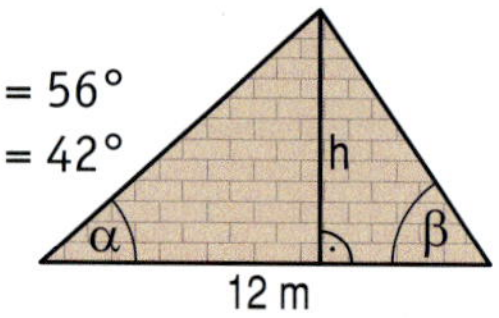

b) $\alpha = 38°$

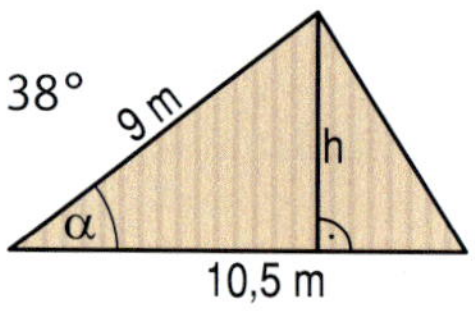

3. Zwei Orte, Adenbüttel und Meine, sind 5,3 km voneinander entfernt. Von Adenbüttel aus sieht man einen Heißluftballon unter einem Winkel von 28° und von Meine aus unter 57°. Wie weit ist der Ballon von den Orten entfernt? Fertige eine Planskizze an. Zeichne dann maßstäblich.

4. Zeichne das Viereck.

a)

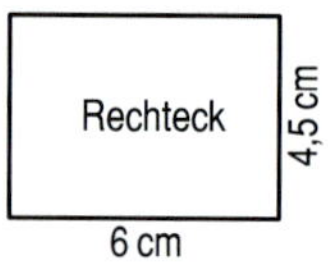

b)

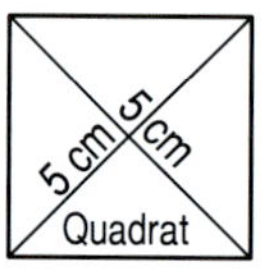

c)

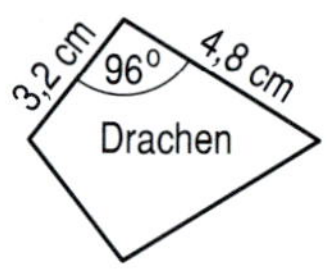

d)

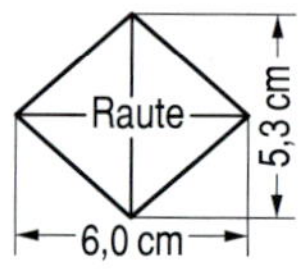

5. Ein Flussdeich hat Böschungslängen von 11,6 m und 17,4 m, die Deichkrone ist 3,50 m breit. Der Böschungswinkel an der kürzeren Seite beträgt 30°. Ermittle durch Konstruktion des Deichquerschnittes die Höhe des Deiches. Wähle einen geeigneten Maßstab.

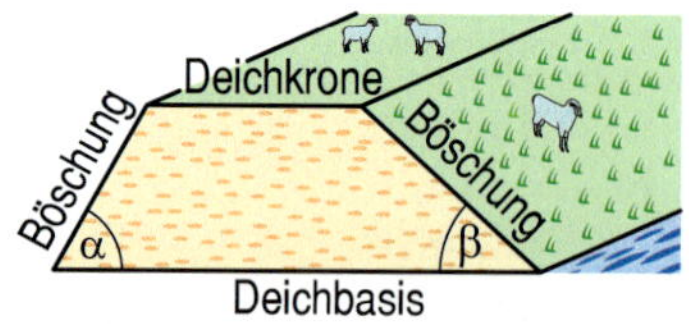

6. a) Konstruiere ein rechtwinkliges Dreieck aus $a = 5{,}4$ cm, $b = 7{,}2$ cm und $\gamma = 90°$. Miss die Hypotenuse.

b) Berechne die Länge der Hypotenuse aus a) auch mit dem Satz des Pythagoras. Kontrolliere die Genauigkeit deiner Konstruktion.

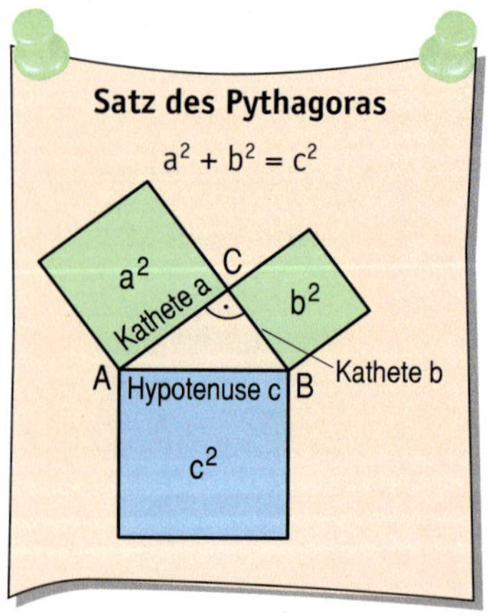

7. Berechne die Längen der rot eingezeichneten Strecken.

a)

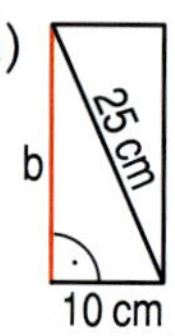

b)

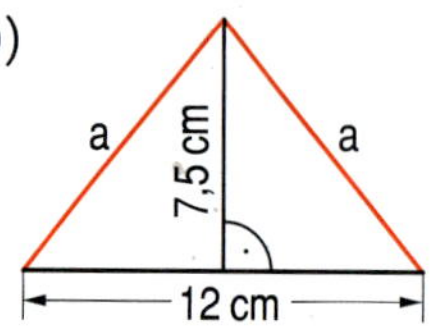

c)

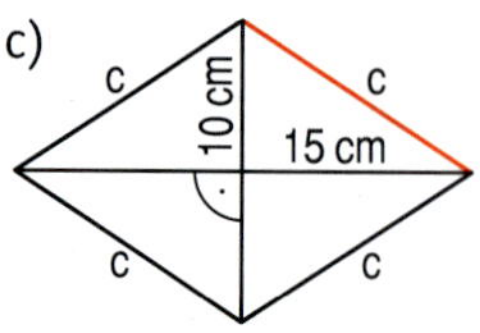

8. Eine Leiter wird in einem Abstand von 1,50 m an eine Hauswand gestellt und reicht dabei 5,50 m hoch. Wie lang ist die Leiter? Zeichne eine Skizze und ermittle die Länge durch Rechnung.

Geometrie

1. Zeichne die Strecke $\overline{AB}$ und die zugehörige Mittelsenkrechte.
a) $\overline{AB} = 7{,}9$ cm b) $\overline{AB} = 9{,}5$ cm

2. Zeichne den Winkel α und die zugehörige Winkelhalbierende.
a) $\alpha = 59°$ b) $\alpha = 113°$

3. Zeichne das Dreieck A (3|3), B (9|6), C (4|10) und konstruiere seinen Umkreis.

4. Zeichne das Dreieck A (1|3), B (12|1), C (5|9) und konstruiere seinen Inkreis.

5. Zeichne das Dreieck A (1|1), B (13|2), C (11|11) und konstruiere seinen Höhenschnittpunkt.

6. Zeichne das Dreieck A (2|6), B (14|9), C (8|14) und konstruiere seinen Schwerpunkt.

7. Bei welchen Dreiecken sind die vier Schnittpunkte M, W, H und S alle gleich?

8. a) Welche der vier Schnittpunkte M, W, H und S liegen immer im Inneren des Dreiecks, welche können auch außerhalb liegen?
b) Welche der vier Schnittpunkte M, W, H und S können ein Eckpunkt des Dreiecks sein oder auf einer Dreieckseite liegen? Welche Eigenschaften muss das Dreieck für diese Fälle haben?

9. Berechne alle Winkel in der Figur.

a)
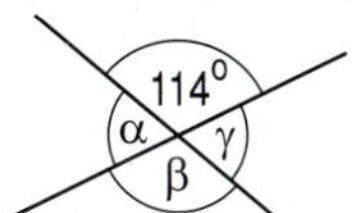

b)
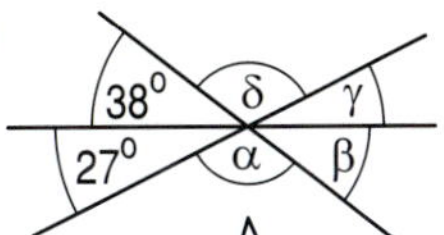

c)
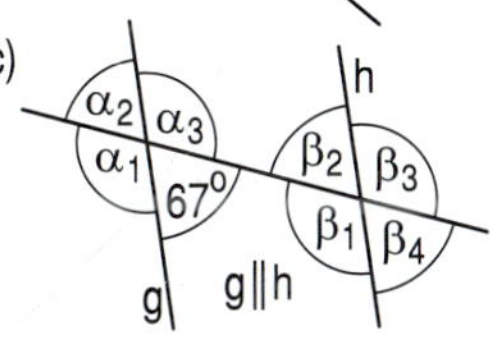

d)
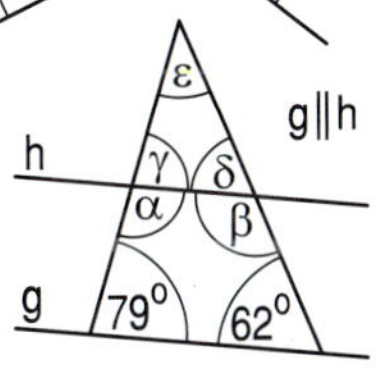

10. Konstruiere mit möglichst wenig Aufwand fünf verschiedene Dreiecke, alle mit der Seite $\overline{AB} = 8$ cm und $\gamma = 90°$.

11. Das Dreieck ABC ist rechtwinklig mit $\gamma = 90°$ und $c = 11$ cm. Wie groß ist die Entfernung zwischen C und dem Mittelpunkt der Seite c?

Mittelsenkrechte

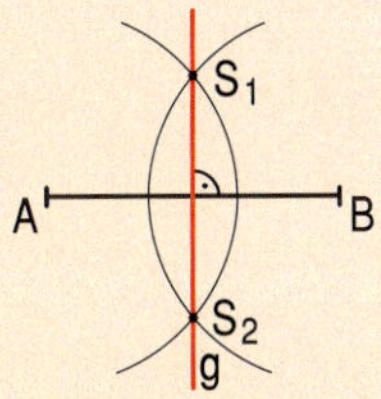

Winkelhalbierende

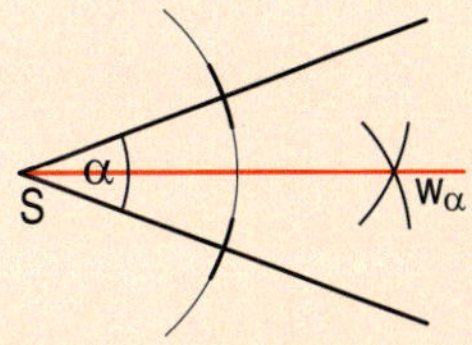

Umkreis

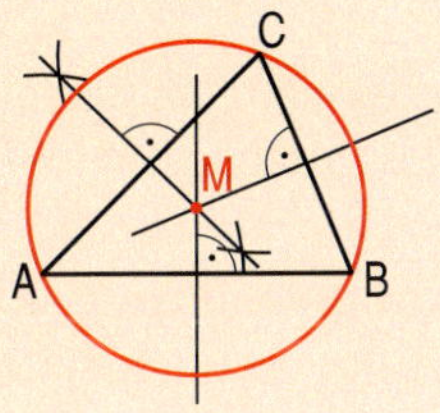

Inkreis

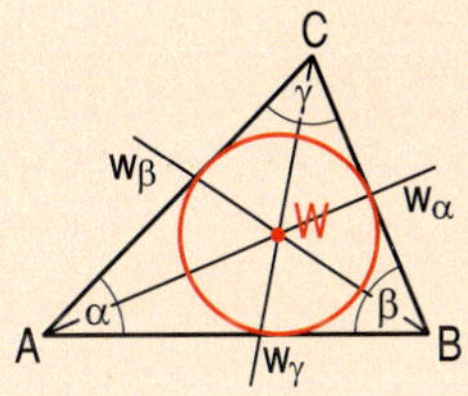

Höhenschnittpunkt

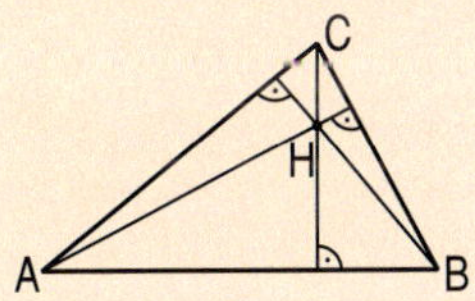

Schwerpunkt

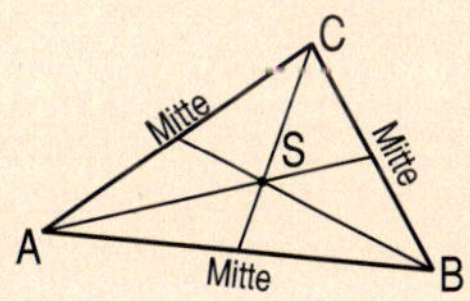

Nebenwinkel ergänzen sich zu 180°.

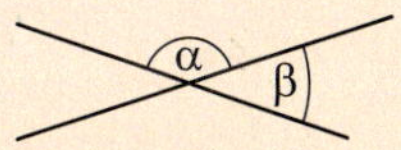

Scheitelwinkel sind gleich groß.

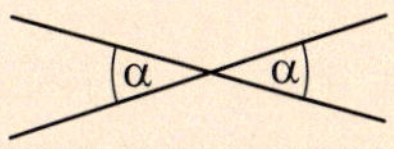

Stufenwinkel und **Wechselwinkel** an Parallelen sind gleich groß.

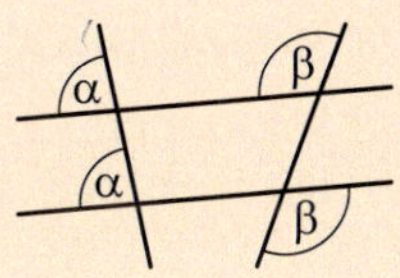

Satz des Thales
Liegt C auf einem Kreis mit dem Durchmesser $\overline{AB}$, dann ist das Dreieck ABC bei C rechtwinklig.

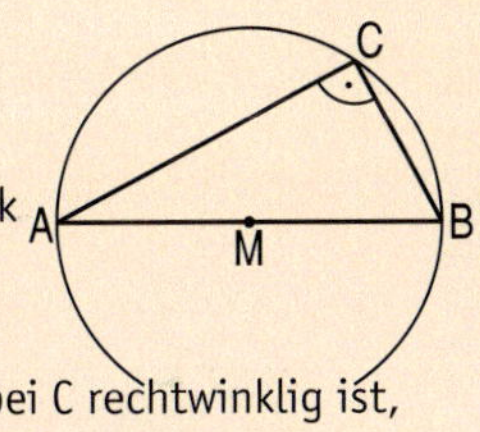

Und umgekehrt:
Wenn ein Dreieck ABC bei C rechtwinklig ist, dann liegt C auf dem Kreis mit $\overline{AB}$ als Durchmesser (Thaleskreis).

Flächenberechnung

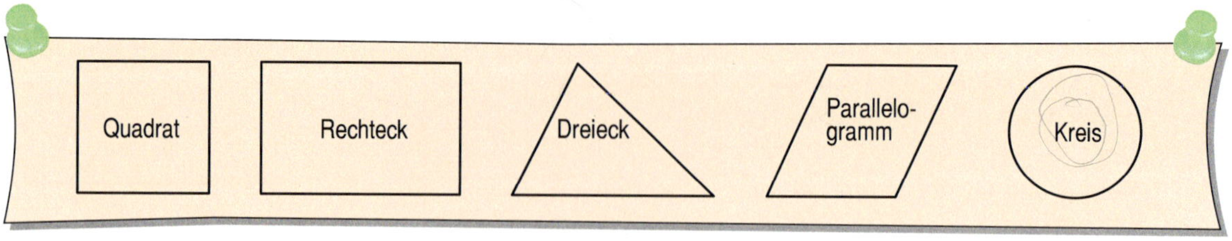

1. Skizziere die obigen Figuren in deinem Heft, beschrifte sie wie üblich und ordne die passende Flächeninhaltsformel zu.

$A = a \cdot b$ | $A = g \cdot h$ | $A = \frac{g \cdot h}{2}$ | $A = \pi r^2$ | $A = a^2$

Bist du unsicher? Schau in der Formelsammlung nach.

2. Zeichne zur Umfangsformel eine passende Figur mit Bezeichnung der auftretenden Längen.

a) $u = 2\pi r$ b) $u = 2a + 2b$ c) $u = 4a$ d) $u = a + b + c$ e) $u = a + b + c + d$

3. Trage die Punkte in ein Koordinatensystem ein (Einheit 1 cm) und verbinde sie zu einer Figur. Berechne Flächeninhalt und Umfang. Benötigte Längen musst du ablesen oder messen.

a) A(2|2) B(9|2) C(9|7) D(2|7) b) A(2|2) B(11|2) C(8|10)
c) A(5|5) B(10|1) C(10|10) D(5|14) d) A(2|2) B(8|3) C(8|6) D(2|10)

4. Wie groß ist die Tischfläche ungefähr? Schätze benötigte Maße und berechne den ungefähren Flächeninhalt.

5. Berechne Flächeninhalt und Umfang eines Kreises mit

a) 4 cm Radius; b) 7 cm Durchmesser.

6. Ein Kreis hat einen Flächeninhalt von 314 m^2.
Wie groß ist der Durchmesser ungefähr? Rechne im Kopf.

7. Aus einer rechteckigen Spanplatte wird ein Parallelogramm herausgesägt.

a) Welchen Flächeninhalt hat das Parallelogramm?
b) Berechne den Umfang des Parallelogramms.
Hinweis: Benutze den Satz des Pythagoras.
c) Wie viel Prozent der Rechteckfläche gehen als Abfall verloren?

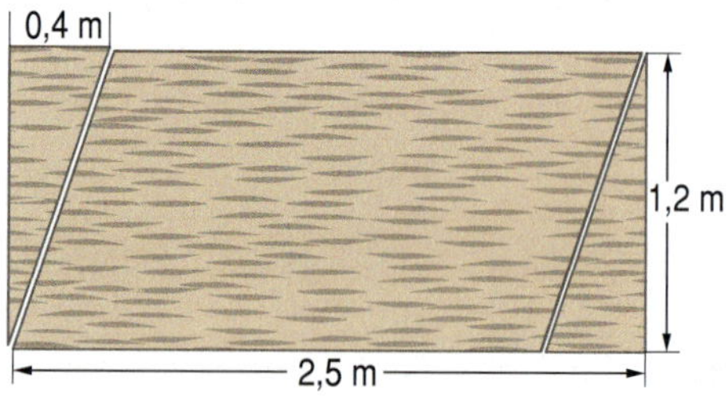

8. a) Wie verändert sich der Flächeninhalt eines Rechtecks, wenn eine Seitenlänge um 50 % wächst?
b) Wie verändert sich der Flächeninhalt eines Kreises, wenn der Radius halbiert wird?

9. Berechne die fehlende Seite oder Höhe des Dreiecks.

a) $A = 28{,}29\ cm^2$; $h = 6{,}9$ cm b) $A = 19{,}35\ cm^2$; $h = 4{,}5$ cm c) $A = 13{,}14\ cm^2$; $h = 14{,}6$ cm
d) $A = 15{,}75\ cm^2$; $g = 7{,}5$ cm e) $A = 43{,}35\ cm^2$; $g = 10{,}2$ cm f) $A = 155{,}48\ cm^2$; $g = 16{,}9$ cm

10. Bestimme den Flächeninhalt der gefärbten Figur. Alle Angaben in cm.

a) 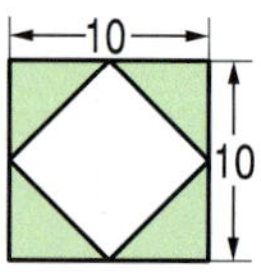

b) 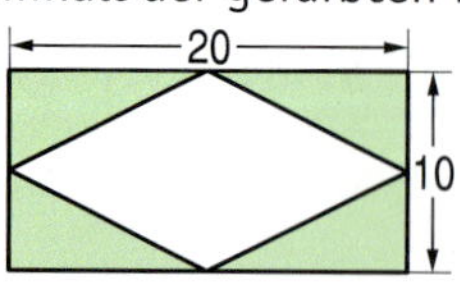

c) 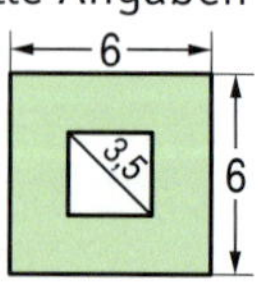

d) 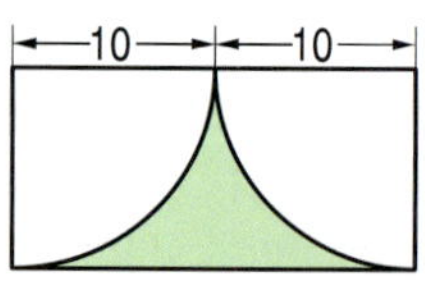

Körperberechnung

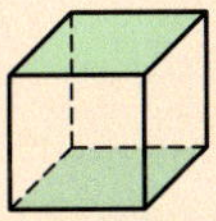
Würfel

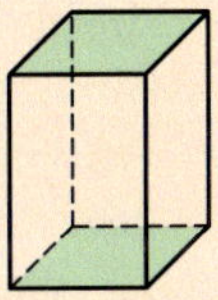
Quader

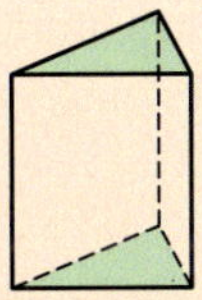
Dreiecksprisma

Für alle Prismen und auch für den Zylinder gilt:

$V = G \cdot h_K$
$O = 2G + M$

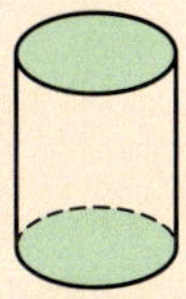
Zylinder

1. a) Skizziere Schrägbilder und Netze der oben dargestellten Körper und beschrifte die Skizzen.

b) Ordne die Volumen- und Oberflächenformeln den entsprechenden Körpern zu.

$O = 6a^2$	$V = \pi r^2 \cdot h_K$	$V = a \cdot b \cdot c$	$O = 2\pi r^2 + 2\pi r h_K$	$V = \frac{g \cdot h_\triangle}{2} \cdot h_K$	$O = 2ab + 2ac + 2bc$	$V = a^3$

2. Lässt sich das Netz zu einem Körper zusammenfalten? Welcher Körper entsteht in diesem Fall?

①
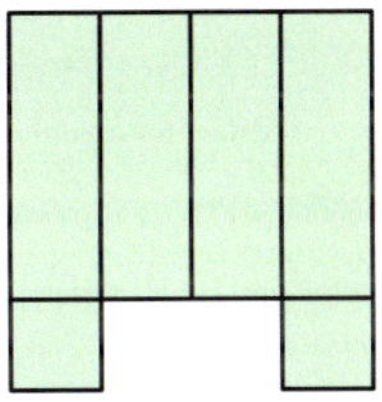

②
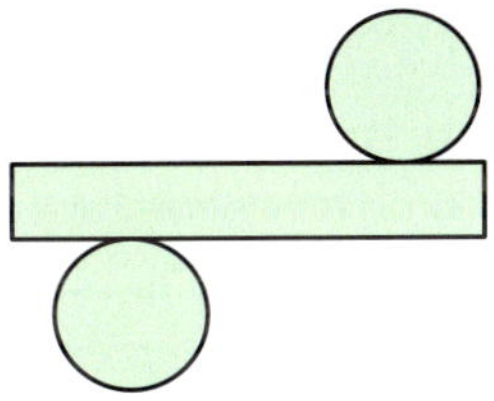

③

④
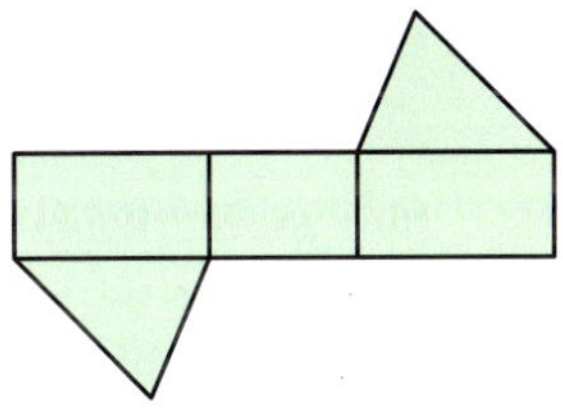

3. Berechne Volumen und Oberfläche einer quaderförmigen Schachtel, die 30 cm lang, 15 cm breit und 20 cm hoch ist. Gib das Volumen in cm^3 und in Liter an ($1\ l = 1\ dm^3 = 1000\ cm^3$).

4. Ein quaderförmiges Wasserbecken ist 6 m lang, 4 m breit und 1,50 m tief mit Wasser gefüllt. Wie viel Liter Wasser sind im Becken?

5. a) Ermittle Volumen und Oberfläche eines Würfels mit einer Kantenlänge von 4 cm.

b) Wie ändern sich das Volumen, wie die Oberfläche, wenn die Kantenlänge verdoppelt wird?

c) Wie ändern sich Volumen und Oberfläche bei einer Verdreifachung der Kantenlänge?

6. Berechne Volumen und Oberfläche eines Zylinders mit 10 cm Radius und 10 cm Höhe.

7. Wie viel Liter Erde fasst der Pflanzenkübel maximal?

8. Ein Quader ist 8 cm hoch und hat eine quadratische Grundfläche mit 12 cm Umfang. Berechne Volumen und Oberfläche.

9. Berechne Volumen und Oberfläche eines Würfels, dessen Kanten zusammen 72 cm lang sind.

10. In einer zylinderförmigen Regentonne sind 330 *l* Wasser. Wie hoch steht das Wasser in der Tonne, wenn ihre Grundfläche 27,3 dm^2 beträgt? Runde auf cm.

11. Berechne das Volumen des Körpers (Längen in cm).

a)
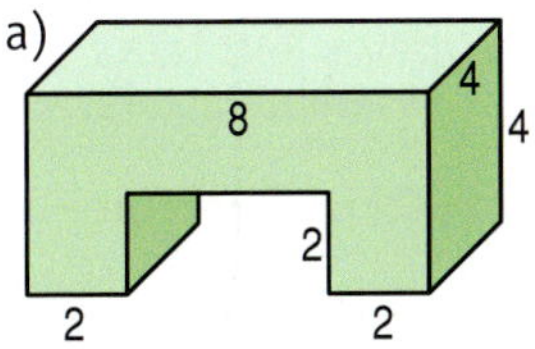

b)
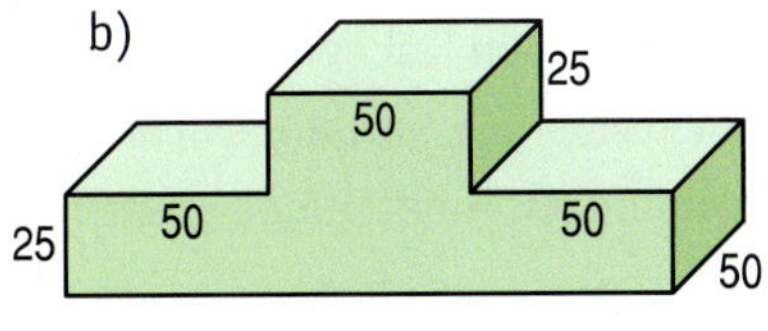

c)
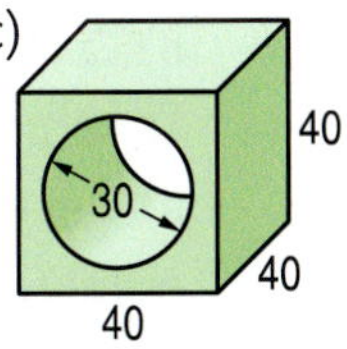

Proportionale und antiproportionale Zuordnungen

Eine Zuordnung heißt **proportional**, wenn zum Vielfachen der Ausgangsgröße das Vielfache der zugeordneten Größe gehört.

	Menge (kg)	Preis (€)	
· 6	1	2,50	· 6
	6	15	

Dreisatz

Verbrauch für 1 km

Weg (km)	Benzin (*l*)
750	60
1	$\frac{60}{750}$ (= 0,08)
650	$\frac{60 \cdot 650}{750} = 52$

1. Peter jobbt in den Herbstferien. In der ersten Woche erhält er für 24 Stunden 132 €. In der zweiten Woche arbeitet er 31 Stunden. Mit welchem Verdienst kann er rechnen?

2. Kann die Tabelle zu einer proportionalen Zuordnung gehören? Begründe deine Antwort.

a)

Länge (cm)	Preis (€)
1,5	6
4,50	18
2	8

b)

Zeit (min)	Wegstrecke (km)
16	80
10	50
35	210

c)

Zeit (h)	Lohn (€)
40	800
31	620
19	380

3. Für 35 *l* Benzin zahlt Herr Schmidt 42 €. Frau Schulz tankt kurz danach an derselben Tankstelle 45 *l* Benzin. Wie viel Euro muss Frau Schulz zahlen?

4. Nina kauft 7 Roggenbrötchen für 2,80 €.

a) Lege eine Wertetabelle für die Zuordnung *Anzahl der Brötchen → Preis* an und zeichne den zugehörigen Graphen.

b) Lies am Graphen den Preis für 5 Brötchen ab. Kontrolliere das Ergebnis mit einer Rechnung.

5. Nenne eigene Beispiele für proportionale Zuordnungen.

Eine Zuordnung heißt **antiproportional**, wenn zum Vielfachen der Ausgangsgröße der entsprechende Teil der zugeordneten Größe gehört.

	Länge (m)	Breite (m)	
· 6	1	12	: 6
	6	2	

Dreisatz

Den Preis müsste eine Person allein zahlen.

Personen	Preis (€) pro Person
24	35
1	35 · 24 (= 840)
20	$\frac{35 \cdot 24}{20} = 42$

6. Ben und Alan fahren mit dem Taxi zum Bahnhof und teilen sich die Kosten. Jeder von ihnen zahlt 9,10 €. Robert und Brit nehmen den Bus. Wie viel hätte jeder zahlen müssen, wenn sie das Taxi zu viert benutzt hätten?

7. Sabrinas Geld reicht für 8 Übernachtungen in der Pension, wo eine Übernachtung 24 € kostet. Im Jugendhotel kostet eine Übernachtung 32 €. Wie viele Nächte könnten sie dort bleiben?

8. Ein Rechteck hat einen Flächeninhalt von 24 cm². Wie lang könnten die Rechteckseiten sein? Finde 5 Möglichkeiten.

9. Fünf Maschinen benötigen für einen Auftrag 12 Tage. Wegen Reparaturarbeiten stehen nur vier Maschinen zur Verfügung. Wie lange brauchen sie für den Auftrag?

10. Nenne eigene Beispiele für antiproportionale Zuordnungen.

11. Welche Art von Zuordnung liegt vor? Proportional, antiproportional oder keines von beiden?

a) Anzahl von Arbeitsstunden → Arbeitslohn bei gleichem Stundenlohn

b) Länge eines Rechtecks mit dem Flächeninhalt von 20 cm² → Breite dieses Rechtecks

c) Körpergröße eines Menschen → Körpergewicht des Menschen

d) Durchschnittsgeschwindigkeit eines Zuges → Zeit, die der Zug für 1000 km benötigt

e) Fahrzeit eines Schiffes bei ruhiger See → zurückgelegte Seemeilen

Maßstab und Seitenverhältnisse

1. Auf Fotos sind ein Marienkäfer und ein Elefant beide 3,5 cm lang. Der Marienkäfer ist im Maßstab 5:1, der Elefant im Maßstab 1:100 abgebildet. Berechne die Längen in Wirklichkeit.

2. Wie viel km in Wirklichkeit ist 1 cm auf einer Karte im angegebenen Maßstab?

a) 1:40 000 b) 1:250 000
c) 1:1 500 000 d) 1:75 Millionen

Maßstab = Länge im Bild : wirkliche Länge

Maßstab 5:2
Vergrößerung, 5 cm im Bild entsprechen 2 cm in der Wirklichkeit.

Maßstab 1:1 000
Verkleinerung, 1 cm im Bild entsprechen 1 000 cm (= 10 m) in der Wirklichkeit.

3.

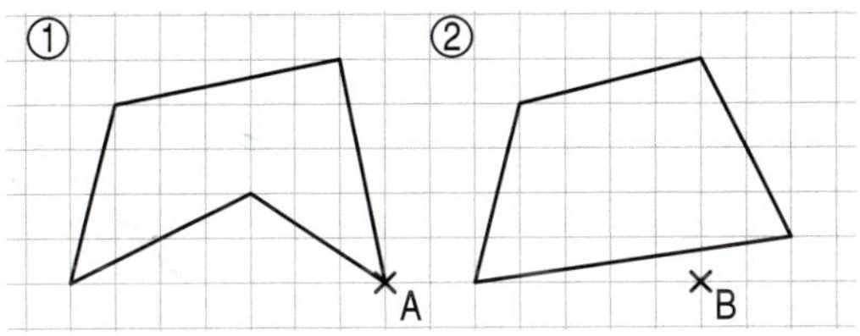

a) Vergrößere die Figur ① im Heft durch zentrische Streckung von A aus im Maßstab 2,5:1 (k = 2,5). Wie ändert sich der Flächeninhalt?

b) Zeichne ab und verkleinere die Figur ② durch zentrische Streckung von B aus mit dem Faktor k = 0,5. Wie ändert sich der Flächeninhalt?

Vergrößern und **Verkleinern** einer Figur mit zentrischer Streckung.

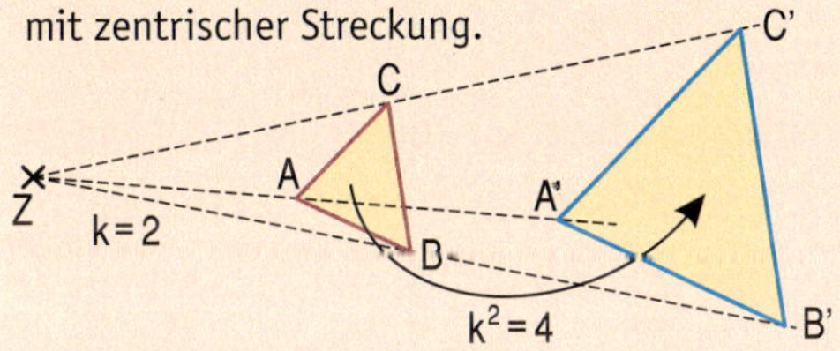

- Form und Winkel bleiben gleich.
- Strecken ändern sich mit dem Faktor k, der Flächeninhalt mit k^2.

4. Neubauten im historischen Komponistenviertel von Wiesbaden dürfen nur mit Fenstern im Hochformat gebaut werden, die ein Verhältnis Breite zu Höhe von 1:2 aufweisen.
Wie hoch muss nach dieser Vorschrift ein Fenster von 0,95 m Breite sein?

Um das **Verhältnis** zweier Seiten zu bestimmen, teilt man die Längen durcheinander.

a = 12 cm b = 18 cm

Verhältnisschreibweise (sprich: „a zu b")

a : b = 12 : 18 = 6 : 9

a zu b: $\frac{a}{b} = \frac{12}{18} = \frac{2}{3} \approx 0{,}67$

5. Gib das Seitenverhältnis a:b an.

a) a = 14 cm, b = 28 cm b) a = 4 cm, b = 18 cm

6. Wie lang ist die Seite b? a) a:b = 3:2, a = 15 cm b) a:b = 2:5, a = 30 cm

7. a) Bestimme mit dem Karomuster in der nebenstehenden Figur die Längen der blauen und roten Strecken (1 Kästchen entspricht 1 cm).

b) Gib die Seitenverhältnisse a:b und c:d an.

c) Ermittle anhand der Zeichnung die Länge von zwei weiteren Strecken, die im selben Verhältnis zueinander stehen wie die roten Strecken.

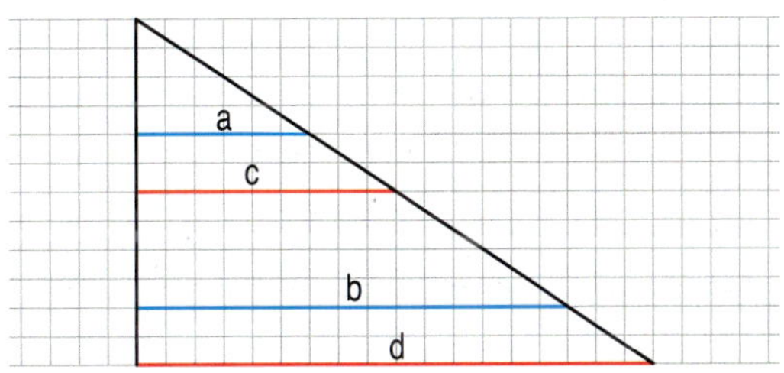

8. Bei ähnlichen Dreiecken sind entsprechende Seitenverhältnisse gleich. Berechne die fehlende Seite.

a)

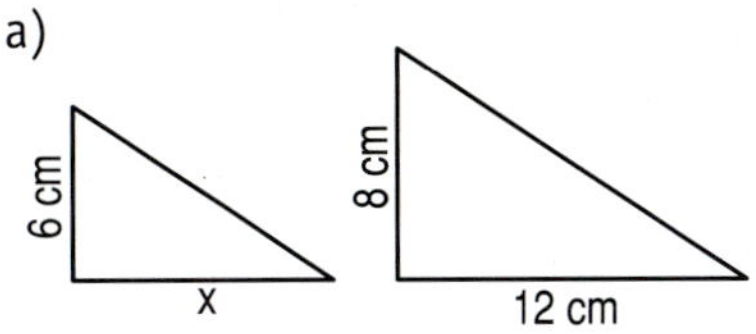

b)

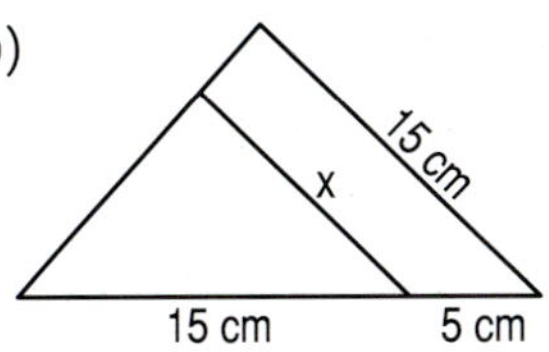

c)

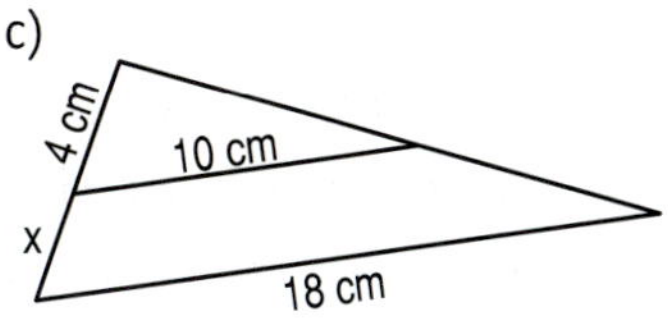

Prozentrechnung

1. Wie viel Prozent sind eingefärbt, wie viel Prozent nicht?

a) 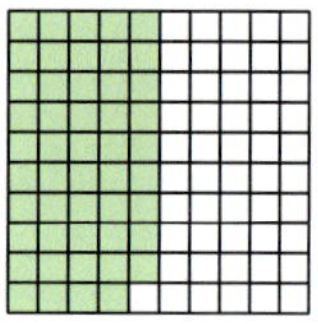 b) 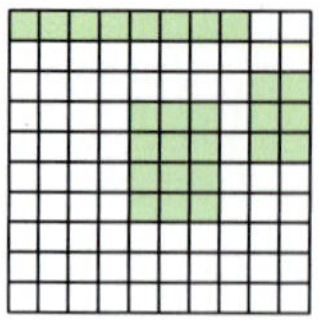 c) 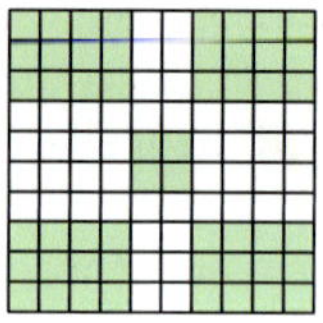

2. Bestimme immer 1 % von der Größe.

a) 1 % von 860 kg b) 1 % von 2 340 € c) 1 % von 350 €

3. Überlege, wie man leicht eine Zahl durch 100 dividiert und bestimme dann 1 % von der Größe ohne Taschenrechner.

a) 1 % von 32,5 kg b) 1 % von 72 € c) 1 % von 0,8 km

$1\,\% = \frac{1}{100}$

1 % von 450 €

$450\,€ \cdot \frac{1}{100} = 4{,}50\,€$

1 % von 450 € = 4,50 €

4. Wie groß ist der Anteil von der Größe?

a) 4 % von 500 € b) 12 % von 600 € c) 10 % von 900 €

d) 20 % von 850 kg e) 14 % von 82 m f) 3 % von 2 650 g

100 %	280 €
1 %	2,80 €
6 %	16,80 €

6 % von 280 € sind 16,80 €.

5. Welcher Bruchteil ist eingefärbt, wie viel Prozent sind das?

a)  b)  c) 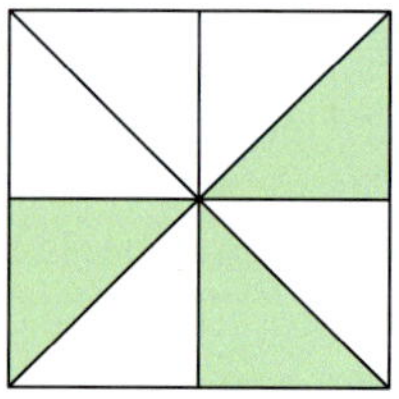

d)  e) 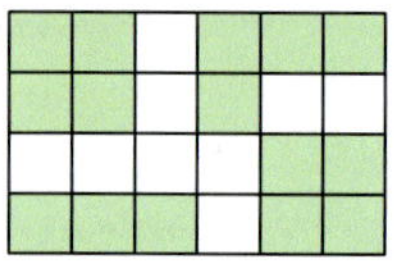

Bruch, Dezimalbruch oder Prozentschreibweise

$\frac{3}{4} = 3 : 4 = 0{,}75 = \frac{75}{100} = 75\,\%$

$\frac{2}{3} = 2 : 3 = 0{,}666...$

$\frac{2}{3} \approx 0{,}67$ bzw. $\frac{2}{3} \approx 67\,\%$

„ungefähr gleich"

6. Ordne jedem Bruch den zugehörigen Prozentsatz zu. Sind Bruch und Prozentsatz nur ungefähr gleich, schreibe „≈".

50 %	$\frac{1}{2}$	67 %	$\frac{2}{3}$	10 %	$\frac{1}{5}$	75 %
$\frac{1}{4}$	33 %	$\frac{1}{10}$	25 %	$\frac{3}{4}$	20 %	$\frac{1}{3}$

7. Rechne mit dem passenden Bruch.

a) 10 % von 70 € b) 20 % von 25 € c) 25 % von 40 € d) 50 % von 60 €

e) 75 % von 40 € f) 50 % von 44 € g) 75 % von 120 € h) 75 % von 80 €

8.

a) 51 % von 720 kg sind ungefähr	7,2 kg;	72 kg;	360 kg	oder 670 kg.
b) 65 % von 332 € sind ungefähr	300 €;	220 €;	110 €	oder 33 €.
c) 24 % von 88 g sind ungefähr	10 g;	16 g;	22 g	oder 30 g.
d) 32 % von 628 m sind ungefähr	130 m;	210 m;	300 m	oder 420 m.

9. Schreibe zunächst, welcher Bruchteil in der Aussage gemeint ist. Überlege den zugehörigen Prozentsatz. Berechne dann die Anzahl.

a) Jeder vierte von 52 kontrollierten Lkws wies Mängel auf.

b) Jedes 20. Los gewinnt. In der Lostrommel sind 160 Lose.

c) Jeder zehnte von 2 100 Befragten kauft über das Internet ein.

10. Bestimme Grundwert G, Prozentwert W und Prozentsatz p %.

a) Von 750 € sind 50 % genau 375 €.

b) 10 % von 3 kg sind 0,3 kg.

c) 2 km von 200 km sind 1 %.

Von 540 kg sind 10 % genau 54 kg.

Grundwert G: 540 kg
Prozentwert W: 54 kg
Prozentsatz p %: 10 %

11. Berechne den Prozentwert, runde sinnvoll.

a) 13% von 468,50 €

b) 64 % von 8 654 kg

c) 9 % von 2,35 €

12. Eine 250 g schwere Tafel Schokolade enthält einen Kakaoanteil von 64 %. Wie viel Gramm Kakao sind das?

Der **Prozentwert W** ist gesucht.
Wie viel Euro sind 11 % von 420 €?

Mit dem Dreisatz

: 100	100 %	420 €	: 100
· 11	1 %	4,20 €	· 11
	11 %	46,20	

Mit der Formel

$W = G \cdot \frac{p}{100}$

$W = 420 \cdot 0{,}11 = 46{,}20$

Es sind **46,20 €.**

13. Wie viele Delikte wurden nach der Kriminalitätsstatistik NRW 2006 aufgeklärt?

a) Von 14 645 Raubdelikten wurden 48,4 % aufgeklärt.

b) Von 36 200 Fällen schwerer und gefährlicher Körperverletzungen wurden 82,2 % aufgeklärt.

14. Berechne den Prozentsatz. Runde die Prozentzahl auf Zehntel.

a) Von dem 820 m langen Weg sind 145 m fertig.

b) Von 2,5 kg Erdbeeren waren 170 g verfault.

c) Ina hat 65 € von 180 € bezahlt.

d) Jens hat 45 von 50 Punkten.

Der **Prozentsatz p %** ist gesucht.
Wie viel Prozent sind 72 kg von 800 kg?

Mit dem Dreisatz

: 800	800 kg	100 %	: 800
· 72	1 kg	0,125 %	· 72
	72 kg	9 %	

Mit der Formel

$72 = 800 \cdot \frac{p}{100} \quad | : 800$

$72 : 800 = 0{,}09$

Es sind **9 %.**

15. Ein Mischbrot erhält 35 g Eiweiß, das sind 7 %. Wie schwer ist das Brot?

16. Ein Akkubohrer kostet in einem Sonderverkauf 54,60 €, das sind 65 % vom ursprünglichen Preis. Wie hoch war der?

17. Ein Pkw wird für 12 890 € angeboten. Das sind 15 % unter dem Listenpreis. Wie hoch ist der Listenpreis?

Der **Grundwert G** ist gesucht.
Von welchen Eurobetrag sind 5 % genau 35 €?

Mit dem Dreisatz

: 5	5 %	35 €	: 5
· 100	1 %	7 €	· 100
	100 %	700 €	

Mit der Formel

$35 = G \cdot 0{,}05 \quad | : 0{,}05$

$35 : 0{,}05 = 700$

Es sind **700 €.**

18. Berechne den Prozentwert.

a) 150 % von 2,30 €

b) 250 % von 620 Stück

c) 225 % von 6 kg

d) 375 % von 2,3 t

e) 125 % von 17,6 Liter

Prozentsätze über 100 %
Der Prozentwert W ist größer als der Grundwert G.
Z. B. p % = 200 %.
$200\,\% = \frac{200}{100} = 2$, d. h.
200 % von G ist das Doppelte von G.
150 % von 40 kg: $W = 1{,}5 \cdot 40\text{ kg} = 60\text{ kg}$

19. Berechne den Prozentsatz bezogen auf den Anfangswert von 2 500 Bakterien. Bakterienzahl nach 10 Stunden 3 750, nach 20 Stunden 5 625, nach 30 Stunden 8 438.

Zinsrechnung

1. a) Kapital: 1 200 €
Zinssatz: 2,5 %

b) Kapital: 5 000 €
Zinssatz: 9,2 %

c) Kapital: 320 €
Zinssatz: 4,1 %

d) Kapital: 8 000 €
Zinssatz: 12,25 %

Zinsrechnung ist angewandte Prozentrechnung.
Kapital K entspricht dem Grundwert G.
Zinsen Z entsprechen dem Prozentwert W.
Zinssatz p % entspricht dem Prozentsatz p %.
Mit dem Zinssatz p % berechnet man die **Zinsen für 1 Jahr.**
Beispiel: Zinsen für 800 € Kapital bei einem Zinssatz von 4 %.
$800 \cdot 0{,}04 = 32$
Antwort: Die Jahreszinsen betragen 32 €.

2. Herr Schmidt erhält einen Bankkredit über 15 000 € zu einem Zinssatz von 8,2 %. Wie viel Zinsen bezahlt er für ein Jahr?

3. Jörg hatte 480 € auf seinem Sparkonto und bekam dafür nach einem Jahr 10,56 € Zinsen gutgeschrieben. Berechne den Zinssatz.

4. Welchen Zinssatz nimmt die Bank, wenn für eine Kreditsumme von 10 000 € am Ende des Jahres 888 € Zinsen bezahlt werden müssen?

5. Die Grafik zeigt die Jahreszinsen in Abhängigkeit vom Kapital für die Zinssätze 2,5 %, 4 % und 6 %.

a) Welche Gerade gehört zu welchem Zinssatz?

b) Lies für die drei Zinssätze die ungefähren Zinsen für ein Kapital von 2 000 € ab. Berechne auch die genauen Werte.

c) Lies aus der Grafik für alle drei Zinssätze die ungefähren Jahreszinsen für 500 €, 1 600 € und 2 200 € ab. Berechne dann genaue Werte.

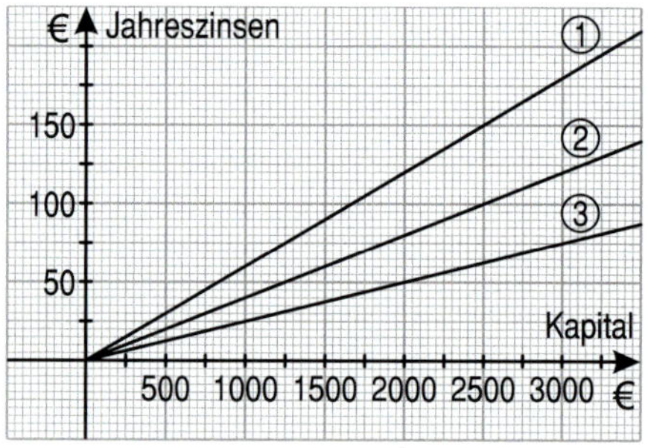

6. Familie Jorges nimmt einen Kredit über 8 000 € zu einem Zinssatz von 6,8 % für ein Jahr auf.

a) Wie viel Euro Zinsen müssen sie bezahlen? b) Wie hoch ist die gesamte Rückzahlung?

7. Welcher Betrag muss für einen Kredit über 10 000 € zu einem Zinssatz von 8,4 % mit einer Laufzeit von einem Jahr zurück gezahlt werden?

8. Berechne die Zinsen.

a) 1500 € zu 6 % für $\frac{1}{4}$ Jahr

b) 750 € zu 3,5 % für 1 Monat

Zinsen für weniger als 1 Jahr
Für einen Bruchteil des Jahres gibt es auch nur den entsprechenden Bruchteil der Jahreszinsen.

1 Monat = 30 Tage
1 Jahr = 12 Monate = 360 Tage

Beispiel: K = 500 €, p % = 4 %, Laufzeit $\frac{1}{2}$ Jahr

$500 \cdot 0{,}04 \cdot \frac{1}{2} = 10$

Antwort: 10 € Zinsen für $\frac{1}{2}$ Jahr

9. Jasper hat auf seinem Sparkonto, das mit 2 % verzinst wird, 900 €. Wie viel Zinsen hätte er

a) nach 1 Tag, b) nach 1 Monat, c) nach 1 Jahr?

10. Mike hat seit dem 1. März ein Sparkonto mit 1 400 €, das mit 3,2 % verzinst wird. Wie viel Euro Zinsen werden ihm am Jahresende gutgeschrieben?

11. Kira hat am 1. Januar auf ihrem Sparkonto ein Kapital von 4 000 €, das mit einem Zinssatz von 5 % verzinst wird. Kira hebt weder etwas ab, noch zahlt sie etwas ein.

a) Wie hoch ist Kiras Kapital nach einem Jahr?

b) Wie viel Geld hat Kira am 1.1 des dritten Jahres auf ihrem Konto?

Mittelwert und Median, Spannweite, Klasseneinteilung

1. Berechne den Mittelwert der folgenden Massen.
26 kg, 107 kg, 38 kg, 87 kg, 29 kg, 67 kg, 66 kg

2. Wie heißt der Median (Zentralwert) der Massen aus Aufgabe 1?

3. Mustafa hat von Montag bis Samstag ein spannendes Buch ausgelesen. Das waren seine „Leseleistungen":
Mo: 68 Seiten, Di: 41 Seiten, Mi: 74 Seiten,
Do: 18 Seiten, Fr: 56 Seiten, Sa: 97 Seiten
Berechne den Mittelwert seiner Leseleistungen.

4. Pro Saison gibt es 34 Bundesligaspiele. Bis zum vorletzten Spieltag hatte Werder Bremen in der Saison 2006/2007 insgesamt 74 Tore erzielt. Wie viele Tore müsste Werder Bremen im letzten Saisonspiel erzielt haben, um einen Durchschnitt von 2,5 Treffern pro Spiel zu erreichen?

5. Abgebildet sind die monatlichen Sparleistungen von Daniela im letzen Jahr.

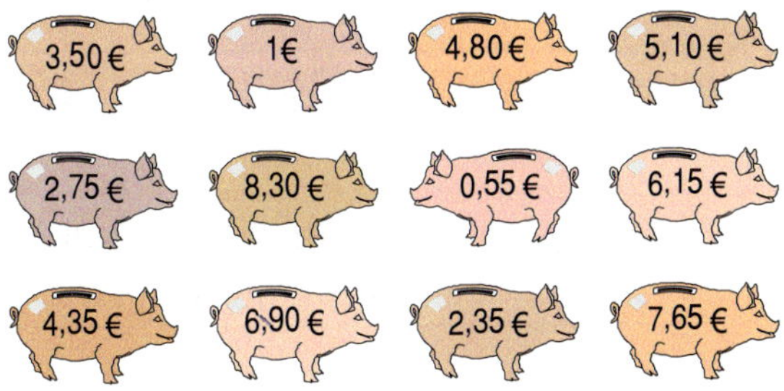

a) Bestimme Mittelwert, Median und Spannweite.
b) Teile die Sparbeträge in Klassen ein.

6. Ronald und Cem haben beim Training zum Kugelstoßen die folgenden Werte erzielt. Berechne jeweils Mittelwert und Median, vergleiche diese Werte und beurteile die Leistungen.

Ronald: 9,60 m; 10,30 m; 9,90 m; 9,70 m; 10,80 m; 10,10 m; 9,70 m

Cem: 7,90 m; 8,40 m; 9,20 m; 10,30 m; 10,20 m; 10,50 m; 10,60 m; 10,60 m

Mittelwert und Median (Zentralwert)

Mittelwert: Man addiert alle Werte und dividiert anschließend durch die Anzahl der Werte.

Median: Die Daten werden nach aufsteigender Größe geordnet. Der Median (Zentralwert) ist der Wert in der Mitte der Reihe. Bei einer geraden Anzahl von Werten ist der Median der Mittelwert der beiden Werte in der Mitte der Reihe.

Beispiel: 8 €, 11 €, 12 €, 16 €, 27 €, 30 €

Mittelwert:
(8 € + 11 € + 12 € + 16 € + 27 € + 30 €) : 6
= 104 € : 6
≈ 17,33 €

Median:
(12 € + 16 €) : 2
= 28 € : 2
= 14 €

Spannweite
Die Differenz zwischen dem größten Wert und dem kleinsten Wert einer Datenmenge ist die Spannweite.

Klasseneinteilung
Fasst man die Werte einer Datenmenge nach gemeinsamen Merkmalen zusammen, entsteht eine Klasseneinteilung.

Beispiel: 8 €, 11 €, 12 €, 16 €, 27 €, 30 €

Spannweite: 30 € – 8 € = 22 €

Klasse 1 (0 € bis 12 €) : 8 €, 11 €, 12 €
Klasse 2 (13 € bis 24 €) : 16 €
Klasse 3 (25 € bis 36 €) : 27 €, 30 €

7. Fünf Wassermengen (ganze Literzahlen) haben die Spannweite 21 *l*, den Mittelwert 22 *l* und den Median 23 *l*. Eine von ihnen ist 20 *l*. Wie groß könnten die anderen 4 Wassermengen sein? Gib zwei verschiedene Möglichkeiten an.

8. Eine Firma zahlt 20 Beschäftigten jeweils 1 500 € und 10 Beschäftigten 2 500 € pro Monat. Die 30 Beschäftigten erhalten zusammen mit ihrem Chef durchschnittlich 2 100 €. Wie viel Euro erhält der Chef?

Texte, Grafiken, Diagramme

1. Das Schaubild stellt die Altersverteilung der Lehrkräfte an einer Schule dar.

a) Welches Alter ist am häufigsten vertreten?

b) Wie viele Lehrerinnen und Lehrer unterrichten an der Schule?

c) Ronja will das durchschnittliche Alter der Lehrkräfte mit Hilfe einer Tabellenkalkulation berechnen. Beschreibe mit Worten die hierzu notwendigen Arbeitsschritte und führe diese dann selbst aus.

	A	B	C	D
1	Alter der Lehrkräfte	Anzahl der Lehrkräfte	Alter * Anzahl	
2	31	1	31	= A2*B2
3	36	2		
4				

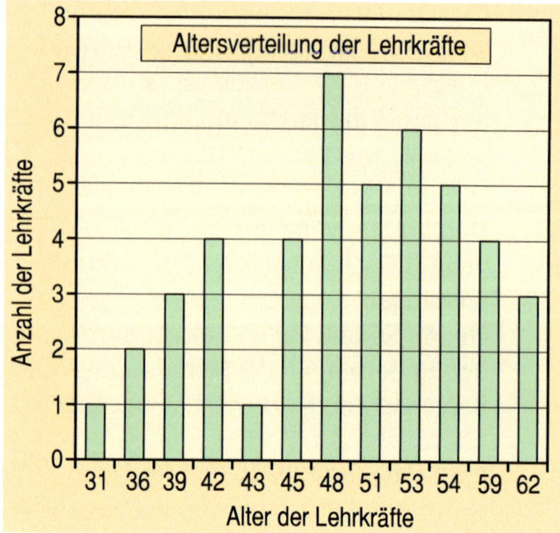

2. Im nebenstehenden Schaubild sind vier verschiedene Angebote eines Internet-Cafés dargestellt.

a) Jeweils ein Graph passt zu einem der Angebote A, B und C. Ordne zu.

b) Erstelle eine kurze Beschreibung für das vierte Angebot.

c) Welches Angebot ist bei einer Surfdauer von 40 Minuten zu empfehlen?

d) Nils hat noch 5 Euro zur Verfügung. Bei welchem Angebot kann er am längsten für diesen Betrag im Internet surfen?

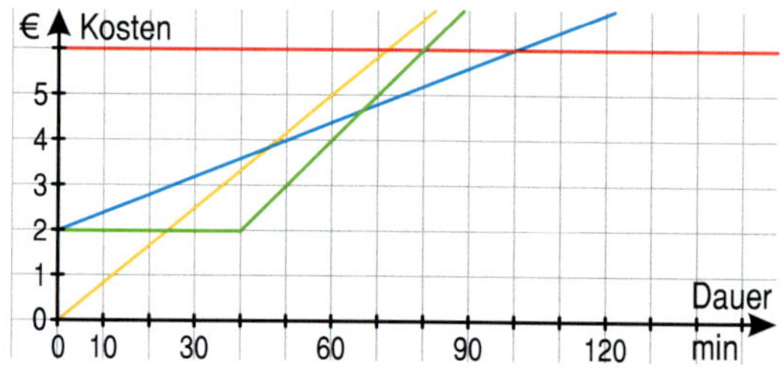

Angebot A: Keine Grundgebühr, minutengenaue Abrechnung, 5 € pro 1 h

Angebot B: Grundgebühr 2 €, 40 Freiminuten, dann 1 € je 10 Min.

Angebot C: Für 6 € bis zu 3 Stunden surfen! Keine Grundgebühr!

3. Die Tabelle zeigt das Ergebnis einer Befragung von 1003 Jugendlichen im Alter von 10–17 Jahren.

a) Was ist die am häufigsten genutzte Sparform?

b) Wie groß ist die Anzahl der Jugendlichen, die einen Bausparvertrag abgeschlossen haben?

c) Nutzen einige der befragten Jugendlichen mehr als eine Sparform? Begründe deine Antwort.

d) Stelle das Umfrageergebnis in einem geeigneten Diagramm dar. Fasse dazu selten gewählte Sparformen in einer Klasse zusammen.

	Sparform	Angaben in %
(1)	Bausparvertrag	4
(2)	Sparbuch	51
(3)	Festverzinsliche Wertpapiere	2
(4)	Sparschwein	65
(5)	Lebensversicherung	3
(6)	Investmentfonds	3
(7)	Girokonto/Taschengeldkonto	36
(8)	Aktien	1
(9)	Sonstiges	1

Quelle: Institut für Jugendforschung, 2005

4. In den Ferien mietet Familie Roth ein Segelboot. Zwei der nebenstehenden Graphen geben die Entfernung des Boots von seinem Liegeplatz im Hafen für die Vormittagsstunden an verschiedenen Tagen an.

a) Zu welchen Graphen kann es keine passende Bootstour geben? Begründe deine Antwort.

b) Schreibe einen kurzen Bericht über einen Bootsausflug, der zu einem der Graphen passt.

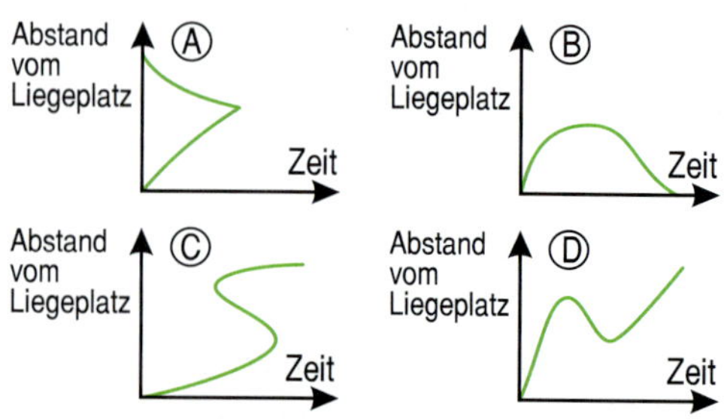

Relative Häufigkeit und Wahrscheinlichkeit

1. Sabine hat einen fairen Spielwürfel 35-mal geworfen und 4-mal eine „6" erzielt. Gib für das Ereignis „6" die relative Häufigkeit als Bruch und als Prozentsatz an.

2. Wie groß ist die Wahrscheinlichkeit, mit einem fairen Würfel das Ereignis „6" zu erreichen? Gib auch hier als Bruch und als Prozentsatz an.

3. Marco hat von seinem Fenster aus am Nachmittag vorbeifahrende Autos gezählt, insgesamt 650. Davon waren 107 Autos mit der Marke VW.

a) Berechne die relative Häufigkeit für VW.

b) Kann man eine Wahrscheinlichkeit für das Auftreten von VW vor Marcos Fenster angeben? Begründe deine Meinung.

c) Am nächsten Nachmittag wiederholt Marco seine Zählung und hört bei einer „runden" Zahl von Autos auf, diesmal waren 150 VW dabei. Hat Marco insgesamt 200 oder 1 000 oder 10 000 Autos gezählt? Begründe.

4. In einer Klasse von 27 Schülerinnen und Schülern sind 18 Jungen. Die Klassenlehrerin verlost eine Kinokarte. Zwei Jungen verzichten auf die Teilnahme am Verlosen. Wie groß ist die Wahrscheinlichkeit, dass ein Mädchen die Kinokarte gewinnt?

5. Ingo würfelt zweimal. Wie groß ist die Wahrscheinlichkeit, bei beiden Würfen eine ungerade Zahl zu erzielen?

6. In einem Behälter befinden sich 8 rote und 5 blaue Kugeln, die ansonsten gleich sind. Anika nimmt nacheinander mit verbundenen Augen zwei Kugeln heraus. Wie groß ist die Wahrscheinlichkeit, dass beide Kugeln rot sind? Schreibe als Prozentsatz.

Relative Häufigkeit für ein Ereignis:

$$\text{rH (Ereignis)} = \frac{\text{Anzahl der günstigen Ergebnisse}}{\text{Anzahl der Versuche}}$$

Bei sehr vielen Versuchen liegt die relative Häufigkeit für ein Ereignis nahe bei der Wahrscheinlichkeit für das Ereignis.

Wahrscheinlichkeit p für ein Ereignis E (bei gleichwahrscheinlichen Ergebnissen):

$$p(E) = \frac{\text{Anzahl der günstigen Ergebnisse}}{\text{Anzahl der möglichen Ergebnisse}}$$

Beispiel:
Wie groß ist die Wahrscheinlichkeit, mit einem Würfel eine Zahl größer als 4 zu werfen?

günstige Ergebnisse: 5, 6
mögliche Ergebnisse: 1, 2, 3, 4, 5, 6

$p(\text{größer als } 4) = \frac{2}{6} = \frac{1}{3} \approx 33\ \%$

Produktregel
Die Wahrscheinlichkeit eines Ereignisses ist das Produkt der Wahrscheinlichkeiten längs des zugehörigen Pfades im Baumdiagramm.

Beispiel:
Zweimaliges Würfeln, Ereignis: Jeder Wurf 5 oder 6

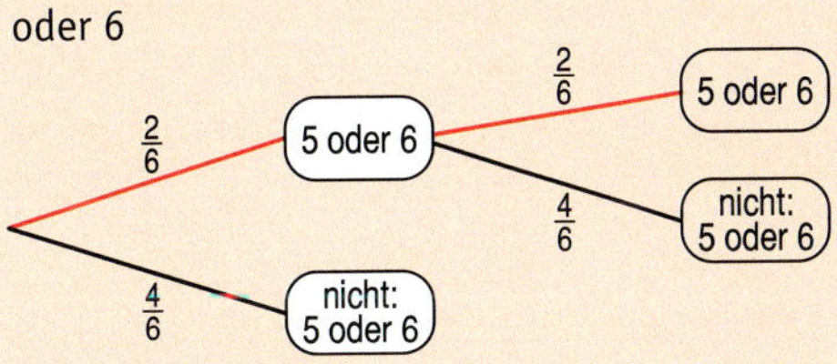

$p(\text{nur 5 oder 6}) = \frac{2}{6} \cdot \frac{2}{6} = \frac{1}{3} \cdot \frac{1}{3} = \frac{1}{9}$

7. Eine 1-€-Münze wird dreimal geworfen. Wie groß ist die Wahrscheinlichkeit, dass

a) wenigstens einmal „Zahl" oben liegt?

b) „Zahl" und „Wappen" abwechseln?

8. In einer Urne liegen 10 gleiche Kärtchen mit den Buchstaben A, B, C, …, I, J. Nacheinander werden 3 Kärtchen „blind" gezogen.

a) Wie groß ist die Wahrscheinlichkeit, in dieser Reihenfolge die Buchstaben BAD zu ziehen?

b) Wie groß ist die Wahrscheinlichkeit, mit den drei Kärtchen das Wort HAI legen zu können?

Terme und Gleichungen

1. Schreibe als Term mit einer Variablen.

a) Das Dreifache einer Zahl, vermehrt um 7.

b) Die Summe aus dem Doppelten und dem Fünffachen einer Zahl.

c) 24 vermindert um das 7-Fache einer Zahl.

d) Von einer Zahl wird 5 subtrahiert, das Ergebnis wird mit 4 multipliziert.

e) Die Differenz aus 31 und dem Dreifachen einer Zahl wird verdoppelt.

2. Marco, Svenja und Raffael sind Geschwister. Raffael ist der Jüngste, Svenja ist doppelt so alt wie Raffael, Marco 3 Jahre älter als Svenja.

a) Nenne das Alter von Raffael x und beschreibe mit Termen, wie alt Svenja und Marco sind.

b) Wie alt sind die drei Geschwister zusammen?

3. Berechne den Term für die angegebene Zahl.

a) $3x - 7$ für $x = 11$ b) $a : 5 + 19$ für $a = -35$

4. Vereinfache den Term so weit wie möglich und berechne ihn für die angegebene Zahl.

a) $4x + 7 - 2x - 14 + 3x$ für $x = 20$

b) $0{,}5\,a + 3 \cdot (1{,}5\,a - 7) - 9$ für $a = 13$

5. Ist die angegebene Zahl Lösung der Gleichung?

a) $3x - 5 = 26 + 2x$ $x = 31$

b) $45 - 6y = 5y + 32$ $y = 2$

c) $4 \cdot (2x - 5) = 3x - 65$ $x = -9$

6. Löse die Gleichung und führe die Probe durch.

a) $6x - 41 - 2x = 69 - 6x$

b) $3 \cdot (2y - 5) = 31 - 6y - 28 + 10y$

7. Schreibe als Gleichung und löse sie: Addiert man zum Doppelten einer Zahl 16, so erhält man 46.

8. Die Wegskizze ist nicht maßstabsgerecht.

a) Beschreibe die Länge von A nach B mit einem Term.

b) Wie weit ist es von A nach B, wenn x = 800 m ist?

c) Der abgebildete Weg von A nach B ist 26 km lang. Wie groß ist x?

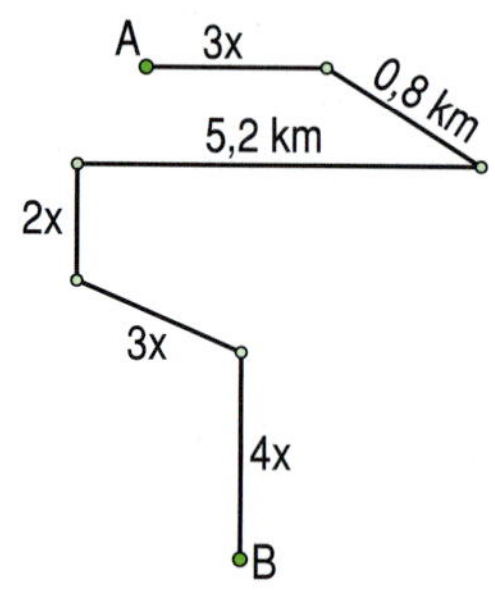

Terme

Terme beschreiben Rechenwege und enthalten oft Variablen (Buchstaben).
Setzt man für die Variablen Zahlen ein, so erhält man ein Rechenergebnis.
Es gilt die Vereinbarung: $3 \cdot x = 3x$

Beispiel:
$2x + 3y$ Einsetzung $x = 8$ und $y = 4$:
$2 \cdot 8 + 3 \cdot 4 = 16 + 12 = \mathbf{28}$

Gleichungen

Wenn man für die Variable in einer Gleichung eine Zahl einsetzt, ist das Ergebnis entweder richtig oder falsch.
Wenn das Ergebnis richtig ist, ist die Zahl **Lösung** der Gleichung.

Beispiel:
7 ist die Lösung der Gleichung $3x - 8 = x + 6$, weil $3 \cdot \mathbf{7} - 8 = \mathbf{13}$ und $\mathbf{7} + 6 = \mathbf{13}$.

Lösen von Gleichungen

Gleichungen löst man, indem man sie schrittweise vereinfacht:
- auf beiden Seiten Klammern auflösen, ordnen und zusammenfassen
- auf beiden Seiten dasselbe addieren oder subtrahieren
- beide Seiten mit derselben Zahl multiplizieren (außer 0) oder durch sie dividieren

Beispiel:

$7y - 25 = 2y + 23 + y$
$7y - 25 = 3y + 23 \quad | -3y$
$4y - 25 = 23 \quad | +25$
$4y = 48 \quad | :4$
$y = 12$

Probe:
Linke Seite:
$7 \cdot 12 - 25 = 84 - 25 = \mathbf{59}$
Rechte Seite:
$2 \cdot 12 + 23 + 12 = 24 + 23 + 12 = \mathbf{59}$

Die Probe stimmt, also ist **12** das richtige Ergebnis.

9. a) $\frac{1}{2}x + 8 = 11$ b) $\frac{1}{5}x - 6 = 11$ c) $\frac{2}{3}x - 5 = 3$ d) $5\frac{1}{2} = \frac{3}{4}x + 4$

e) $0{,}6x - 23 = -11{,}6$ f) $100 - 1{,}3x = 53{,}2$ g) $4x + 25 = 5{,}8$ h) $1 - 0{,}3x = 0{,}94$

10.

Gleichung:
$5x - 21 = 44$
Welche der folgenden Zahlen ist die Lösung dieser Gleichung?

−13 −4,6 13 4,6

11. Welche der angegebenen Zahlen ist die Lösung der Gleichung?

a) $2x - 8{,}5 = 2{,}5$
−5,5 0 5,5

b) $4{,}5x + 5 = 14$
−2 2 2,5

c) $5x + 72 = 12$
−12 8,5 12

12. Vereinfache zuerst durch Zusammenfassen und anschließend durch Umformen auf beiden Seiten.

a) $17 - 25x + 29 - x = 12x - 30$ b) $21x - 39 + 10{,}5x = 24x - 1{,}5$

c) $24x - 1{,}5 = -2{,}5x + 68{,}5 + 12{,}5x$ d) 2 [illegible] $x + 7{,}5 = 3x - 39{,}5$

13. Löse die Gleichung.

a) $-10x - 35 + 24x = 8x + 13 - 2x$ b) $27x - 36 - 17x = 3x + 27 + 15x + 9$

14. Welche der angegebenen Zahlen ist die Lösung der Gleichung?

a) $2{,}5x - 18 + 27{,}5x = 3x + 63$
−9 −3 3 9

b) $-1{,}5x - 19{,}5 + 6x = 18 - 2{,}5x - 9{,}5$
−4 −1 1 4

15. Löse die Gleichung durch Klammerauflösen und Umformen.

a) $3 \cdot (2x - 7) - 11 = 15 - (8 - x)$ b) $7 \cdot (2y - 5) - 4 \cdot (3y + 9) = y - 16$

c) $(2x - 5)^2 = 4x \cdot (x - 3) - 10x$ d) $(-4y + 11)^2 - (8y - 4) \cdot (3 + 2y) = -179$

16. a) Stelle eine Gleichung mit folgenden Bedingungen auf und präsentiere sie in der Klasse.

① Die Gleichung hat die Form □ + ○ − ▭ = △ · (⬭ − ⬡)

② Eckige Leerstellen stehen für Zahlen, runde Leerstellen für Vielfache von x.

③ Die Lösung ist x = 6.

b) Erfinde eine Sachsituation oder ein Rätsel zur Gleichung in a).

17. Die Skizze des Streckenzugs ist nicht maßstabsgerecht.

a) Beschreibe mit einem Term die Länge des Streckenzuges von A über B nach C.

b) Angenommen, es gilt x = 2,4 cm. Wie lang ist dann der gesamte Streckenzug?

c) Angenommen, der Streckenzug von A nach C ist 29,3 cm lang. Wie groß ist dann x?

d) Wie groß müsste x sein, damit der Streckenzug von A nach B genauso lang ist wie der Streckenzug von B nach C?

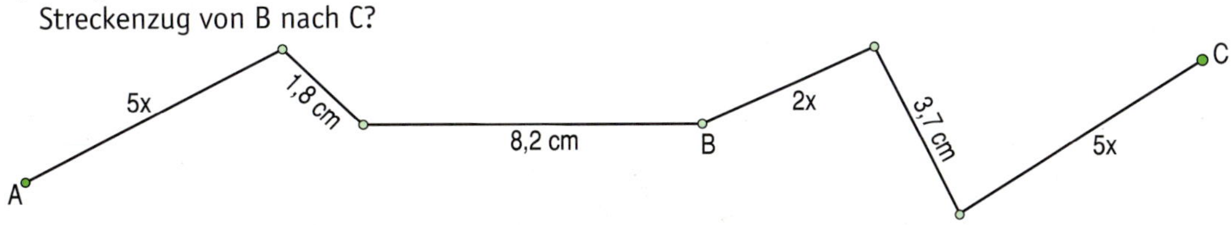

Aufgaben zum Allgemeinen Teil

1. Bei einer gesunden Ernährung sollte man täglich ca. 3 *l* Flüssigkeit zu sich nehmen. Angenommen, man will die Flüssigkeitsmenge, die ein Mensch in 70 Jahren zu sich genommen hat, veranschaulichen. Welches Becken wäre annähernd mit dieser Menge Wasser gefüllt?
Begründe deine Entscheidung mit einer Rechnung.

① Pool: 8 m x 5 m x 2m ② Sprungbecken: 15 m x 10 m x 5 m ③ Wasserbecken: 50 m x 25 m x 3 m

2. Pia zahlt pro SMS 0,20 €, pro Gesprächsminute 0,15 €. Ihr Guthaben reicht noch für 120 Gesprächsminuten. Wie viele SMS könnte Pia für ihr Guthaben verschicken?

3. Benny startet für seine Bahnreise von Münster nach Erkelenz in Münster und erreicht Mönchengladbach nach 2 h und 3 min. Dort muss er umsteigen und hat 9 min Aufenthalt, bis sein Zug nach Erkelenz startet. Den Zielort erreicht Benny nach weiteren 12 min um 15:01 Uhr. Wann ist er gestartet?

4. Aus einem quadratischen Stück Weißblech mit einer Seitenlänge von 1 m werden 100 kreisrunde Konservendeckel mit 10 cm Durchmesser gestanzt. Wie viel Prozent Abfall fällt an?

5. Eine Konservendose hat einen Umfang von 22 cm und eine Höhe von 13 cm. Welches Fassungsvermögen hat die Dose?

6. Welche der abgebildeten zehn Zahlen ist Lösung der folgenden Gleichung? Begründe.
$4x + 23 + 2 \cdot (x - 4) - 7x - 2 = 5 - 3x + 19$

−7	−4	9	2	−1,5
5,5	8	31	−23	4

7. Herr Reiche möchte 15 000 € bei der Bank für drei Jahre fest anlegen. Er erhält zwei Angebote. Welches Angebot ist günstiger? Begründe durch Rechnung.

Günstig sparen bei der KKF Bank
Im ersten Jahr 2 %,
im zweiten Jahr 3,5 %
im dritten Jahr 5 %

Wir bieten gleichbleibend **3,5 %**

Ihre Land- und Sparbank

8. Das Diagramm gibt Auskunft über die Zahl der Unfälle im Jahr 2003 in deutschen Schulen.

a) Wie viele Unfälle ereigneten sich im Durchschnitt täglich außerhalb des Schulsports?

b) Im gesamten Jahr 2003 gab es im Schulsport an deutschen Schulen 670 000 Unfälle.
Wie viele Unterrichtstage gab es etwa im Jahr 2003 an deutschen Schulen?

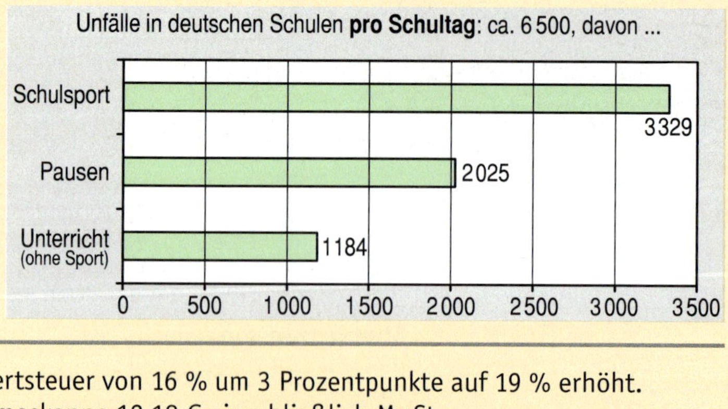

9. Am 1. Januar 2007 wurde die Mehrwertsteuer von 16 % um 3 Prozentpunkte auf 19 % erhöht.
Im Dezember 2006 kostete eine Thermoskanne 12,18 € einschließlich MwSt.

a) Berechne den Verkaufspreis mit dem neuen Mehrwertsteuersatz für das Jahr 2007.

b) Um wie viel Prozent stieg der Preis der Thermoskanne im Januar 2007?

Quadratische Funktionen und Gleichungen

2

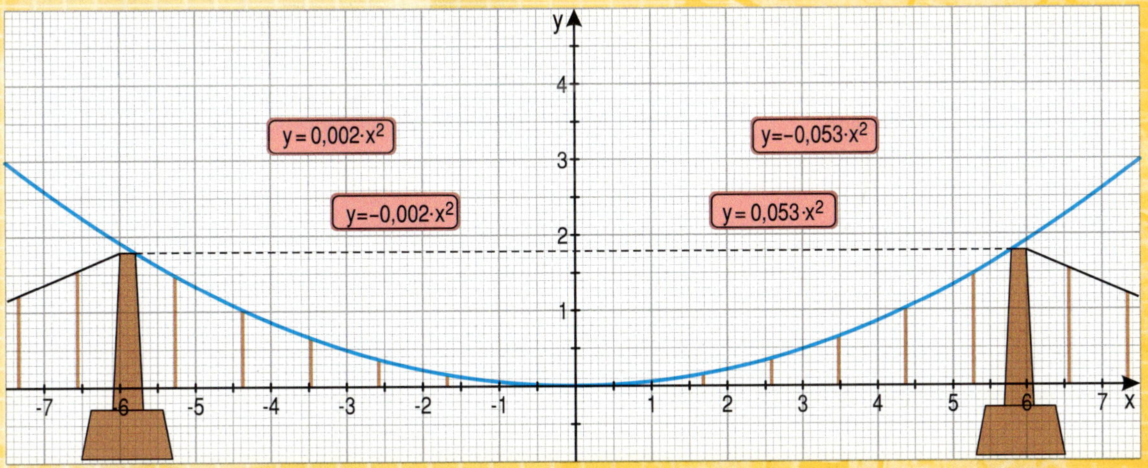

Normalparabel

Der Graph der Funktion mit der Gleichung $y = x^2$ heißt **Normalparabel.**
Sie hat den Scheitelpunkt (0|0).

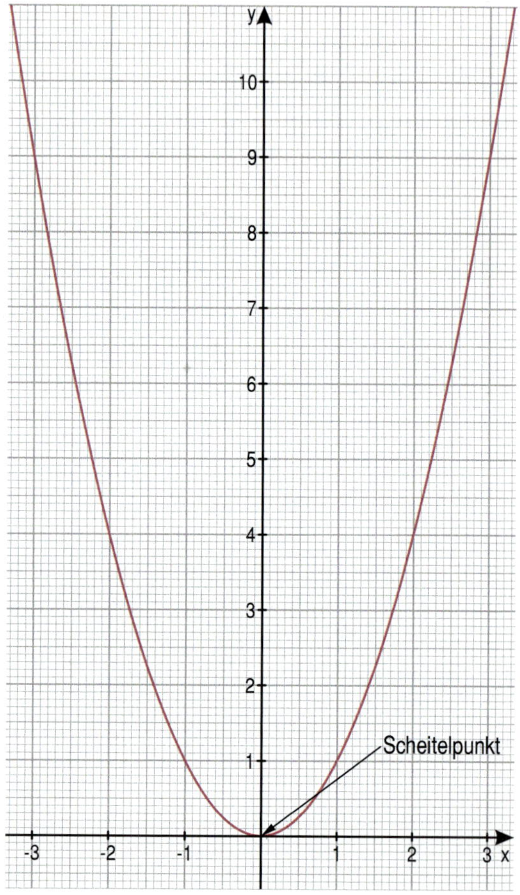

1. a) Lege zu $y = x^2$ eine Wertetabelle für $-3{,}5 \le x \le 3{,}5$ an, Schrittweite 0,5.

b) Zeichne den Graphen auf Millimeterpapier (Einheit: 1 cm). Klebe ihn auf Pappe und schneide ihn als Schablone aus.

2. P liegt auf der Normalparabel. Lies näherungsweise ab.

a) P(1,2|■) b) P(2,8|■) c) P(−2,4|■)
d) P(+■|6) e) P(−■|5) f) P(+■|7,5)
g) P(0,4|■) h) P(+■|0,9) i) P(−■|0,7)

3. Lies an der Normalparabel näherungsweise ab.

a) $1{,}6^2$ b) $(-2{,}4)^2$ c) $0{,}6^2$ d) $(-2{,}7)^2$
e) $0{,}9^2$ f) $0{,}5^2$ g) $(-1{,}1)^2$ h) $0{,}7^2$

4. P liegt auf der Normalparabel, es gibt zwei Lösungen.

a) P(■|9) b) P(■|6,25) c) P(■|1,69)
d) P(■|12,25) e) P(■|10,64) f) P(■|10,36)

5. Lies an der Normalparabel näherungsweise ab.

a) $\sqrt{3}$ b) $\sqrt{4{,}9}$ c) $\sqrt{5{,}4}$
d) $\sqrt{8{,}5}$ e) $\sqrt{0{,}8}$ f) $\sqrt{1{,}5}$
g) $\sqrt{0{,}3}$ h) $\sqrt{1{,}2}$ i) $\sqrt{10}$

$\sqrt{x}$ ist stets eine **positive** Zahl.

6. Löse mit der Normalparabel näherungsweise.

a) $x^2 = 5$ b) $x^2 = 2$ c) $x^2 = 4{,}5$ d) $x^2 = 0{,}5$

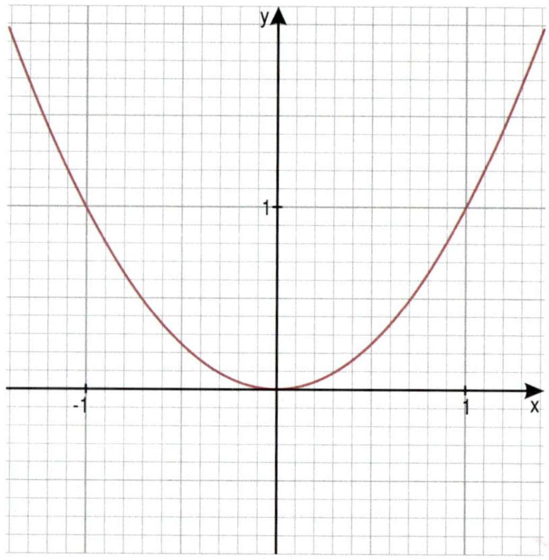

7. Liegt der Punkt auf der Normalparabel? Rechne.

a) P(4,5|20) b) P(1,7|2,89) c) P(−2,5|6,25)
d) P(9,8|96) e) P(−7,9|62,3) f) P(−4,2|17,64)

LVL **8.** Begründe die Aussage.

a) Die Normalparabel ist symmetrisch zur y-Achse.

b) Der Punkt (0|0) ist der tiefste Punkt der Normalparabel.

LVL **9.** Zeichne im Heft auf Karopapier den Graphen der Funktion $y = -x^2$ ohne Wertetabelle nur mit Hilfe deiner Schablone.

LVL

Funktionen mit Gleichungen der Form $y = ax^2 + c$

Alle Aufgaben in Gruppenarbeit!

1. a) Untersucht, welche Auswirkung der Faktor a auf den Verlauf des Graphen von Funktionen mit Gleichungen der Form $y = ax^2$ hat.

- Bildet Vierergruppen. Jede Gruppe wählt für den Faktor a eine der vier genannten Bedingungen. Jede Bedingung soll ungefähr von gleich vielen Gruppen gewählt werden.

① $a > 1$ ② $0 < a < 1$ ③ $-1 < a < 0$ ④ $a < -1$

- Setzt für die Variable a in der allgemeinen Funktionsgleichung $y = ax^2$ mindestens fünf zu eurer Bedingung passende Werte ein und bildet so verschiedene Funktionsgleichungen.
- Zeichnet die zugehörigen Graphen zusammen mit der Normalparabel $y = x^2$ in ein Koordinatensystem. Ihr könnt dazu einen Funktionenplotter benutzen.
- Vergleicht die entstandenen Graphen mit der Normalparabel. Schreibt anschließend die Ergebnisse eures Vergleichs im Heft auf.

b) Setzt euch in neuen Vierergruppen so zusammen, dass jedes Gruppenmitglied Experte für eine andere Bedingung ist.

- Erklärt euch gegenseitig, was ihr herausgefunden habt.
- Fasst eure Ergebnisse in einem Lernplakat zusammen.
- Beurteilt die Lernplakate der anderen Gruppen.

Gruppenpuzzle

2. Untersucht in Gruppen Funktionen mit Gleichungen der Form $y = ax^2 + c$. Findet heraus, welche Auswirkung die Variable c auf den Verlauf des Graphen hat. Überlegt euch selbst, wie ihr vorgehen wollt, und präsentiert anschließend der Klasse euer Ergebnis.

3.

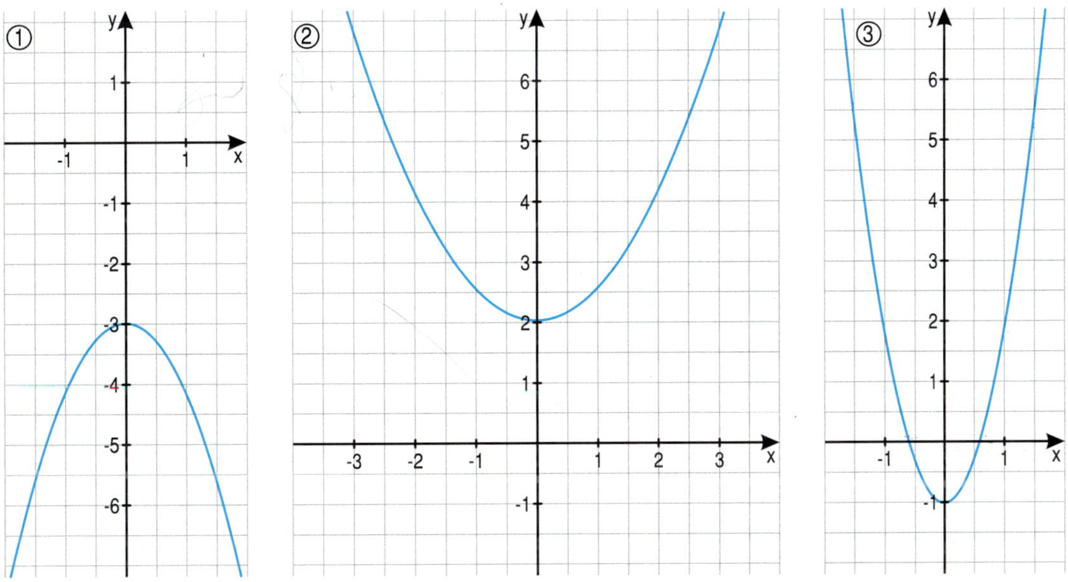

a) Alle oben gezeigten Funktionen haben Gleichungen der Form $y = ax^2 + c$. Bestimme jeweils c.

b) Welche Aussagen könnt ihr jeweils über den Faktor a machen?

c) Wählt jeweils einen beliebigen Punkt des Graphen und bestimmt durch Einsetzen der Koordinaten in die allgemeine Funktionsgleichung den Faktor a. Stellt euren Rechenweg der Klasse auf einem Plakat vor.

LVL Funktionen mit Gleichungen der Form $y = (x + b)^2 + c$

1. a) Untersucht, welche Auswirkungen die Variablen c und b auf den Verlauf der Graphen von Funktionen mit Gleichungen der Form $y = x^2 + c$ bzw. $y = (x + b)^2$ haben.

Alle Aufgaben in Partnerarbeit!

- Entscheidet euch für eine der beiden Formen. Jede soll von ungefähr gleich vielen Partnergruppen bearbeitet werden.
- Setzt für die Variable c (bzw. b) in der allgemeinen Funktionsgleichung mindestens drei positive und drei negative Zahlen ein und schreibt diese Funktionsgleichungen auf.
- Zeichnet alle Graphen zusammen mit der Normalparabel in ein Koordinatensystem. Ihr könnt einen Funktionenplotter benutzen.
- Vergleicht die entstandenen Parabeln mit der Normalparabel und notiert eure Ergebnisse.

b) Je zwei Partnergruppen, die verschiedene Formen gewählt haben, setzen sich zusammen.

- Erklärt euch gegenseitig die Ergebnisse der vorangegangenen Partnerarbeit.
- Untersucht Funktionen der Form $y = (x + b)^2 + c$, indem ihr für b und c verschiedene Werte einsetzt und die Graphen zeichnet.
- Funktionsgleichungen der Form $y = (x + b)^2 + c$ nennt man „Scheitelpunktform“. Erklärt, wie man an der Funktionsgleichung die Koordinaten des Scheitelpunktes ablesen kann.
- Tina behauptet: „Der Scheitelpunkt ist immer der höchste oder tiefste Punkt einer Parabel.“ Diskutiert und begründet.

2. Fertigt ein Lernplakat mit der Überschrift „Verschobene Normalparabel“ an.

3. Lest die Koordinaten der Scheitelpunkte ab, und ordnet die zugehörige Funktionsgleichung zu. In Reihenfolge der Nummern erhaltet ihr ein spannendes Buch.

$y = (x + 3,5)^2$	K	$y = x^2 + 3,5$	T
$y = (x + 2,5)^2 - 1,5$	O	$y = (x + 1,5)^2 - 2,5$	R
$y = x^2 - 4$	I	$y = x^2 + 4$	N
$y = (x - 0,5)^2 + 0,5$	M	$y = (x + 0,5)^2 + 0,5$	E
$y = (x + 2)^2 + 3$	S	$y = (x - 3)^2 - 2$	I

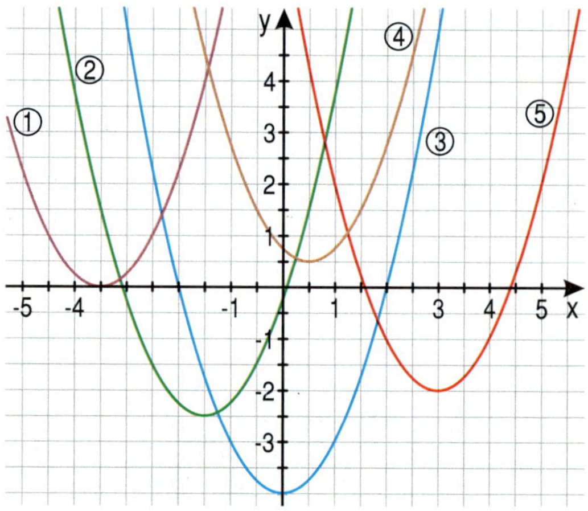

4. Gib deinem Partner/deiner Partnerin 5 Scheitelpunkte von verschobenen Normalparabeln vor. Er/Sie soll die Graphen mit der Schablone zeichnen und die zugehörigen Funktionsgleichungen aufstellen.

5. a) Zeichnet die Parabeln und sortiert sie nach der Anzahl der Nullstellen.

① $y = (x + 4)^2$ ② $y = x^2 - 3,5$ ③ $y = (x + 1,5)^2 - 1$ ④ $y = (x - 3)^2 + 2,5$
⑤ $y = (x - 3)^2 - 2,5$ ⑥ $y = (x + 1,5)^2 + 1$ ⑦ $y = (x - 2,5)^2$ ⑧ $y = x^2 + 1,5$

Beschreibt den Zusammenhang zwischen Scheitelpunkt-Koordinaten und der Anzahl der Nullstellen.

b) Bestimmt die Koordinaten des Scheitelpunktes und daraus die Anzahl der Nullstellen.

⑨ $y = (x + 7)^2$ ⑩ $y = (x - 5)^2 + 1$ ⑪ $y = x^2 - 9$ ⑫ $y = (x + 7,5)^2 - 0,8$

TIPP
Nullstellen sind die Parabelpunkte auf der x-Achse.

Brückenbögen und Kettenlinien

LVL

1.

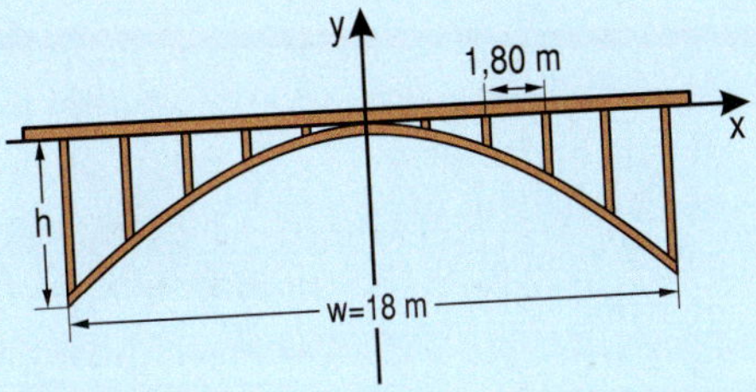

Die Bogenbrücke hat die Form einer Parabel mit der Gleichung $y = -0{,}14x^2$ und die oben angegebenen Maße. Zeichne die Brücke (1 m ≙ 1 cm).

2.

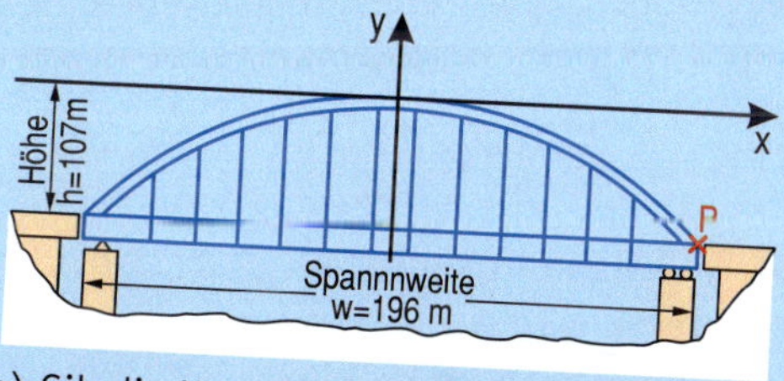

a) Gib die Koordinaten des Punktes P an.

b) Bestimme die Funktionsgleichung durch Einsetzen der Koordinaten in die Gleichung $y = ax^2$.

3.

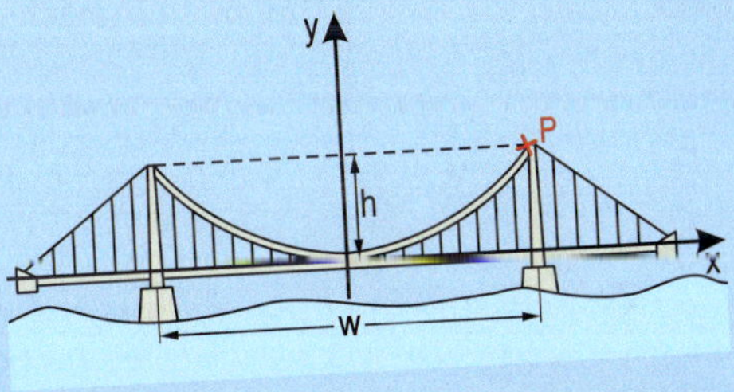

a) Der Bogen einer Hängebrücke hat die Funktionsgleichung $y = 0{,}001x^2$. Berechne die Spannweite w bei einer Höhe von 92 m.

b) Eine Hängebrücke hat die Spannweite w = 1300 m und die Höhe h = 145 m. Bestimme die Funktionsgleichung $y = ax^2$.

4.

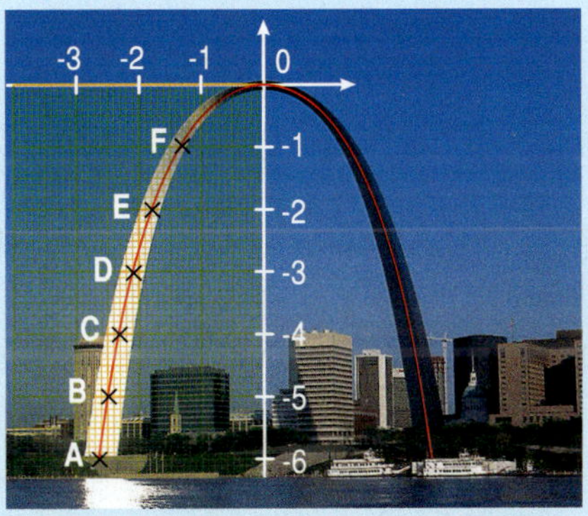

Der Gateway Arch in St. Louis (USA) ist ein Beispiel für eine Kettenlinie. Wie es zu diesem Namen kommt, siehst du im rechten Foto.

Hat diese Kettenlinie eine Parabelgleichung $y = ax^2$? Lies die Koordinaten der Punkte ab, und prüfe, ob sie alle die Gleichung $y = ax^2$ mit demselben Wert für a erfüllen.

Gestreckte und verschobene Normalparabel

Zu $y = ax^2 + c$, $a \neq 0$ gehört als Graph eine Parabel mit dem Scheitelpunkt $(0 \mid c)$; geöffnet nach oben für $a > 0$, nach unten für $a < 0$; enger als die Normalparabel für $|a| > 1$, weiter für $|a| < 1$.

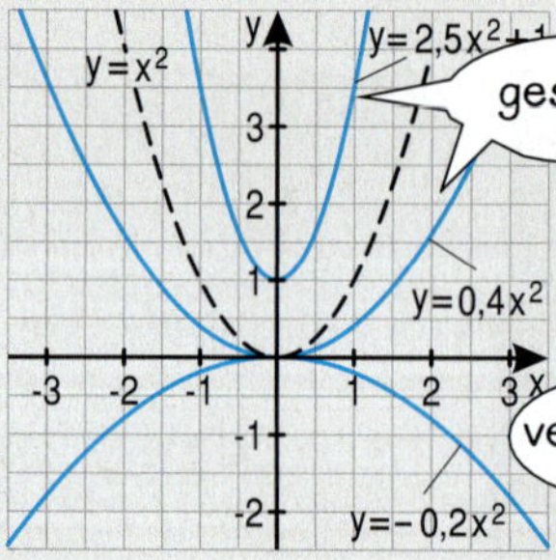

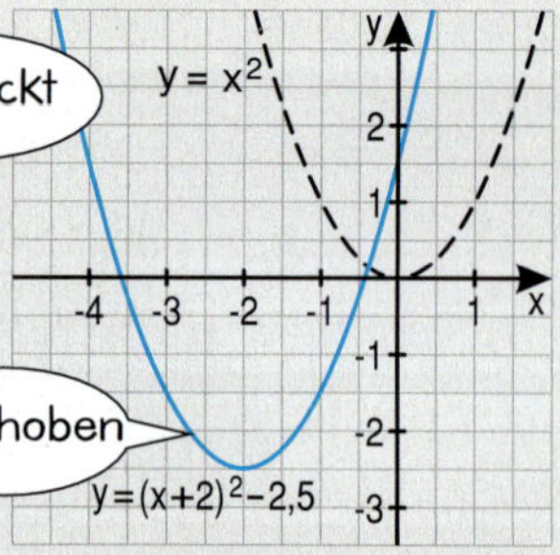

Zu $y = (x + b)^2 + c$ gehört als Graph eine Normalparabel mit dem Scheitelpunkt $(-b \mid c)$.
$y = (x + b)^2 + c$ heißt *Scheitelpunktform.*

1. Übertrage die Tabelle ins Heft und kreuze an, welche Eigenschaften der Graph hat.

Funktion	Parabelöffnung				Verschoben nach			
	nach oben	nach unten	weiter als Normalp.	enger als Normalp.	oben	unten	rechts	links
$y = 3x^2 + 1$	✗			✗	✗			

① $y = 4x^2$ ② $y = -2x^2 - 2$ ③ $y = -x^2 + 3$ ④ $y = (x + 2)^2 + 1$ ⑤ $y = (x - 3)^2 - 4$

2. Bestimme die Scheitelpunkt-Koordinaten und zeichne den Funktionsgraphen mit einer Schablone.

a) $y = x^2 + 3$ b) $y = (x + 3)^2$ c) $y = (x - 3)^2 - 2$ d) $y = (x + 2,5)^2 - 3,5$
e) $y = x^2 - 2,5$ f) $y = (x - 4,5)^2$ g) $y = (x + 5)^2 + 0,5$ h) $y = (x - 2,8)^2 - 4,7$

3. Ordne den Graphen die richtige Funktionsgleichung zu. In Reihenfolge der Nummern liest du das Lösungswort.

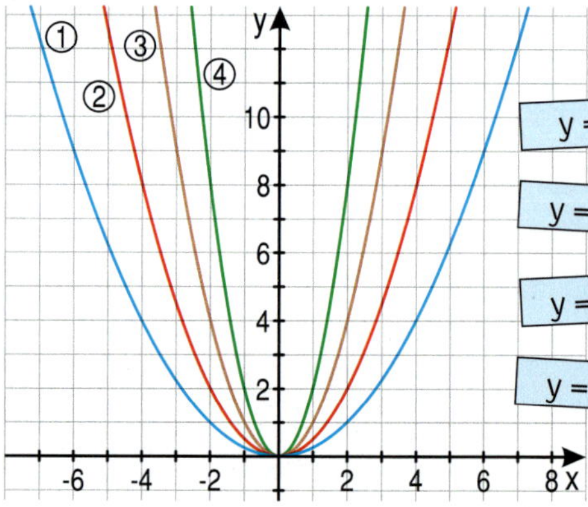

$y = x^2$ O
$y = \frac{1}{2}x^2$ H
$y = 2x^2$ R
$y = \frac{1}{4}x^2$ C

4. a) Zeichne die Normalparabel für $-1 \leq x \leq 1$ mit 10 cm als Einheit. (Wertetabelle mit Schrittweite 0,1).
b) Zeichne in dasselbe Koordinatensystem die Graphen von $y = 2x^2$ und $y = \frac{1}{2}x^2$.

5. Zeichne die Graphen von $y = x^2$, $y = 2x^2$, $y = 3x^2$ und $y = 4x^2$ für $-2 \leq x \leq 2$ in ein Koordinatensystem. Lege zuerst eine Wertetabelle mit Schrittweite 0,5 an.

6. Ordne dem Graphen die richtige Funktionsgleichung zu, ohne eine Wertetabelle aufzustellen.

a) 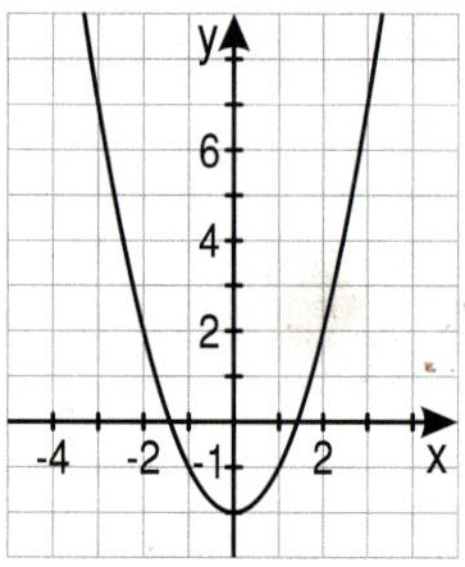

$y = -x^2 + 2$	$y = x^2 + 2$
$y = -x^2 - 2$	$y = x^2 - 2$

b) 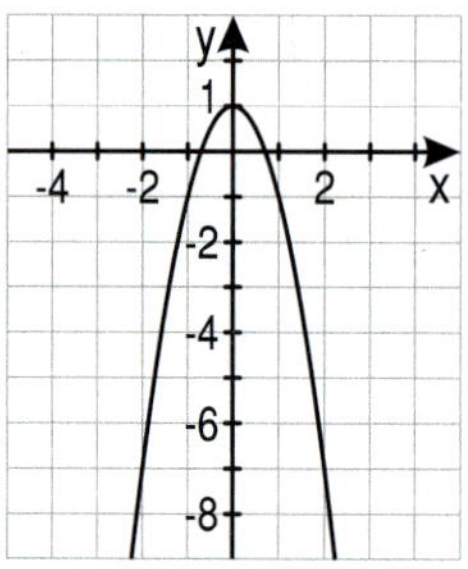

$y = 2x^2 + 1$	$y = 2x^2 - 1$
$y = -2x^2 + 1$	$y = -2x^2 - 1$

c) 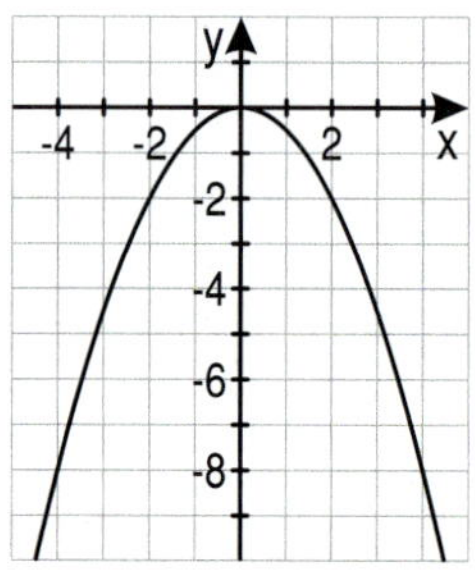

$y = -0,5x^2$	$y = -0,5x^2 + 1$
$y = 0,5x^2$	$y = 0,5x^2 - 1$

d) 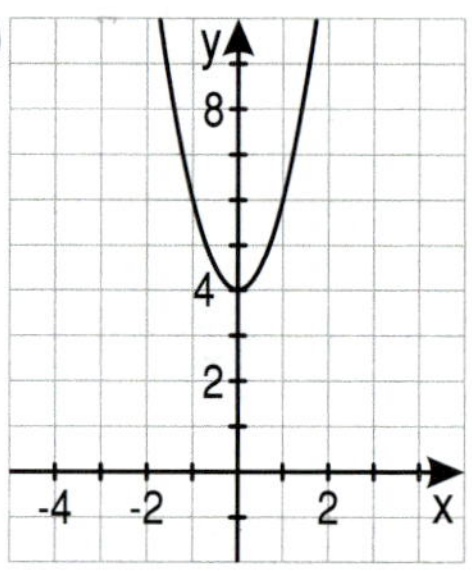

$y = 2x^2 - 4$	$y = 2x^2 + 4$
$y = -2x^2 + 4$	$y = -2x^2 - 4$

Bestimmung des Scheitelpunktes der Funktion mit der Gleichung $y = x^2 + bx + c$

LVL **1.** a) *Partnerarbeit:* Erklärt die beiden Lösungsansätze und führt die Rechnungen zu Ende.
b) Erklärt den Begriff „Quadratische Ergänzung" beim zweiten Lösungsansatz.

Die Graphen von Funktionen mit Gleichungen der Form $y = x^2 + bx + c$ sind verschobene Normalparabeln, weil ihre Gleichungen in die Scheitelpunktform umgeformt werden können.

$y = x^2 + 10x + 3$	Funktionsgleichung	$y = x^2 - 3x - 2$
$\left(\frac{b}{2}\right)^2 = \left(\frac{10}{2}\right)^2 = 25$	Quadratische Ergänzung	$\left(\frac{b}{2}\right)^2 = \left(-\frac{3}{2}\right)^2 = 2{,}25$
$y = x^2 + 10x + 25 - 25 + 3$		$y = x^2 - 3x + 2{,}25 - 2{,}25 - 2$
$y = (x + 5)^2 - 22$	Scheitelpunktform	$y = (x - 1{,}5)^2 - 4{,}25$
$S(-5 \mid -22)$	Scheitelpunkt	$S(1{,}5 \mid -4{,}25)$

2. Ergänze die fehlenden Werte im Heft.

a) $x^2 + 8x + ■ = (x + ●)^2$ b) $x^2 - 6x + ■ = (x - ●)^2$ c) $x^2 + 3x + ■ = (x + ●)^2$
d) $x^2 + x + ■ = (x + ●)^2$ e) $x^2 - 5x + ■ = (x - ●)^2$ f) $x^2 - x + ■ = (x - ●)^2$

3. Forme in die Scheitelpunktform um, bestimme den Scheitelpunkt und zeichne den Graphen. Lies auch die Nullstellen ab, wenn sie vorhanden sind.

a) $y = x^2 + 2x + 3$ b) $y = x^2 - 4x + 2$ c) $y = x^2 + 2x - 2$ d) $y = x^2 - 8x - 5$
e) $y = x^2 - 8x + 2$ f) $y = x^2 + 6x - 4$ g) $y = x^2 - 2x + 4$ h) $y = x^2 + 8x + 10$
i) $y = x^2 + 3x - 2$ j) $y = x^2 - 3x + 4$ k) $y = x^2 - 5x + 2$ l) $y = x^2 + 7x - 3$

4. a) $x^2 + 0{,}4x + ■ = (x + ●)^2$ b) $x^2 - 1{,}2x + ■ = (x - ●)^2$ c) $x^2 + 0{,}6x + ■ = (x + ●)^2$
d) $x^2 - \frac{2}{3}x + ■ = (x - ●)^2$ e) $x^2 + \frac{6}{7}x + ■ = (x + ●)^2$ f) $x^2 + \frac{3}{4}x + ■ = (x + ●)^2$

5. Bestimme den Scheitelpunkt, zeichne den Graphen und lies die Nullstellen ab.

a) $y = x^2 + 0{,}4x + 1$ b) $y = x^2 + 0{,}6x - 2$ c) $y = x^2 - 1{,}4x - 2$ d) $y = x^2 - 0{,}8x - 3$
e) $y = x^2 + 1{,}6x + 4$ f) $y = x^2 - 0{,}4x - 3$ g) $y = x^2 + 3{,}2x + 1$ h) $y = x^2 - 2{,}8x + 5$

6. Forme in die Scheitelpunktform um und bestimme den Scheitelpunkt.

a) $y = x^2 - \frac{2}{3}x + 1$ b) $y = x^2 - \frac{1}{2}x - 4$ c) $y = x^2 - \frac{4}{7}x - 2$ d) $y = x^2 + \frac{4}{5}x + 3$
e) $y = x^2 + \frac{6}{7}x + \frac{20}{49}$ f) $y = x^2 - \frac{4}{5}x + \frac{13}{25}$ g) $y = x^2 + \frac{1}{3}x + 1$ h) $y = x^2 + \frac{2}{3}x - \frac{5}{9}$

LVL

Anhalteweg

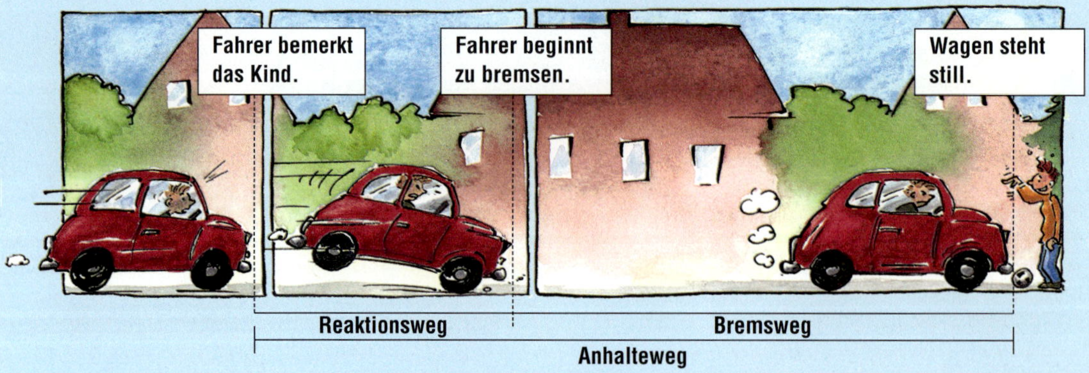

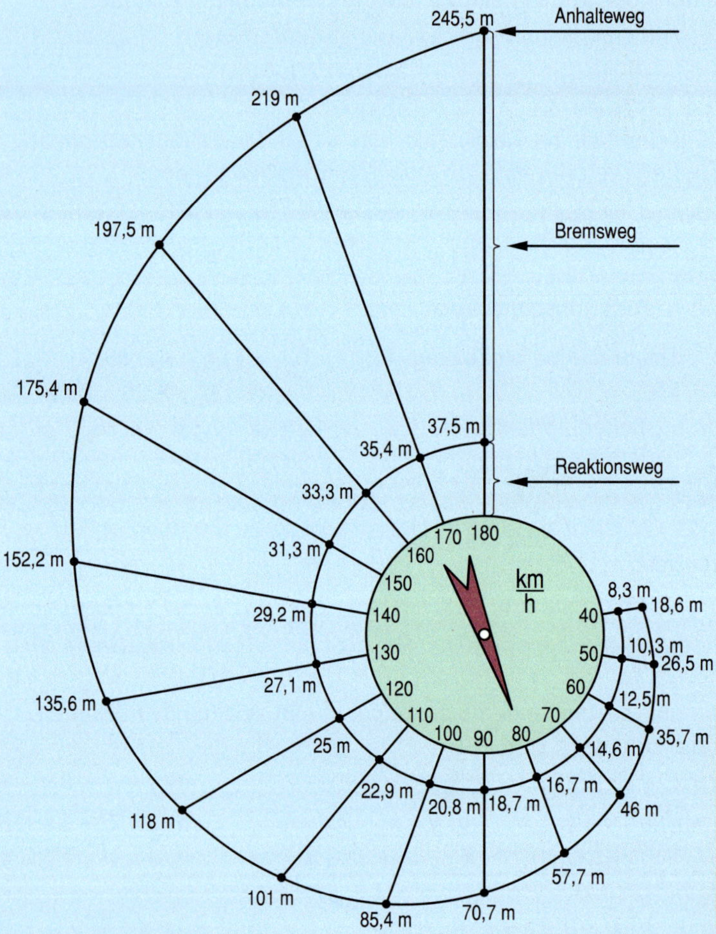

1. Das „Schneckendiagramm" zeigt die Länge des Anhaltewegs bei verschiedenen Geschwindigkeiten unter guten Fahrbedingungen: Fahrer topfit, Bremsen in Ordnung, trockene Straße mit guter Haftung …
Gib an:

a) Reaktionsweg bei $50\,\frac{\text{km}}{\text{h}}$, $100\,\frac{\text{km}}{\text{h}}$ und $150\,\frac{\text{km}}{\text{h}}$.

b) Bremsweg bei $40\,\frac{\text{km}}{\text{h}}$, $80\,\frac{\text{km}}{\text{h}}$, $120\,\frac{\text{km}}{\text{h}}$ und $160\,\frac{\text{km}}{\text{h}}$.

c) Anhalteweg bei $60\,\frac{\text{km}}{\text{h}}$, $90\,\frac{\text{km}}{\text{h}}$, $120\,\frac{\text{km}}{\text{h}}$ und $150\,\frac{\text{km}}{\text{h}}$.

In der Fahrschule lernt man folgende Faustforme

$$\text{Bremsweg (in m)} = \left(\frac{\text{Geschwindigkeit (in } \frac{\text{km}}{\text{h}})}{10}\right)^2$$

$$\text{Reaktionsweg (in m)} = \left(\frac{\text{Geschwindigkeit (in } \frac{\text{km}}{\text{h}})}{10}\right.$$

2. a) Stelle jeweils eine Wertetabelle (Geschwindigkeit von $40\,\frac{\text{km}}{\text{h}}$ bis $180\,\frac{\text{km}}{\text{h}}$) für die Zuordnungen Geschwindigkeit → Reaktionsweg, Geschwindigkeit → Bremsweg und Geschwindigkeit → Anhalteweg auf.

b) Zeichne die Diagramme im Koordinatensystem.

c) Zeichne ein „Schneckendiagramm" (3 m ≙ 1 mm).

3. Wie viele Sekunden Reaktionszeit unterstellt die Faustformel für den Reaktionsweg?

Bleib FIT!

Die Ergebnisse der Aufgaben 1 bis 7 ergeben die Namen von vier bekannten Spielen.

1. a) 25 % von 2,1 km = ■ m
b) 2 % von 1,85 m = ■ cm
c) 75 % von 1,2 kg = ■ g
d) 10 % von $4\frac{1}{2}$ h = ■ min

2. Der ICE 212 fährt in Stuttgart um 13.15 Uhr ab. Er kommt nach 182 km um 14.46 Uhr in Mainz an.
a) Wie viel Minuten dauert die Fahrt?
b) Wie hoch ist die Durchschnittsgeschwindigkeit in $\frac{km}{h}$?

3. Berechne die fehlenden Angaben beim Zylinder. Die Höhe ist immer 12 cm. Runde auf Zehntel.
a) r = 5,1 cm, V = ■ cm^3, M = ■ cm^2
b) V = 500 cm^3, r = ■ cm

4. Ein Pkw verbraucht 8 *l* pro 100 km. Er kommt mit einer Tankfüllung 700 km weit.
a) Wie viel km weit könnte der Wagen fahren bei einem Verbrauch von 7 *l* pro 100 km?
b) Wie viel Liter fasst der Tank?
c) Wie viel % Benzin könnten bei 7 *l* pro 100 km gespart werden?

5. Der Öltank ist zu 80 % gefüllt.
a) Wie viel Liter wurden schon verbraucht?
b) Bis zu welcher Höhe (in m) ist der Tank noch gefüllt?

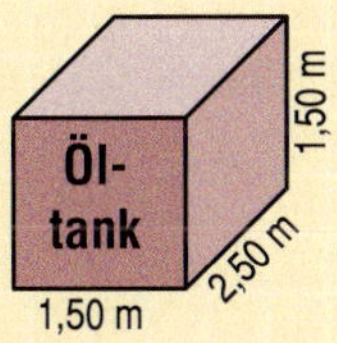

6. Gib das Ergebnis als Dezimalzahl an.
a) $\frac{2,55 + 3,75}{1,8}$ b) $\frac{0,81 + 1,99}{12,5 - 10,9}$
c) $2\frac{1}{2} - \frac{3}{4} \cdot 1\frac{1}{5}$ d) $\left(3\frac{3}{4} + 1,2\right) \cdot \frac{2}{3}$

7. Du würfelst mit einem solchen Würfel 240-mal. Es ist zu erwarten, dass dabei etwa ■-mal eine gerade Zahl und ■-mal eine ungerade Zahl auftritt.

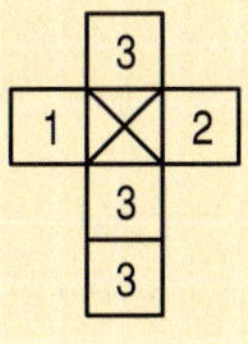

1,20	E
1,6	Ü
1,75	M
3,3	H
3,5	R
3,6	C
3,7	K
12,5	O
20	B
27	T
40	L
36	F
91	S
56	P
120	C
160	E
384,5	A
525	S
800	H
900	A
1100	F
980,6	H
1125	K
5625	A

Quadratische Gleichungen

> Eine Gleichung, die man in die Form $\mathbf{x^2 + px + q = 0}$ bringen kann, heißt **quadratische Gleichung.**
> $x^2 + px + q = 0$ heißt **Normalform.**

LVL **1.** *Partnerarbeit:*
Im Merkkasten steht die Erklärung, wann eine Gleichung quadratisch heißt.
Prüft gemeinsam, ob eine quadratische Gleichung vorliegt. Wenn das der Fall ist, bestimmt p und q.

a) $2(x + 3) + 4 = 3x^2 + 2$ b) $4 + 4x(x - 2) = x^2 + 1$ c) $(2x + 1)(x - 2) = 2x^2$
d) $7 - 6(x - 2) = 4 - x^2$ e) $24 - 4x(x + 3) = 3$ f) $3(2x - 4) + 5^2 = (2 - x)\,6$

LVL **2.** Anja, Tim und Uli wollen eine quadratische Gleichung lösen. Warum kommen sie so nicht weiter?

Anja	Tim	Uli
$x^2 - 6x + 25 = 0 \quad \vert -x^2 - 25$	$x^2 - 6x + 25 = 0 \quad \vert +6x - 25$	$x^2 - 6x + 25 = 0 \quad \vert -25$
$-6x = -x^2 - 25 \quad \vert :(-6)$	$x^2 = +6x - 25$	$x^2 - 6x = -25$
$x = \frac{x^2}{6} + \frac{25}{6}$	$x = \sqrt{+6x - 25}$	$x\,(x - 6) = -25 \quad \vert :(x - 6)$
		…

3. Bestimme durch Einsetzen, ob unter den Zahlen 2, 3, –2 und –4 Lösungen der Gleichung sind.

a) $x^2 - 3x + 2 = 0$ b) $5x^2 - 80 = 0$ c) $8x^2 - 72x = 0$ d) $x^2 + 3x - 10 = 0$
e) $x^2 - x - 6 = 0$ f) $x^2 + 5x + 6 = 0$ g) $x^2 + 6x = 0$ h) $8x^2 - 72 = 0$

4. Bestimme durch Probieren, welche Zahlen Lösungen der Gleichung sind.

a) $x^2 + 8x = 0$ b) $x^2 + 5x = 0$ c) $x^2 - 2x - 24 = 0$ d) $x^2 + 2x - 48 = 0$
e) $x^2 - 5x + 4 = 0$ f) $x^2 - 7x + 10 = 0$ g) $x^2 + 2x - 35 = 0$ h) $x^2 + 11x + 18 = 0$

5. Stelle die Gleichung auf und suche Lösungen unter den ganzen Zahlen von 1 bis 9.

a) Subtrahiert man vom Quadrat einer Zahl ihr Achtfaches, erhält man –15.
b) Vermindert man das Fünffache einer Zahl um ihr Quadrat, erhält man 6.
c) Die Summe aus dem Quadrat einer Zahl und ihrem Sechsfachen ist 40.

LVL **6.** Setzt euch in Gruppen von 3 Schülerinnen und Schülern zusammen. Beurteilt die Situation in der Klasse 10a, in der die „Köpfe rauchen". Überlegt vor allem, was ihr mit der Idee von Marie und Thorsten anfangen könnt (das sind die beiden rechts im Bild).

LVL **7.** *Gruppenarbeit:* Stellt auf einer Folie dar, wie ihr die quadratische Gleichung $x^2 - 4x - 12 = 0$ zeichnerisch löst und rechnerisch eine Probe vornehmt. Erklärt euer Vorgehen der ganzen Klasse.

Zeichnerische Lösung quadratischer Gleichungen

1. Schritt
Die zugehörige Funktionsgleichung wird in die Scheitelpunktform gebracht.
2. Schritt
Die verschobene Normalparabel wird im Koordinatensystem gezeichnet.
3. Schritt
Es wird abgelesen, an welchen Stellen der Graph die x-Achse schneidet.
4. Schritt
Mit den gefundenen Lösungen wird rechnerisch die Probe gemacht.

Gleichung: $x^2 + 2x - 3 = 0$
Funktion:
$y = x^2 + 2x - 3$
$y = x^2 + 2x + 1 - 1 - 3$
Scheitelpunktform:
$y = (x + 1)^2 - 4$
Lösungen:
$x_1 = 1,\ x_2 = -3$
Probe für x_1:
$1^2 + 2 \cdot 1 - 3 = 0$
Probe für x_2:
$(-3)^2 + 2 \cdot (-3) - 3 = 0$

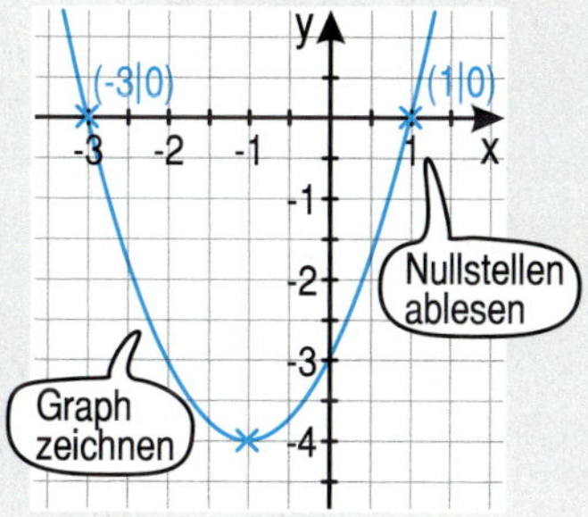

1. Zeichne den zugehörigen Graphen und bestimme die Lösungen. Kontrolliere durch Rechnung.
a) $(x + 1)^2 - 4 = 0$ b) $(x - 2)^2 - 1 = 0$ c) $(x + 4)^2 - 4 = 0$ d) $(x - 1)^2 - 9 = 0$

2. Bringe zuerst in die Scheitelpunktform, dann löse zeichnerisch. Mache eine Probe.
a) $x^2 - 2x - 3 = 0$ b) $x^2 + 2x + 1 = 0$ c) $x^2 + 6x + 5 = 0$ d) $x^2 + 8x + 15 = 0$
e) $x^2 + 4x + 3 = 0$ f) $x^2 + 4x - 12 = 0$ g) $x^2 + 8x + 7 = 0$ h) $x^2 - 2x - 35 = 0$

3. Löse zeichnerisch. Wähle eine geeignete Einheit.
a) $(x - 2)^2 - 0{,}25 = 0$ b) $x^2 + 2x - 1{,}25 = 0$ c) $x^2 - x - 6 = 0$ d) $(x + 2{,}5)^2 - 0{,}25 = 0$
e) $x^2 - x - 2 = 0$ f) $x^2 - 5x + 4 = 0$ g) $(x - 1)^2 - 0{,}25 = 0$ h) $x^2 + 4x + 3{,}75 = 0$

LVL **4.** a) *Partnerarbeit:*
Erklärt Tims Rechenweg.
b) Lest aus der Zeichnung die Lösungen ab und kontrolliert mit einer Probe.

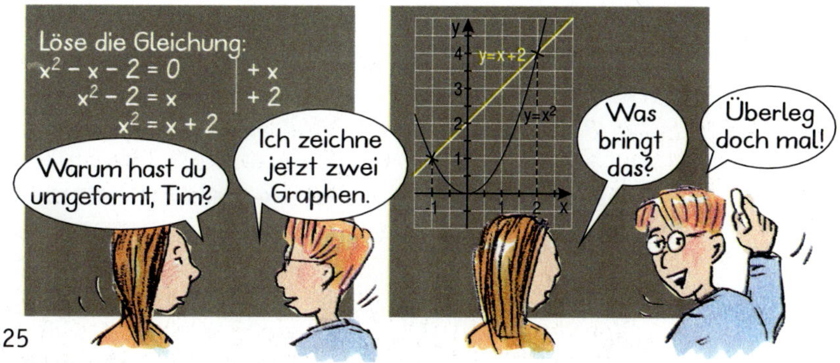

5. Löse die Gleichung wie Tim und kontrolliere durch Rechnung.
a) $x^2 = -6x - 5$ b) $x^2 = 2x + 8$
c) $x^2 = 2x - 1{,}25$ d) $x^2 = -2x + 1{,}25$

6. Stelle eine Gleichung auf und löse sie zeichnerisch.
a) Addiert man zum Quadrat einer Zahl ihr Doppeltes, erhält man 8.
b) Subtrahiert man vom Quadrat einer Zahl ihr Doppeltes, erhält man 24.
c) Vermehrt man das Quadrat einer Zahl um ihr Zehnfaches, erhält man – 21.
d) Vermindert man das Quadrat einer Zahl um ihr Dreifaches, erhält man 4.

7. Forme in die Scheitelpunktform um. Löse dann zeichnerisch oder begründe, warum dir eine solche Lösung nicht gelingen kann.
a) $x^2 - 10x - 375 = 0$ b) $x^2 - 14x + 48 = 0$ c) $x^2 - 16x + 63 = 0$ d) $x^2 - 12x - 160 = 0$

8. Finde zeichnerisch eine quadratische Gleichung mit den genannten Lösungen.
a) – 3 und 1 b) 1 und 5 c) 0 und 3 d) – 2 und 1 e) 1 und sonst keine f) keine

Einfache quadratische Gleichungen

LVL 1. a) Besprecht in der Gruppe, welche Gleichungen man mit den Lösungstipps der Schüler rechnerisch lösen kann, und bestimmt deren Lösungen.

b) Überlegt euch zu den beiden Gleichungstypen je drei Beispielaufgaben und stellt sie der Klasse vor, eure Mitschülerinnen und Mitschüler sollen sie rechnerisch lösen.

LVL 2. Vergleicht die Rechenwege von Rina und Jan.

Rina	Jan
$x^2 - 25 = 0$	$x^2 - 25 = 0$
$(x + 5)\,(x - 5) = 0$	$x^2 = 25$
$x + 5 = 0$ oder $x - 5 = 0$	$x = \sqrt{25}$ oder $x = -\sqrt{25}$
$x_1 = 5 \quad x_2 = -5$	$x_1 = 5 \quad x_2 = -5$

3. a) $x^2 - 64 = 0$ b) $x^2 - 225 = 0$
c) $x^2 - 2{,}25 = 0$ d) $x^2 - 1{,}44 = 0$
e) $x^2 - 144 = 0$ f) $x^2 - 0{,}49 = 0$

4. a) $3x^2 - 147 = 0$ b) $-5x^2 + 80 = 0$ c) $16x^2 - 64 = 0$
d) $2x^2 - 450 = 0$ e) $4x^2 - 144 = 0$ f) $-10x^2 + 6\,250 = 0$

$-2x^2 + 162 = 0 \quad |:(-2)$
$x^2 - 81 = 0$

LVL 5. Einige Gleichungen haben keine Lösung. Begründe.
a) $x^2 - 9 = 0$ b) $x^2 + 36 = 0$ c) $x^2 + 7 = 0$ d) $x^2 - 0{,}64 = 0$
e) $x^2 - 196 = 0$ f) $x^2 - 289 = 0$ g) $x^2 + 144 = 0$ h) $x^2 + 6{,}25 = 0$

6. Löse mit dem Taschenrechner und runde das Ergebnis auf eine Stelle nach dem Komma.
a) $x^2 - 7 = 0$ b) $x^2 - 8 = 0$ c) $2x^2 - 18 = 0$
d) $x^2 - 15 = 0$ e) $x^2 - 6 = 0$ f) $3x^2 - 30 = 0$

$x^2 - 5 = 0$
$(x + \sqrt{5})\,(x - \sqrt{5}) = 0$
$x_1 = \sqrt{5} \approx 2{,}2; \quad x_2 = -\sqrt{5} \approx -2{,}2$

7. a) $x^2 + 2x = 0$ b) $x^2 - 4x = 0$ c) $x^2 + 5x = 0$ d) $x^2 + 7x = 0$
e) $x^2 - 3x = 0$ f) $x^2 + 6x = 0$ g) $x^2 - 5x = 0$ h) $x^2 + 9x = 0$

8. a) $8x^2 + 72x = 0$ b) $3x^2 + 15x = 0$ c) $9x^2 - 27x = 0$
d) $4x^2 - 24x = 0$ e) $5x^2 + 25x = 0$ f) $6x^2 + 42x = 0$

$2x^2 + 6x = 0 \quad |:2$
$x^2 + 3x = 0$

9. a) $0{,}2x^2 - 4x = 0$ b) $0{,}3x^2 - 3x = 0$ c) $1{,}5x^2 - 9x = 0$ d) $0{,}7x^2 - 12{,}6x = 0$
e) $x^2 - 0{,}5x = 0$ f) $0{,}7x^2 - 7x = 0$ g) $0{,}5x^2 - 4{,}5 = 0$ h) $5x^2 - 0{,}45x = 0$

10. Bringe zuerst in die Form $x^2 - q = 0$ oder $x^2 + px = 0$.
a) $2x^2 = 8x$ b) $x^2 - 9 = 40$ c) $-5x^2 = 30x$ d) $0{,}5x^2 = 18x$
e) $-x^2 + 121 = 0$ f) $2x^2 = 32$ g) $2x^2 - 4 = 14$ h) $-x^2 + 9x = 0$

Rechnerische Lösung mit quadratischer Ergänzung

LVL **1.** Besprecht in der Gruppe den Lösungsansatz der Schüler und führt die angefangene Rechnung zu Ende. Kontrolliert euer Ergebnis mit einer Probe.

Quadratische Gleichung	$x^2 + 4x - 60 = 0$
Quadratische Ergänzung mit Gegenzahl	$x^2 + 4x + 2^2 - 2^2 - 60 = 0$
Zusammenfassen mit binomischer Formel	$(x + 2)^2 - 64 = 0$
Zerlegen in Faktoren (3. binomische Formel)	$(x + 2 + 8) \cdot (x + 2 - 8) = 0$
Ein Produkt ist 0, wenn einer der Faktoren 0 ist.	$(x + 10) \cdot (x - 6) = 0$
Ablesen der Lösung	$x_1 = -10$ $\quad x_2 = 6$

Probe für x_1:
$(-10)^2 + 4 \cdot (-10) - 60 = 100 - 40 - 60 = 0$

Probe für x_2:
$6^2 + 4 \cdot 6 - 60 = 36 + 24 - 60 = 0$

2. Löse die Gleichung rechnerisch. Dann kontrolliere mit einer Probe.

a) $x^2 + 6x - 27 = 0$ b) $x^2 - 6x + 8 = 0$ c) $x^2 + 6x + 5 = 0$ d) $x^2 - 4x - 12 = 0$
e) $x^2 - 16x + 63 = 0$ f) $x^2 + 10x + 9 = 0$ g) $x^2 - 2x - 24 = 0$ h) $x^2 - 2x - 35 = 0$
i) $x^2 - 4x - 12 = 0$ j) $x^2 + 16x + 63 = 0$ k) $x^2 - 8x + 16 = 0$ l) $x^2 + 2x - 24 = 0$

3. a) $x^2 - 5x + 4 = 0$ b) $x^2 + 3x - 4 = 0$ c) $x^2 + x - 2 = 0$

4. Einige Gleichungen haben keine oder nur eine Lösung.

a) $x^2 + 6x + 9 = 0$ b) $x^2 + 4x + 3 = 0$ c) $x^2 - 10x + 30 = 0$
d) $x^2 + 5x - 24 = 0$ e) $x^2 - 6x + 10 = 0$ f) $x^2 - 9x + 14 = 0$

$x^2 + 6x + 18 = 0$
$x^2 + 6x + 3^2 - 3^2 + 18 = 0$
$(x + 3)^2 + 9 = 0$
Keine Lösung

5. Setze die Rechnung fort. Schreibe die Lösungen mit $\sqrt{\ }$-Zeichen und berechne sie auf zwei Nachkommastellen gerundet.

TIPP
$5 = (\sqrt{5})^2$

$x^2 - 8x + 11 = 0$
$x^2 - 8x + 4^2 - 4^2 + 11 = 0$
$(x - 4)^2 - 5 = 0$
$(x - 4)^2 - (\sqrt{5})^2 = 0$
$(x - 4 + \sqrt{5})$ (x …

6. a) $x^2 + 3x - 2 = 0$ b) $x^2 + 8x - 5 = 0$ c) $x^2 - 6x + 5 = 0$
d) $x^2 + 5x - 7 = 0$ e) $x^2 + 7x + 8 = 0$ f) $x^2 + 3x - 1 = 0$

7. Löse die Gleichung wie im Beispiel. Runde die Ergebnisse, wenn nötig, auf eine Stelle nach dem Komma.

a) $2x^2 + 2x - 14 = 0$ b) $7x^2 + 7x - 140 = 0$
c) $3x^2 + 12x - 216 = 0$ d) $3x^2 + 18x - 168 = 0$
e) $2x^2 - 24x + 54 = 0$ f) $4x^2 - 24x + 20 = 0$

$3x^2 + 6x - 24 = 0 \quad | : 3$
$x^2 + 2x - 8 = 0$
$x^2 + 2x + 1^2 - 1^2 - 8 = 0$
…

Lösungsformel

LVL **1.** a) *Gruppenarbeit:* Führt die angefangenen Rechnungen zu Ende und notiert im Beispiel mit konkreten Zahlen (mittlere Tafel) und in der Gleichung mit Variablen jeweils die Lösungen x_1 und x_2.

b) Welche Bedingung muss man bei der Gleichung oben rechts auf der Tafel für p und q stellen, damit überhaupt eine Lösung existiert?

Eine quadratische Gleichung $x^2 + px + q = 0$ mit $(\frac{p}{2})^2 - q > 0$ hat zwei Lösungen:
$x_1 = -\frac{p}{2} + \sqrt{(\frac{p}{2})^2 - q}$ und $x_2 = -\frac{p}{2} - \sqrt{(\frac{p}{2})^2 - q}$ kurz: $\mathbf{x_{1/2} = -\frac{p}{2} \pm \sqrt{(\frac{p}{2})^2 - q}}$
Wenn $(\frac{p}{2})^2 - q = 0$, hat sie nur eine Lösung: $x = -\frac{p}{2}$. Wenn $(\frac{p}{2})^2 - q < 0$, hat sie keine Lösung.

(1) $x^2 + 12x - 13 = 0$
$p = 12 \quad q = -13$
$x_{1/2} = -6 \pm \sqrt{36 + 13}$
$= -6 \pm \sqrt{49}$
$x_1 = 1 \quad x_2 = -13$

(2) $x^2 + 6x + 9 = 0$
$p = 6 \quad q = 9$
$x_{1/2} = -3 \pm \sqrt{9 - 9}$
$x = -3$

(3) $x^2 - 8x + 18 = 0$
$p = -8 \quad q = 18$
$x_{1/2} = 4 \pm \sqrt{16 - 18}$
$x_{1/2} = 4 \pm \sqrt{-2}$
keine Lösung

2. a) $x^2 + 10x + 24 = 0$ b) $x^2 + 4x - 5 = 0$
c) $x^2 - 7x - 8 = 0$ d) $x^2 - 10x + 16 = 0$
e) $x^2 - 5x - 24 = 0$ f) $x^2 - x - 72 = 0$
g) $x^2 - 14x + 48 = 0$ h) $x^2 - 4x - 21 = 0$
i) $x^2 + 6x - 16 = 0$ j) $x^2 - 4x - 5 = 0$

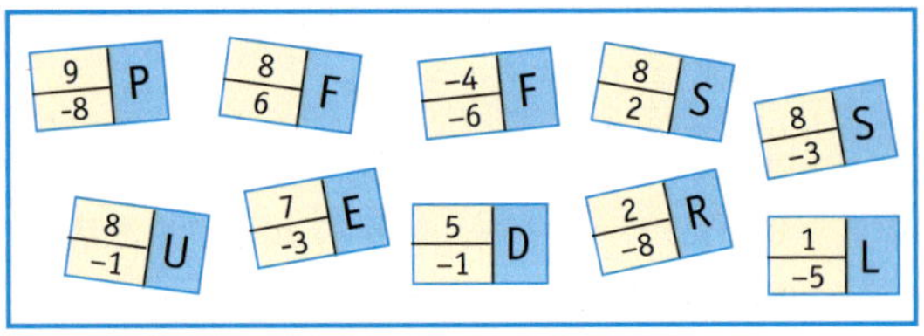

3. Runde das Ergebnis, wenn nötig, auf zwei Stellen nach dem Komma.
a) $x^2 - 2{,}5x + 1{,}56 = 0$ b) $x^2 - 1{,}1x + 0{,}24 = 0$ c) $x^2 - 1{,}1x + 0{,}3 = 0$ d) $x^2 - 3{,}5x - 3 = 0$
e) $x^2 + 8x - 3{,}36 = 0$ f) $x^2 + 9x + 3{,}8 = 0$ g) $x^2 + 9x + 6{,}7 = 0$ h) $x^2 - 8x + 5{,}8 = 0$
i) $x^2 + 1{,}4x - 5 = 0$ j) $x^2 + 6x - 0{,}6 = 0$ k) $x^2 + 4{,}8x - 0{,}9 = 0$ l) $x^2 + 9{,}5x - 8{,}4 = 0$

4. a) $x^2 - \frac{5}{6}x + \frac{1}{6} = 0$ b) $x^2 - \frac{5}{2}x + \frac{3}{2} = 0$ c) $x^2 - \frac{11}{12}x + \frac{1}{6} = 0$ d) $x^2 - \frac{11}{15}x + \frac{2}{15} = 0$
e) $x^2 - \frac{7}{6}x + \frac{1}{3} = 0$ f) $x^2 - \frac{3}{20}x - \frac{1}{10} = 0$ g) $x^2 + \frac{5}{6}x - \frac{1}{6} = 0$ h) $x^2 - \frac{5}{4}x + \frac{1}{8} = 0$

5. Bringe zuerst in die Normalform $x^2 + px + q = 0$.
a) $2x^2 + 8x - 42 = 0$ b) $3x^2 - 18x + 15 = 0$ c) $4x^2 - 16x - 48 = 0$ d) $5x^2 + 10x - 120 = 0$
e) $3x^2 - 9x - 54 = 0$ f) $3x^2 + 6x - 72 = 0$ g) $2x^2 - 2x - 84 = 0$ h) $3x^2 + 6x - 24 = 0$

Vermischte Aufgaben

1. Runde ein nicht ganzzahliges Ergebnis auf zwei Stellen nach dem Komma.

a) $2x^2 - 3{,}4x + 1{,}2 = 0$ b) $3x^2 - 4{,}8x + 0{,}6 = 0$ c) $5x^2 - 4x + 0{,}75 = 0$ d) $7x^2 - 9{,}8x - 1{,}68 = 0$

e) $2x^2 + 2{,}4x + 0{,}4 = 0$ f) $3x^2 + 6{,}6x + 1{,}5 = 0$ g) $6x^2 - 0{,}6x - 1{,}2 = 0$ h) $4x^2 + 1{,}7x - 0{,}3 = 0$

2. a) $2x^2 + \frac{7}{3}x + \frac{2}{3} = 0$ b) $2x^2 - \frac{3}{2}x + \frac{1}{4} = 0$ c) $3x^2 - 1\frac{1}{4}x - \frac{2}{3} = 0$ d) $5x^2 - 4\frac{2}{3}x - 1 = 0$

e) $3x^2 + 2\frac{1}{2}x + \frac{1}{2} = 0$ f) $2x^2 + \frac{7}{10}x - \frac{3}{5} = 0$ g) $2x^2 - 2x + \frac{12}{25} = 0$ h) $4x^2 + 6\frac{1}{3}x + 2 = 0$

3. Löse die Klammern auf und vereinfache, dann löse mit der Formel.
In der Reihenfolge der Aufgaben erhältst du den Namen einer Stadt.

a) $x(4x + 7) + 20 = x(3x - 2)$ b) $x(x - 3) = 2x(x - 1) - 2$

c) $5x(x - 1) - 6 = x(3x - 1) + 120$ d) $x(10 + 8x) = 3(-2x) + 24$

e) $2x(3x - 2) - 7 = x(x + 6) + 233$ f) $x(2x - 1) - 6 = x(9x - 1) - 258$

g) $3x(2x - 1) - 7 = x(5x + 9) + 57$ h) $x(4x + 3) + 1 = x(x + 6) + 127$

4. Wie viele Lösungen hat die Gleichung? Berechne sie (falls vorhanden).

a) $x^2 - 12x + 32 = 0$ b) $x^2 - 4x + 28 = 0$ c) $x^2 + 4x + 4 = 0$ d) $x^2 - 12x + 27 = 0$

e) $x^2 + 8x + 16 = 0$ f) $x^2 + 3x + 2 = 0$ g) $x^2 - 5x + 15 = 0$ h) $x^2 - 7x - 18 = 0$

5. Gib für die Gleichung $x^2 + 4x + q = 0$ ein q so an, dass sie
a) eine Lösung, b) zwei Lösungen, c) keine Lösung hat.

6. Gib für die Gleichung $x^2 + px + 9 = 0$ ein p so an, dass sie
a) eine Lösung, b) zwei Lösungen, c) keine Lösung hat.

7. Löse wie im Beispiel rechts.

a) $x + \frac{8}{x} = 6$ b) $x + \frac{9}{x} = 5$ c) $x + \frac{15}{x} = -8$

d) $x + \frac{2}{x} = 2$ e) $x - \frac{27}{x} = 6$ f) $x + \frac{48}{x} = -14$

Bedingung: $x \neq 0$
$x + \frac{5}{x} = 6 \quad | \cdot x$
$x^2 + 5 = 6x$
...

LVL **8.** *Partnerarbeit:* Begründet den Satz des Vieta, indem ihr die Rechnungen zu Ende führt, und präsentiert der Klasse euer Ergebnis.

LVL **9.** *Partnerarbeit:* Sucht im Internet Informationen über Vieta (Francois Viète). Erstellt einen kurzen Steckbrief.

Satz des Vieta

x_1 und x_2 sind Lösungen der quadratischen Gleichung $x^2 + px + q = 0$, wenn $x_1 + x_2 = -p$ und $x_1 \cdot x_2 = q$ gilt; sonst nicht.

10. Überprüfe mit dem Satz des Vieta, ob x_1 und x_2 Lösungen der Gleichung sind.

a) $x^2 + 10x + 6 = 0$; $x_1 = -8$ und $x_2 = -2$

b) $x^2 + 2x - 63 = 0$; $x_1 = -9$ und $x_2 = 7$

c) $x^2 - 4x + 3 = 0$; $x_1 = 3$ und $x_2 = 1$

d) $x^2 - 4x - 12 = 0$; $x_1 = -2$ und $x_2 = -6$

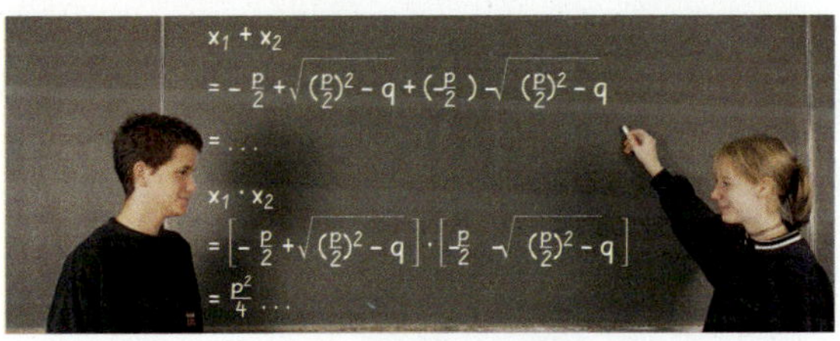

11. Stelle eine Gleichung der Form $x^2 + px + q = 0$ mit den angegebenen Lösungen auf.

a) 3 und 2 b) 4 und 1 c) 1,4 und −0,5 d) −2,2 und 1,5

e) −2 und 5 f) 7 und −3 g) $\frac{2}{5}$ und $\frac{1}{4}$ h) $-\frac{1}{2}$ und $-\frac{1}{4}$

LVL

Regatta

Alle Schiffe tragen Frauennamen.

1.

$6x^2 - 7 = 17$

$x^2 + 4x - 5 = 0$

$x^2 - x - 42 = 0$

$x^2 - \frac{33}{28}x + \frac{9}{28} = 0$

$x^2 + 0{,}7x + 0{,}12 = 0$

2.

$x^2 - 8x + 12 = 0$

$x^2 + 7x - 18 = 0$

$x^2 - \frac{11}{15}x + \frac{2}{15} = 0$

$8x^2 - 2 = 0$

$x^2 - 1{,}4x - 1{,}2 = 0$

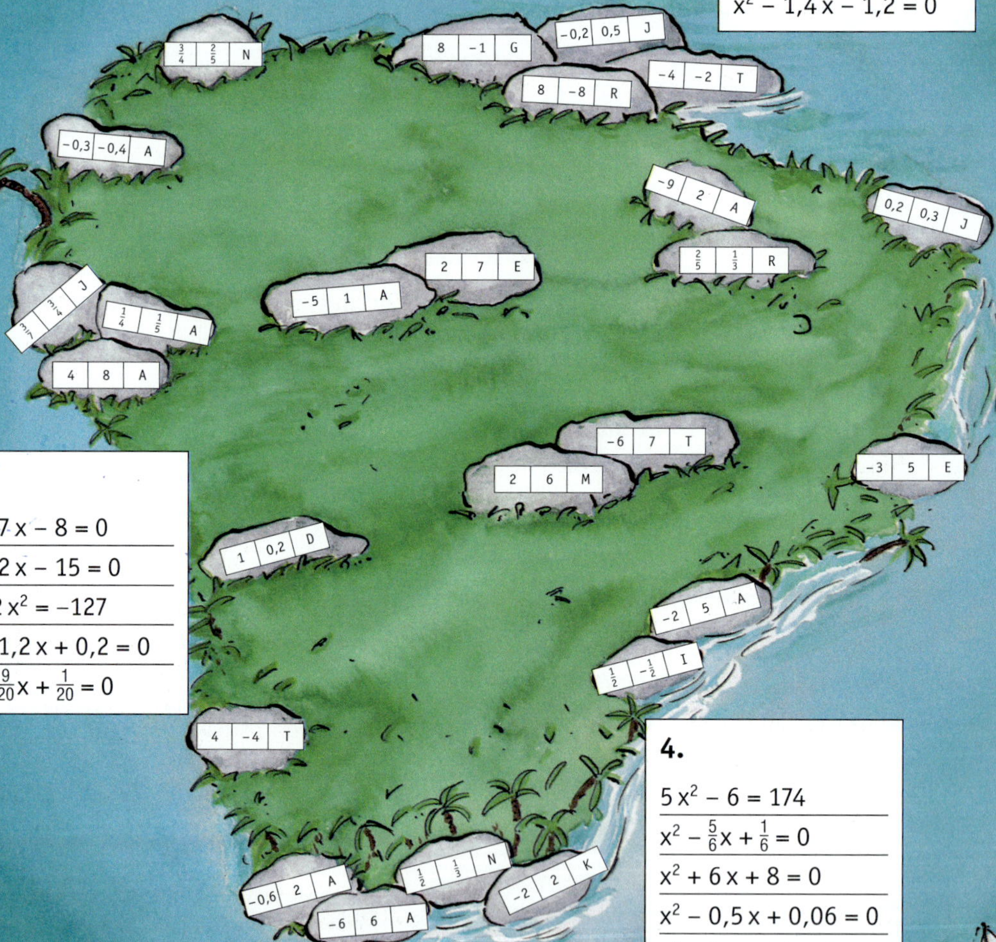

3.

$x^2 - 7x - 8 = 0$

$x^2 - 2x - 15 = 0$

$1 - 2x^2 = -127$

$x^2 - 1{,}2x + 0{,}2 = 0$

$x^2 - \frac{9}{20}x + \frac{1}{20} = 0$

4.

$5x^2 - 6 = 174$

$x^2 - \frac{5}{6}x + \frac{1}{6} = 0$

$x^2 + 6x + 8 = 0$

$x^2 - 0{,}5x + 0{,}06 = 0$

$x^2 - 9x + 14 = 0$

5.

$1 - x^2 = -15$

$x^2 - 12x + 32 = 0$

$x^2 - \frac{23}{20}x + \frac{6}{20} = 0$

$x^2 - 0{,}3x - 0{,}1 = 0$

$x^2 - 3x - 10 = 0$

Anwendungen

Das Produkt einer Zahl mit der um 9 größeren Zahl ist 1620. Welche Zahl ist es?

gesuchte Zahl	*um 9 größere*	*Produkt*
x	$x + 9$	$x(x + 9)$

Gleichung: $x(x + 9) = 1620$
$x^2 + 9x - 1620 = 0$

Lösungen: $x_1 = 36$ $x_2 = -45$

Antwort: Die Zahl ist 36 oder −45.

Eine zweistellige Zahl über 60 hat die Quersumme 9. Das Produkt der Ziffern ist 14.

Zahl $10x + y$

Es gilt: $x + y = 9$ und $x \cdot y = 14$

$y = 9 - x \xrightarrow{\text{einsetzen}} x \cdot (9 - x) = 14$

Gleichung: $x \cdot (9 - x) = 14$

Lösungen: $x_1 = 7$ und $x_2 = 2$
$y_1 = 2$ und $y_2 = 7$

Antwort: Die Zahl ist 72.

TIPP Probe am Text.

1. Ich denke mir eine Zahl und multipliziere sie mit der um 6 kleineren Zahl. Das Produkt ist 216.

2. Das Quadrat einer Zahl vermehrt um ihr Fünffaches beträgt 93,75.

3. Von zwei Zahlen ist eine um 9 größer als die andere. Ihr Produkt ist 1170.

4. Verkleinert man eine Zahl um 3 und multipliziert dann mit der um 3 vergrößerten Zahl, so erhält man 40.

5. Addiere zu einer Zahl 12 und multipliziere die Summe mit 8. Du erhältst das vierfache Quadrat der Zahl.

6. Eine zweistellige Zahl unter 50 hat die Quersumme 13. Das Produkt der Ziffern ist 36.

7. Die Summe der ersten x natürlichen Zahlen kann mit dem Term $\frac{x \cdot (x + 1)}{2}$ berechnet werden. Bis zu welcher Zahl wurde addiert, wenn die Summe 780 betrug?

8. a) Der Fallturm in Brähmen ist ein Großlabor, in dem Experimente unter Schwerelosigkeit durchgeführt werden, die man sonst nur mit wesentlich höheren Kosten im Weltraum realisieren könnte. Die Fallzeit der Kapsel durch die Fallröhre beträgt $t = 4{,}74$ Sekunden. Berechne die Länge s der Fallröhre des Turms, wenn für den freien Fall annähernd das Weg-Zeit-Gesetz $s = 5\,t^2$ gilt.

b) Auf dem Mond gilt näherungsweise das Weg-Zeit-Gesetz $s = 0{,}8\,t^2$. Wie lange wäre hier die Fallkapsel bei gleicher Fallhöhe unterwegs?

9. Von der Spitze eines 45 m hohen Turmes wird eine Eisenkugel fallen gelassen. Die Höhe (in m) h der Kugel über dem Erdboden beträgt nach t Sekunden näherungsweise $h = 45 - 5\,t^2$.

a) Nach welcher Zeit schlägt die Kugel auf dem Boden auf?

b) Nach welcher Zeit ist die Kugel auf halber Höhe des Turmes?

10. Wie lange würde eine Eisenkugel vom Eiffelturm (ca. 300 m hoch) zu Boden fallen?

LVL **11.** Wie könnte man mit Stoppuhr und Kompass die Höhe einer Brücke bestimmen?

12. Die vier Daltons schießen senkrecht nach oben. Die Gleichung $h = a + 100\,t - 5\,t^2$ gibt näherungsweise an, welche Höhe h (in m) ihre Kugeln nach t Sekunden erreicht haben.

a) Berechne auf 2 Stellen nach dem Komma, nach welcher Zeit die Kugel des größten Dalton (a = 2 m) auf dem Erdboden aufschlägt.

b) Wann schlägt die Kugel des kleinsten Dalton (1,20 m) auf?

13. Eine Feuerwerksrakete wird mit der Anfangsgeschwindigkeit $v = 64\,\frac{m}{s}$ senkrecht nach oben geschossen. Die erreichte Höhe h nach t Sekunden kann man nach der Formel $h = -5\,t^2 + 64\,t$ berechnen. Nach welcher Zeit schlägt die Rakete auf dem Boden auf?

14. Ein Schrottauto hängt an einem Kran in 7,5 m Höhe. Wenn das Auto fallen würde, hätte es nach t Sekunden näherungsweise eine Höhe von $h = 7{,}5 - 5\,t^2$ über dem Erdboden.
Wie lange fällt es, bis es eine Höhe von z.B. h = 0,80 m erreicht hat?

15. a) $A = 424\ cm^2$ b) $A = 546\ cm^2$ c) $A = 63\ cm^2$ d) $A = 62{,}1\ cm^2$

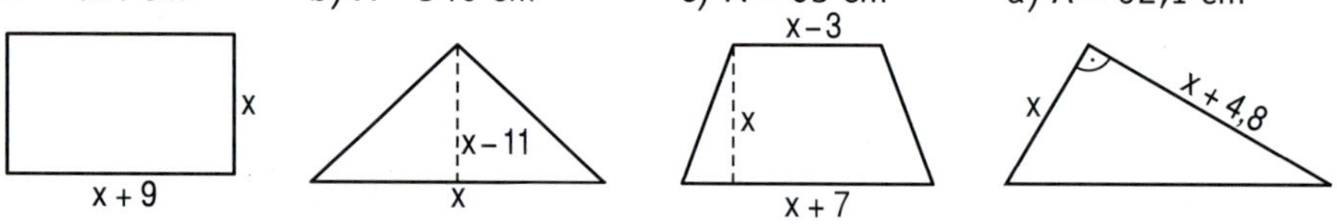

16. a) Die Seiten eines Rechtecks unterscheiden sich um 8 cm. Sein Flächeninhalt beträgt $240\ cm^2$.

b) In einem Rechteck ist eine Seite 7 cm länger als die andere. Der Flächeninhalt ist $330\ cm^2$.

17. In einem Rechteck sind die Seiten 16 cm und 19 cm lang. Verkürzt man alle Seiten um dieselbe Länge, so ist der Flächeninhalt um $96\ cm^2$ kleiner als der Flächeninhalt des ursprünglichen Rechtecks. Wie lang sind die Seiten des neuen Rechtecks?

18. Der Umfang eines Rechtecks beträgt 52 cm, der Flächeninhalt $153\ cm^2$. Wie lang sind die Seiten?

19. Eine Rasenfläche ist 16 m lang und 12 m breit. In der Mitte wird ein rechteckiges Blumenbeet mit dem Flächeninhalt $32\ m^2$ so angelegt, dass der umlaufende Rasenstreifen überall gleich breit ist. Wie breit ist der Rasenstreifen?

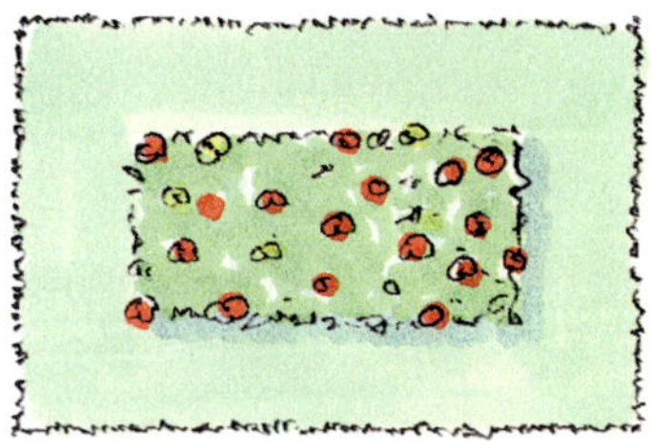

20. Eine $1792\ m^2$ große rechteckige Wiese ist mit 176 m Zaun eingezäunt. Wie lang sind die Seiten des Grundstücks?

21. In einem Dreieck ist die Höhe 2 cm kürzer als die Grundseite. Verdoppelt man die Länge der Grundseite und verkürzt man die Höhe um 2 cm, so hat das neue Dreieck einen um $36\ cm^2$ größeren Flächeninhalt als das ursprüngliche Dreieck. Berechne Grundseite, Höhe und Flächeninhalt des ursprünglichen Dreiecks.

22. In einem Trapez ist eine Grundseite 6 cm länger als die andere. Die Höhe ist halb so lang wie die kürzere Grundseite. Der Flächeninhalt beträgt $44\ cm^2$. Wie lang sind Grundseiten und Höhe?

23. In einem Trapez ist eine Grundseite 8 cm kürzer als die andere. Die Höhe ist halb so lang wie die längere Grundseite. Der Flächeninhalt beträgt $160\ cm^2$. Wie lang sind Grundseiten und Höhe?

Parabeln im Sport

LVL

1. Beim Kugelstoßen ist die Flugbahn der Kugel eine Parabel. Christian träumt von einem Stoß, bei dem die Kugel auf einer Parabel mit der Gleichung $y = -0{,}03\,x^2 + x + 1{,}70$ fliegt.

a) Zeichne die Parabel mithilfe einer Wertetabelle. (x-Achse: Weite in m, 1 cm für 2,5 m; y-Achse: Höhe in m, 1 cm für 1 m)

b) Bestimme die ungefähre Stoßweite, indem du feststellst, für welches x die Höhe $y = 0$ ist.

c) Bestimme die genaue Stoßweite, indem du die quadratische Gleichung $-0{,}03\,x^2 + x + 1{,}7 = 0$ löst.

d) Warum träumt Christian von diesem Stoß?

2.

Beim Sprung einer Hochspringerin über 2,03 m bewegte sich der Körperschwerpunkt annähernd auf einer Parabel mit der Gleichung $y = -0{,}0117\,x^2 + 2{,}07$. Welche Höhe erreichte der Körperschwerpunkt?

3. Als Bob Beamon (USA) 1968 in der Höhenluft von Mexiko-City den Weltrekord im Weitsprung gleich um 55 cm verbesserte, sprach man von einem „Jahrhundertsprung". Er hatte aber nur 23 Jahre Bestand.

a) Wie weit sprang Bob Beamon, wenn seine Sprungparabel näherungsweise durch die Funktion $y = -0{,}058\,x^2 + 0{,}384\,x + 1{,}18$ beschrieben wird?

b) Verändere den Faktor vor x^2 so, dass die Traummarke von 9 m erreicht wird.

4. Die Flugbahn des Balles ist eine Parabel.

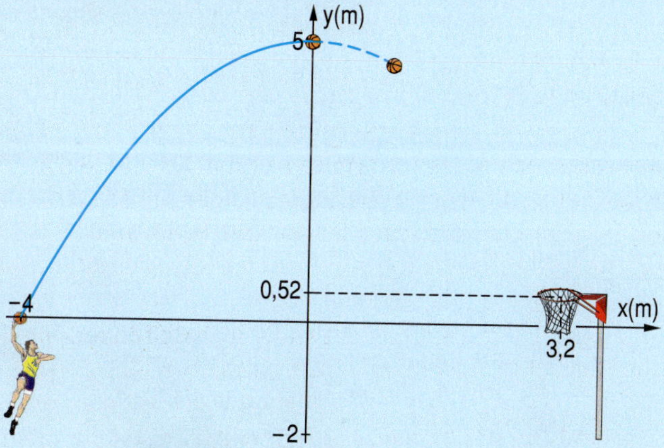

Trifft der Basketball den Korb? Links oder rechts fliegt er nicht vorbei.

Erkläre die Hinweise und nutze sie:

① Die Flugparabel hat eine Gleichung der Form $y = ax^2 + b$.

② b kann abgelesen werden.

③ a kann man mit Hilfe des Abwurfpunktes $(-4|0)$ berechnen.

LVL

Goldener Schnitt

Info
Eine Strecke ist im Verhältnis des *Goldenen Schnittes* geteilt, wenn das Verhältnis der Gesamtstrecke zum größeren Teil gleich dem Verhältnis des größeren Teils zum kleineren Teil ist.

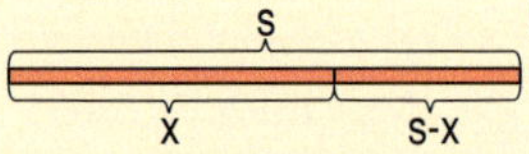

$$\frac{s}{x} = \frac{x}{s-x}$$

Seit der Zeit der Griechen und Römer und besonders in der Renaissance wurde dieses Längenverhältnis bei der Gestaltung von Gebäuden und Kunstwerken als Ausdruck idealer Schönheit angewandt.

1. Oft wird die Formel für den Goldenen Schnitt in der Form $s \cdot (s - x) = x^2$ angegeben. Begründe.

2.

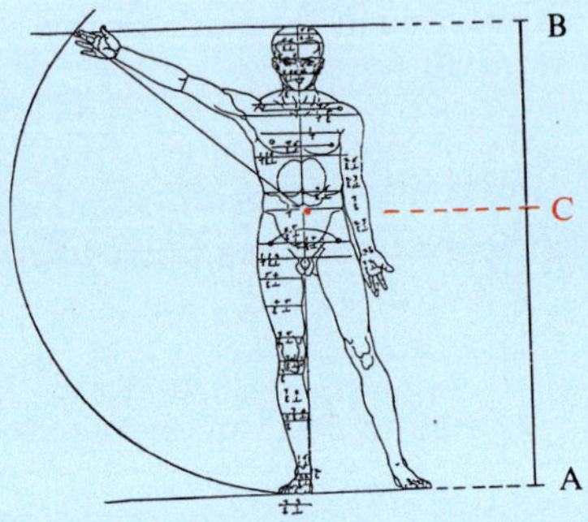

Prüfe in der Zeichnung von Dürer, ob annähernd nach dem Goldenen Schnitt geteilt wurde.

3.

Es gibt Vasen, bei denen sich der Durchmesser an der dicksten Stelle zum Durchmesser an der Öffnung nach dem Goldenen Schnitt verhält. Prüfe durch Ausmessen.

4. Rathaus von Leipzig (erbaut 1556)

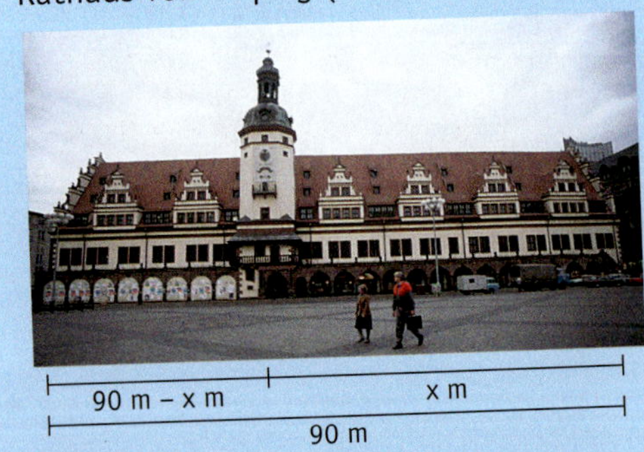

Der Turm teilt das Gebäude nach dem Goldenen Schnitt. An welcher Stelle befindet sich der Turm?

5. An der Säule soll eine Verzierung angebracht werden, sodass die Höhe nach dem Goldenen Schnitt geteilt wird.

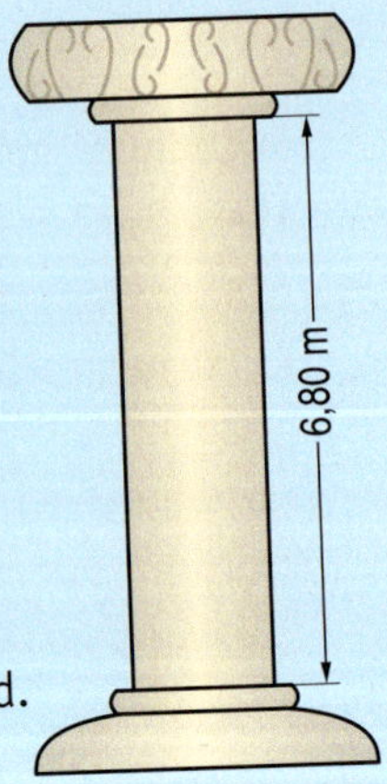

6. Es gibt keine einstelligen ganzen Zahlen s und x für die genau gilt: $\frac{s}{x} = \frac{x}{s-x}$.
Für welche dieser Zahlen gilt die Beziehung annähernd?

1. Gib die Koordinaten des Scheitelpunktes an. Schreibe auf, ob die Parabelöffnung weiter oder enger als die Öffnung der Normalparabel ist, und ob die Parabel nach oben oder unten geöffnet ist.

a) $y = 4x^2$ b) $y = 0{,}2x^2 + 3$ c) $y = 4x^2 + 1$
d) $y = 0{,}5x^2$ e) $y = -2x^2 + 0{,}5$ f) $y = \frac{1}{4}x^2 - 5$

2. Lege eine Wertetabelle an, zeichne den Graphen und lies die Nullstellen ab.

a) $y = -2x^2$ b) $y = 0{,}5x^2 + 4$ c) $y = 3x^2 - 5$

3. Gib die Koordinaten des Scheitelpunktes an und zeichne den Graphen.

a) $y = (x + 4)^2 - 1$ b) $y = (x - 3)^2 + 4$
c) $y = (x + 1{,}5)^2 - 4{,}5$

4. Prüfe durch Rechnung, ob der Punkt auf dem Graphen der Funktion $y = (x - 3)^2 + 1$ liegt.

a) A(3|1) b) B(−2|−4) c) C(7|17) d) D(0|4)

5. Löse zeichnerisch.

a) $x^2 - 10x + 24 = 0$ b) $x^2 - 4x - 5 = 0$
c) $x^2 - 2x - 3 = 0$ d) $x^2 - 6x + 8 = 0$
e) $x^2 - 4x + 3 = 0$ f) $x^2 + 2x - 3 = 0$

6. Löse durch Zerlegen in Faktoren.

a) $x^2 - 49 = 0$ b) $4x^2 - 64 = 0$ c) $x^2 - 0{,}04 = 0$

7. a) $x^2 - 10 = 0$ b) $x^2 - 2 = 0$ c) $x^2 - 12 = 0$

8. a) $x^2 + 4x = 0$ b) $x^2 - 7x = 0$ c) $4x^2 - 36x = 0$

9. Löse mit quadratischer Ergänzung.

a) $x^2 - 2x - 15 = 0$ b) $x^2 + 8x + 7 = 0$
c) $x^2 - 16x + 63 = 0$ d) $x^2 + 4x + 3 = 0$

10. Runde die Lösungen auf Zehntel.

a) $x^2 + 4x - 6 = 0$ b) $x^2 - 5x + 2 = 0$
c) $x^2 - 3x + 1 = 0$ d) $x^2 - 6x + 4 = 0$

11. Löse mit Hilfe der Lösungsformel.

a) $x^2 + 4x - 21 = 0$ b) $x^2 + 6x - 7 = 0$
c) $x^2 + 14x + 48 = 0$ d) $x^2 + 2x - 63 = 0$

12. Runde die Lösungen auf Zehntel.

a) $x^2 + 4x + 2 = 0$ b) $x^2 + 3x - 1 = 0$
c) $x^2 - 5x + 1 = 0$ d) $x^2 - 7x - 19 = 0$

Der Graph der Funktion $\mathbf{y = x^2}$ heißt **Normalparabel.**

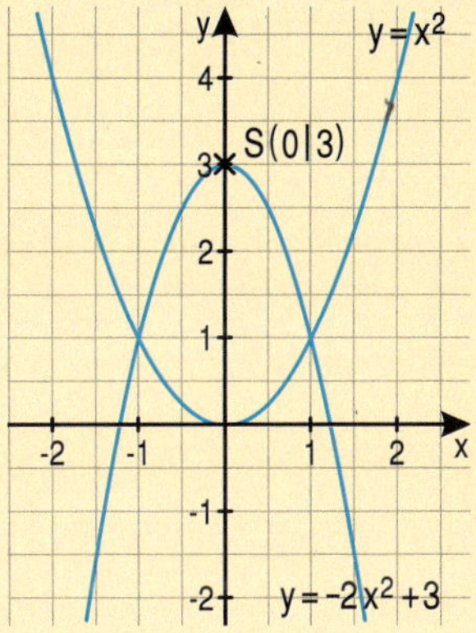

Die Funktion $\mathbf{y = ax^2}$, $a \neq 0$, hat als Graph eine **gestreckte Normalparabel.**

Für $a > 0$ ist sie nach oben, für $a < 0$ nach unten geöffnet. Um c ist sie nach oben ($c > 0$) bzw. nach unten ($c < 0$) verschoben.

Jede quadratische Funktion mit $a = 1$ lässt sich in der **Scheitelpunktform** $\mathbf{y = (x + b)^2 + c}$ darstellen.

Der Graph ist eine verschobene Normalparabel mit dem **Scheitelpunkt (−b|c).**

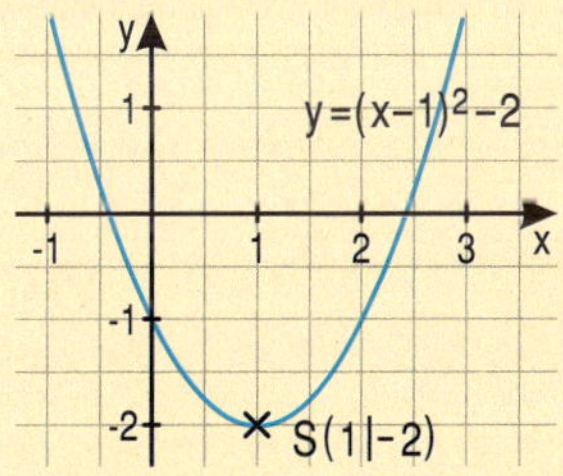

Eine Gleichung, die man in die Form $\mathbf{x^2 + px + q = 0}$ bringen kann, heißt **quadratische Gleichung.**

Die Form $x^2 + px + q = 0$ heißt **Normalform.**

Lösen mit quadratischer Ergänzung

Gleichung	$x^2 + 4x - 60 = 0$
quadrat. ergänzen	$x^2 + 4x + 2^2 - 2^2 - 60 = 0$
binom. Formel	$(x + 2)^2 - 64 = 0$
	$(x + 2 + 8)(x + 2 - 8) = 0$
	$(x + 10) \cdot (x - 6) = 0$
Lösungen	$x_1 = -10 \quad x_2 = 6$

Lösungsformel

$x^2 + px + q = 0$ mit $\left(\frac{p}{2}\right)^2 - q > 0$ hat zwei Lösungen: $x_{1/2} = -\frac{p}{2} \pm \sqrt{\left(\frac{p}{2}\right)^2 - q}$

Wenn $\left(\frac{p}{2}\right)^2 - q = 0$, hat sie eine Lösung: $x = -\frac{p}{2}$
Wenn $\left(\frac{p}{2}\right)^2 - q < 0$, hat sie keine Lösung.

DIAGNOSETEST

1. Zeichne den Graphen der Funktion $y = x^2 - 4$ und lies die Nullstellen ab.

2. Prüfe durch Rechnung, ob der Punkt $P(-2|5)$ auf dem Graphen der Funktion $y = 2{,}5x^2 - 4$ liegt.

3. Bestimme die Lösung der folgenden Gleichung.
$x^2 - 8{,}5x = 0$

4. Bestimme die Lösung der folgenden Gleichung.
$x^2 - 4x - 5 = 0$

5. Das Quadrat einer Zahl vermehrt um 7 ist 13,25. Berechne die gesuchte Zahl mit einer Gleichung.

Wähle weitere 5 Aufgaben aus.

1. Das Dach der Kölnarena wird von einem Stahlbogen getragen, der die Form einer Parabel hat. Der Bogen ist über dem Erdboden an der höchsten Stelle 73 m hoch und hat eine Spannweite von 180 m.

a) Skizziere die Parabel im Koordinatensystem und trage die gegebenen Maße ein.

b) Bestimme die Funktionsgleichung der Parabel.

2. Eine Kugel verlässt eine Pistole mit einer Geschwindigkeit von $v_0 = 120\ \frac{m}{s}$. Schießt man senkrecht nach oben, so wird das Geschoss durch die Gewichtskraft abgebremst und fällt nach einer gewissen Zeit auf den Boden zurück. Die Höhe h der Kugel (in m) nach einer Zeit t (in s) kann näherungsweise mit der Formel $h = 120 \cdot t - 5\,t^2$ berechnet werden.

a) Lege eine Wertetabelle an, die einer Zeit t die Höhe h der Kugel zuordnet für $1\ s \leq t \leq 20\ s$ und zeichne den Graphen.

b) Nach wie viel Sekunden hat die Kugel eine Höhe von 500 m erreicht?

3. Das Produkt zweier aufeinander folgender Zahlen ist um 305 größer als ihre Summe.

4. Vergrößert man in dem Produkt $17 \cdot 27$ jeden Faktor um dieselbe Zahl, so hat das Produkt den Wert 875.

5. Eine 3 010 m^2 große rechteckige Wiese ist mit 242 m Zaun eingezäunt. Wie lang sind die Seiten des Grundstücks?

6. In einem rechtwinkligen Dreieck ist eine Kathete 6 cm länger als die andere. Die Hypotenuse ist 16 cm lang. Wie lang sind die Katheten?

7. Ein Zimmer ist um 0,80 m länger als breit und hat eine Fläche von 38,28 m^2. Wie lang und wie breit ist es?

8. Verkürzt man die Seite eines Quadrates um 14 cm und verlängert die andere um 12 cm, so erhält man ein Rechteck mit dem Flächeninhalt 1 056 cm^2.

Trigonometrie

3

10 Minuten spater...

LVL

Winkel im Einheitskreis, Winkelfunktion Sinus (sin)

Bearbeitet die folgenden Aufgaben bzw. Fragen zusammen mit einer Mitschülerin oder einem Mitschüler.
Wenn ihr fertig seid, setzt euch bitte mit einem anderen „Paar" zu einer Gruppe zusammen, erklärt euch gegenseitig eure Ergebnisse und erstellt ein Lernplakat mit der Überschrift dieser Seite.

Das ist ein Einheitskreis im Koordinatensystem.

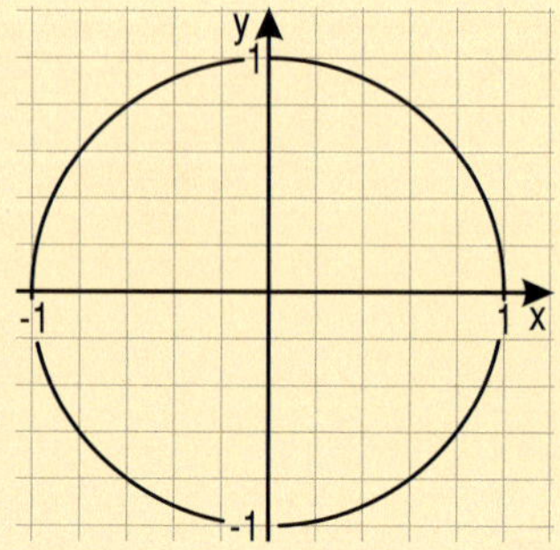

1. a) Welche Bedingungen muss ein Kreis in einem Koordinatensystem erfüllen, damit er als Einheitskreis bezeichnet werden kann?

b) Klebt zwei DIN-A4-Blätter hochkant zusammen, zeichnet ein Koordinatensystem mit der Einheit 1 dm und den zugehörigen Einheitskreis darauf.

Das ist der Winkel $\alpha = 20°$, gezeichnet in den Einheitskreis.

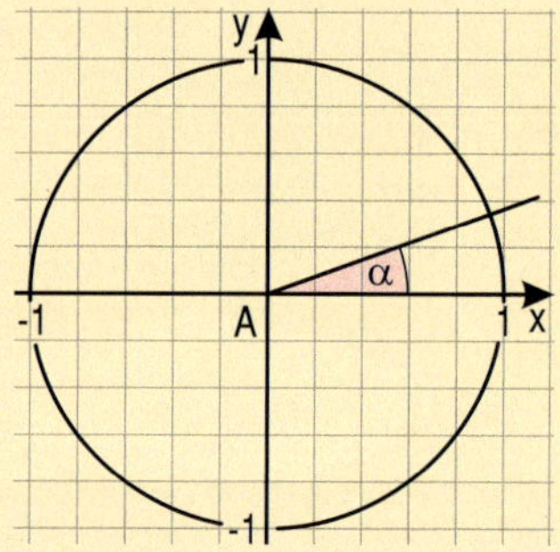

2. Wie zeichnet man einen Winkel α in einen Einheitskreis? Benennt die Vorschrift und übertragt die Winkel in euren Einheitskreis: $\alpha = 67°$, $\beta = 209°$, $\gamma = 332°$.

3. Man kann auch den Winkel $\delta = -74°$ in den Einheitskreis zeichnen. Wie könnte das erfolgen?

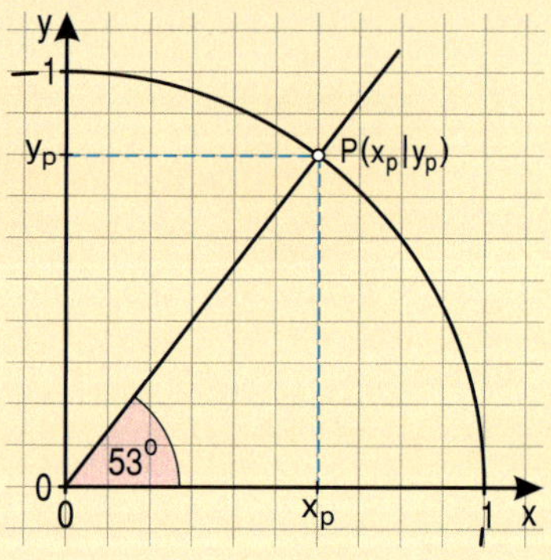

4. Sinus ist eine Winkelfunktion. Sie ordnet jedem Winkel α eine Zahl $\sin\alpha$ zu, die zwischen -1 und 1 liegt.
Man kann z. B. am Taschenrechner ablesen: $\sin 143° = 0{,}601815\ldots$
Übertragt die nebenstehende Abbildung in euren Einheitskreis aus 1b und findet heraus, wo und wie man in der Zeichnung den Wert $\sin\alpha$ ablesen kann.

5. Überprüft eure Vermutung aus Aufgabe 4 an den Winkeln $\alpha = 67°$, $\beta = 209°$, $\gamma = 332°$ und $\delta = -74°$ aus den Aufgaben 2 und 3. Dann setzt euch in Vierergruppen wie oben beschrieben zusammen.

LVL

Kosinus (cos) und Tangens (tan)

Neben Sinus gibt es auch die Winkelfunktionen Kosinus (cos) und Tangens (tan). Auch ihre Bedeutung kann man am Einheitskreis erklären. Arbeitet in Vierergruppen zusammen, um das „Geheimnis der Winkelfunktionen" zu lüften.

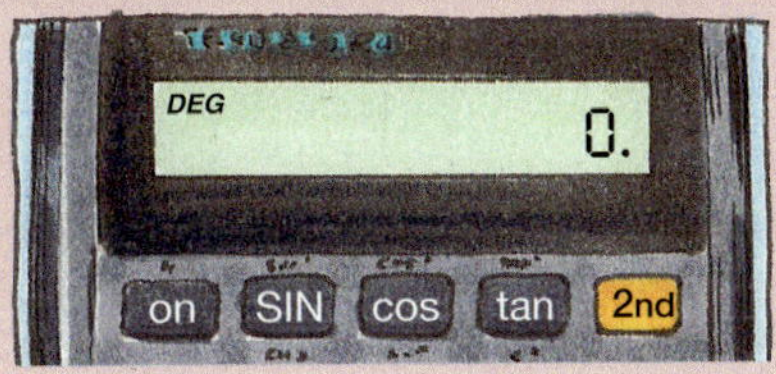

1. Abgebildet ist ein Teil des Einheitskreises und eine Tangente t an diesen Kreis durch x = 1. Eingezeichnet ist außerdem der Winkel 53°, dessen zweiter Schenkel den Kreis im Punkt P $(x_P | y_P)$ und die Tangente im Punkt T $(1 | y_T)$ trifft. Auf der vorigen Seite habt ihr herausgefunden: $y_P = \sin 53°$. Wo und wie kann man in der Zeichnung cos 53° und tan 53° ablesen?

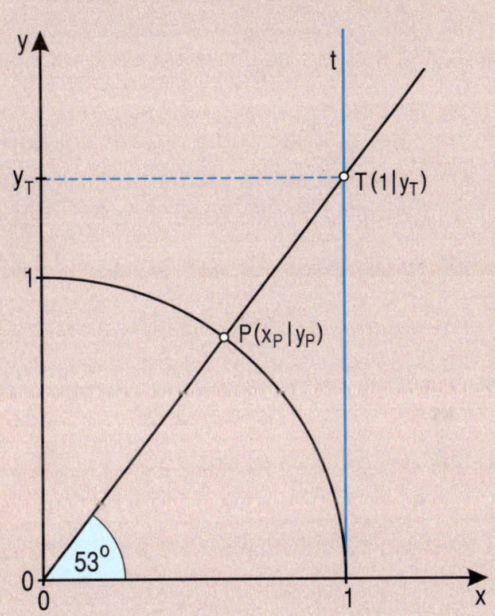

2. Überprüft eure Vermutung aus Aufgabe 1 an den Winkeln α = 67°, β = 209°, γ = 332° und δ = −74° aus den Aufgaben der vorigen Seite. Manchmal müsst ihr an eure Blätter mit dem Einheitskreis noch Papier anlegen, damit ihr die Zeichnungen vervollständigen könnt.

3. Übertragt das abgebildete Koordinatensystem in der Einheit „Dezimeter" (dm) auf vier aneinandergeklebte DIN-A4-Blätter und zeichnet in rot den Graphen der Sinusfunktion und in blau den Graphen der Kosinusfunktion ein. Stellt eure Funktionsgraphen in der Klasse vor, beschreibt Eigenschaften, Gemeinsamkeiten und Unterschiede.

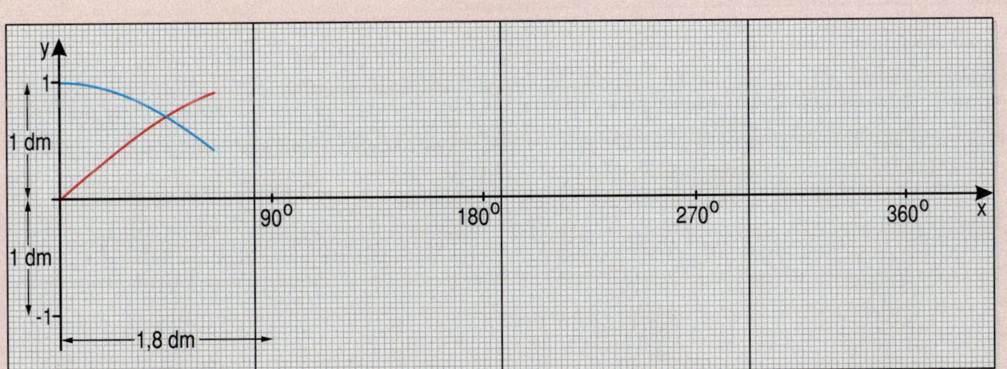

Die Winkelfunktionen

Gegeben ist ein Einheitskreis im Koordinatensystem mit seiner Tangente t durch x = 1.
Zeichnet man einen Winkel α in den Einheitskreis, dann schneidet sein zweiter Schenkel den Kreis im Punkt $P(x_{P\alpha} | y_{P\alpha})$ und die Tangente t im Punkt $T(1 | y_{T\alpha})$.

Es gilt:
① $\sin\alpha = y_{P\alpha}$
② $\cos\alpha = x_{P\alpha}$
③ $\tan\alpha = y_{T\alpha}$

Achtung: Bei $\alpha = 90°$ und $\alpha = 270°$ verläuft der zweite Schenkel parallel zur Tangente und schneidet sie nicht. Folglich gibt es die Werte für tan 90° und tan 270° nicht.

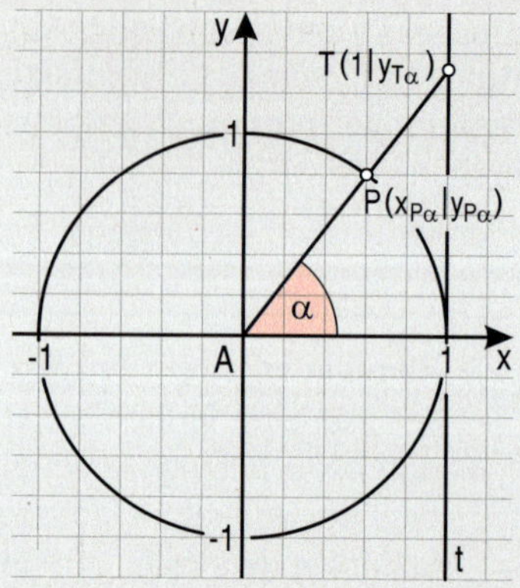

1. Bestimme den Funktionswert mit dem Taschenrechner. Runde auf vier Stellen nach dem Komma.

a) sin 68° b) cos 132° c) cos 95°
d) sin 124,6° e) cos 251° f) cos 47,4°
g) sin 61,5° h) sin 317,9° i) cos 106,8°
j) sin 200,74° k) sin 35,7° l) cos 0,164°

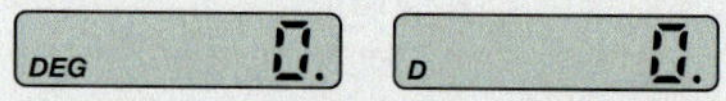

Im Display des Taschenrechners muss ein kleines „DEG“ oder „D“ zu sehen sein. Das ist die Abkürzung für das englische Wort „degree“ (Grad).

2. Vergleiche die Sinuswerte sin 40°, sin 140°, sin 220° und sin 320°.
a) Was fällt dir auf? Begründe die Beobachtung mit Hilfe des Einheitskreises.
b) Suche weitere Winkel, für die die Sinusfunktion die Werte sin 40° bzw. sin 220° liefert.

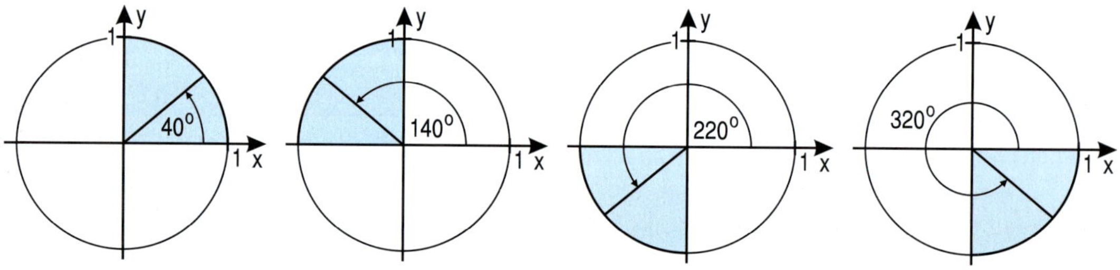

3. Verwende keinen Taschenrechner, sondern nur eine Skizze vom Einheitskreis. Die Buchstaben in der Reihenfolge der Aufgaben ergeben ein Lösungswort.

(1)	sin 17°
(6)	cos 258°
(7)	sin 92°
(2)	cos 161°
(5)	sin 263°
(3)	sin 309°
(4)	cos 78°
(8)	cos 355°

G	0,2079
T	0,2924
N	−0,2079
E	−0,9925
A	−0,9455
T	0,9994
E	0,9962
N	−0,7771

LVL **4.** *Partnerarbeit:* Einer der folgenden Funktionswerte existiert nicht.
Findet ihn heraus, ohne den Taschenrechner zu verwenden: tan 4 860°, tan 4 890°, tan 4 920°, tan 4 950°, tan 4 980°, tan 5 010°, tan 5 040°.

Graphen und weitere Zusammenhänge

LVL

Bildet Gruppen mit jeweils vier Schülerinnen und Schülern. Achtet darauf, dass ungefähr gleich viele Gruppen jede der drei folgenden Aufgaben bearbeiten.
Die Gruppen, die dieselben Aufgaben bearbeitet haben, setzen sich als große Gruppe zusammen, tauschen ihre Erfahrungen aus und bestimmen jeweils einen Schüler oder eine Schülerin, der oder die die Aufgabenstellung und Lösung vor der Klasse präsentiert.

1. a) Warum gilt $\tan 45° = 1$?

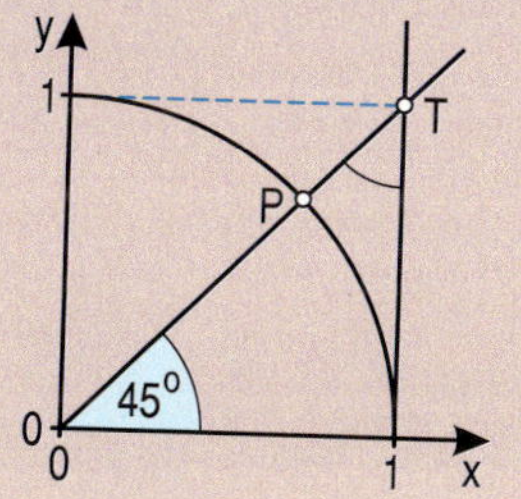

b) Warum gilt $\sin 30° = \frac{1}{2}$?

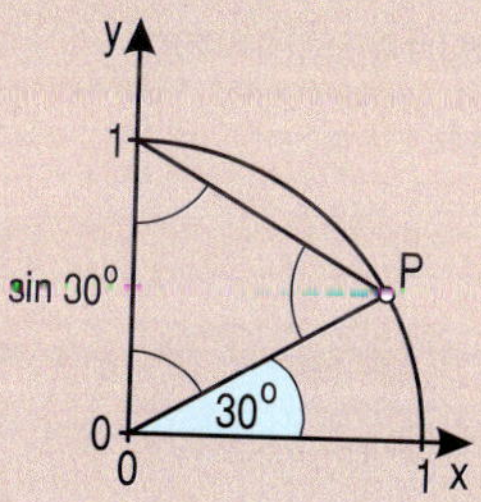

2. Wählt auf eurem Taschenrechner die angegebene Tastenfolge für verschiedene Werte α. Es kommt immer dasselbe Ergebnis heraus. Notiert dies mit einer Gleichung und begründet sie. Die Skizze kann euch dabei helfen.

α
sin
x^2
+
α
cos
x^2
=

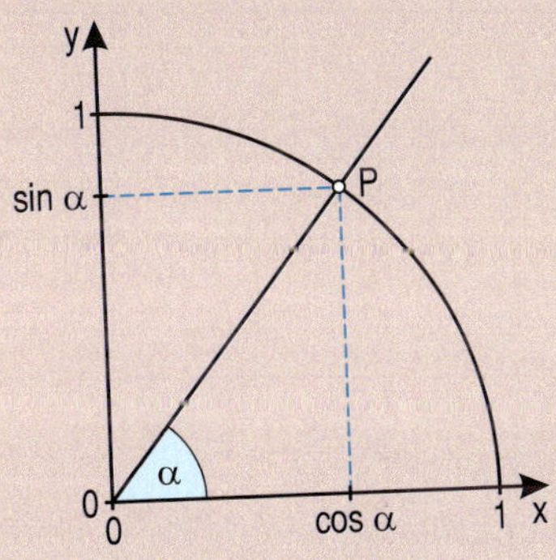

3. Notiert die im Comic geäußerte Vermutung mit einer Gleichung. Diese Skizze hilft euch beim Beweis dieser Vermutung.

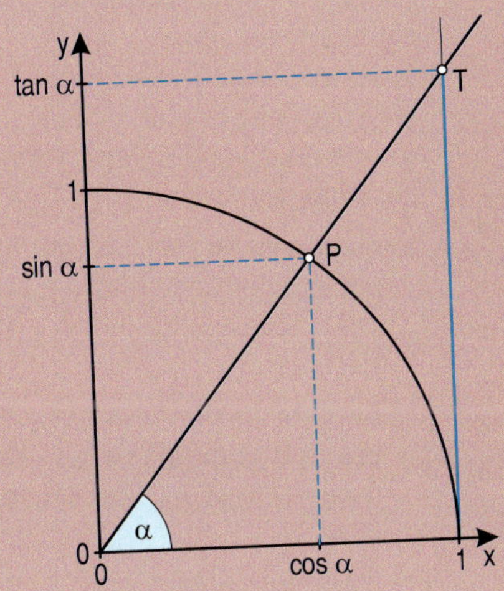

LVL

Periodische Vorgänge

Setzt euch in Gruppen zusammen und bearbeitet jeweils eine Aufgabe. Achtet darauf, dass beide Aufgaben von möglichst gleich vielen Gruppen bearbeitet werden.

1. Katharina und Nico sind soeben in die unterste Gondel des Riesenrads eingestiegen. Nach drei kompletten Umläufen werden sie die Gondel wieder verlassen.
Klebt vier DIN-A4-Blätter längs aneinander und stellt im Maßstab 1 : 400 die folgende Zuordnung dar:
„zurückgelegter Weg in der Gondel → Höhe über dem Boden"

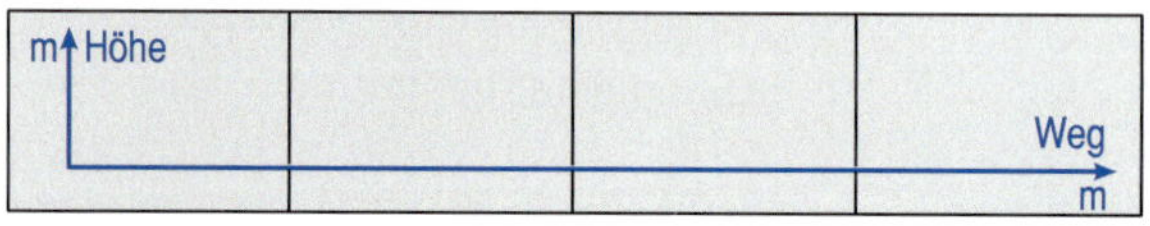

Überlegt, mit welchen Mitteln ihr die jeweilige Höhe über dem Boden bestimmen könnt. Ihr dürft das Wesentliche vom Riesenrad auch auf Millimeterpapier konstruieren.

Stellt eure Grafik in der Klasse vor und erläutert sie.

2. Das abgebildete Gerät erzeugt einen Ton, der das Ohr erreicht. Physikalisch gesehen breiten sich wellenartig in Sekundenbruchteilen (Millisekunden ms) Luftdruckschwankungen aus; mal erhöht sich der Druck gegenüber dem normalen atmosphärischen Druck, mal ist er niedriger. Den Unterschied nennt man Schalldruck. Während der normale Druck in hPa (Hektopascal) gemessen wird, bewegt sich der Schalldruck im Bereich von µPa (millionstel Pascal).

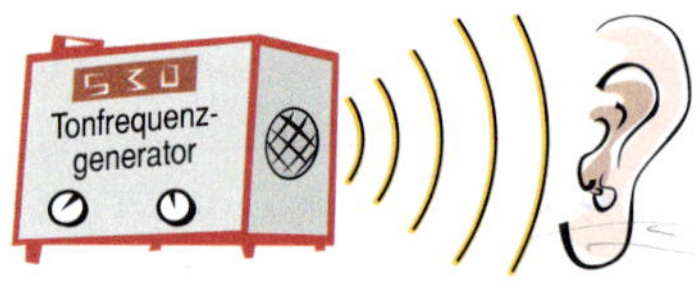

Dennoch verarbeiten Gehör und Gehirn diese minimalen Druckschwankungen in Millisekunden zur Wahrnehmung des Tons.
Am Ohr wurde für die Zeit von 0 ms bis 6 ms der Schalldruck eines Tons gemessen. Die Messwerte stehen in der Tabelle.

Zeit (ms)	Schalldruck (µPa)
0,2	24,7
0,4	47,0
0,6	64,7
0,8	76,1
1	80
1,2	76,1
1,4	64,7
1,6	47,8
1,8	24,7
2	0
2,2	– 24,7
2,4	– 47,0
2,6	– 64,7
2,8	– 76,1
3	– 80

Zeit (ms)	Schalldruck (µPa)
3,2	– 76,1
3,4	– 64,7
3,6	– 47,0
3,8	– 24,7
4	0
4,2	24,7
4,4	47,0
4,6	64,7
4,8	76,1
5	80
5,2	76,1
5,4	64,7
5,6	47,0
5,8	24,7
6	0

a) Klebt zwei DIN A4-Blätter längs aneinander und stellt die Zuordnung „Zeit → Schalldruck" grafisch dar.

b) Recherchiert im Internet, ob ihr etwas über die Höhe des in a) dargestellten Tons aussagen könnt.

c) Stellt eure Grafik in der Klasse vor und erläutert sie.

LVL

Bogenmaß und Parameter

Gruppenarbeit: Die Aufgaben 1 und 6 bearbeiten alle Gruppen, die Aufgaben 2 bis 5 werden so auf die Gruppen verteilt, dass jede Aufgabe etwa gleich oft bearbeitet wird. Stellt anschließend eure Gruppenergebnisse in der Klasse vor und vergleicht sie.

1. Zu jedem Winkel α im Einheitskreis gehört eine Bogenlänge b_α (auch Bogenmaß genannt).

a) Erklärt die nebenstehende Tabelle bis zur 3. Zeile und fülle die fehlenden Zeilen richtig aus.

b) Entwickelt eine Formel, mit deren Hilfe man zu α die Bogenlänge b_α und umgekehrt zu b_α den Winkel α berechnen kann.

c) Wenn man im Taschenrechner die Anzeige „DEG“ durch „RAD“ ersetzt (z.B. Tippfolge MODE 5), dann rechnet das Gerät mit der Bogenlänge.

Erklärt: Bei Einstellung „RAD“ gilt:
① $\sin 2{,}86 \approx 0{,}277886$
② $\sin(2\pi) = 0$
③ $\sin\left(\frac{\pi}{2}\right) = 1$

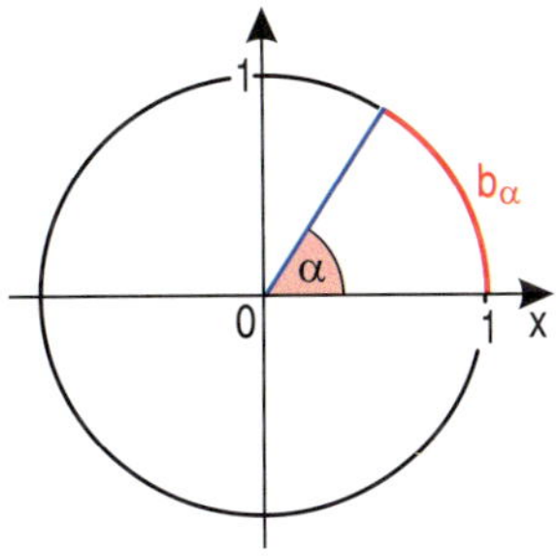

α	b_α
25°	0,436
137°	2,391
268°	4,677
73°	
311°	
	2,531
	6,283

TIPP

Hinweis: Alle Funktionenplotter arbeiten mit dem Bogenmaß (RAD); bei $f(x) = \sin(x)$ steht x für ein Bogenmaß.

2. Untersucht mit einem Funktionenplotter die Graphen der folgenden Funktionen.

$f(x) = 3 \cdot \sin(x)$ $g(x) = 0{,}7 \cdot \sin(x)$

$h(x) = \frac{3}{2} \cdot \sin(x)$ $k(x) = \pi \cdot \sin(x)$

Notiert einen Merksatz, welche Bedeutung die Variable $a > 0$ in der Funktion $f(x) = a \cdot \sin(x)$ hat.

3. Untersucht mit einem Funktionenplotter die Graphen der folgenden Funktionen.

$f(x) = \sin(x) + 2$ $g(x) = \sin(x) - 5$

$h(x) = 2{,}7 + \sin(x)$ $k(x) = -\frac{8}{3} + \sin(x)$

Notiert einen Merksatz, welche Bedeutung die Variable b in der Funktion $f(x) = \sin(x) + b$ hat.

4. Untersucht mit einem Funktionenplotter die Graphen der folgenden Funktionen.

$f(x) = \sin(3x)$ $g(x) = \sin(1{,}2x)$

$h(x) = \sin\left(\frac{1}{2}x\right)$ $k(x) = \sin(0{,}1x)$

Notiert einen Merksatz, welche Bedeutung die Variable $c > 0$ in der Funktion $f(x) = \sin(cx)$ hat.

5. Untersucht mit einem Funktionenplotter die Graphen der folgenden Funktionen.

$f(x) = \sin(x + 2)$ $g(x) = \sin(x - 3)$

$h(x) = \sin(x - \pi)$ $k(x) = \sin\left(x + \frac{\pi}{2}\right)$

Notiert einen Merksatz, welche Bedeutung die Variable d in der Funktion $f(x) = \sin(x + d)$ hat.

6. Gegeben ist die Funktion $f(x) = 2 \sin\left[\frac{1}{3}(x - 5)\right] + 4$.

Jedes Gruppenmitglied skizziert den vermuteten Verlauf der Graphen dieser Funktion und erklärt die Skizze. Druckt dann mit einem Funktionenplotter den tatsächlichen Graphen der Funktion und beurteilt die Skizzen der Gruppenmitglieder.

Bleib FIT!

Die Ergebnisse der Aufgaben 1 bis 7 ergeben den Namen von vier Sportarten.

1. Berechne. Schreibe das Ergebnis ohne Zehnerpotenzen.

a) $1{,}4 \cdot 10^3 - 6{,}5 \cdot 10^2$ b) $4{,}4 \cdot 10^2 - 3{,}2 \cdot 10^1$

c) $4 \cdot 10^{-2} + 3 \cdot 10^{-1}$ d) $5 \cdot 10^{-3} + 7 \cdot 10^{-2}$

2. Der große Zeiger einer Uhr ist vom Drehpunkt zur Spitze 10 cm lang. Wie viel cm legt die Zeigerspitze

a) an einem Tag, b) in 20 Minuten zurück?

Runde auf ganze cm.

3. Berechne den Flächeninhalt A und den Umfang u der Figur (Angaben in cm). Runde auf eine Stelle nach dem Komma.

A = ■ cm² u= ■ cm

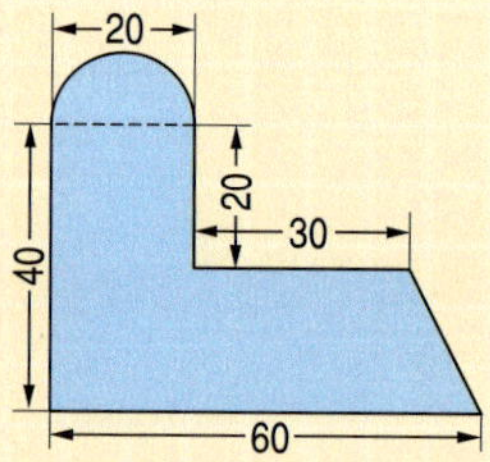

4. Für die 500 m bis zur Spitze des höchsten Bürohauses der Welt braucht der Aufzug 39 Sekunden. Berechne die Durchschnittsgeschwindigkeit des Aufzugs. Runde auf Zehntel.

a) v = ■ $\frac{m}{s}$ b) v = ■ $\frac{km}{h}$

5. Berechne die Länge von x in der Figur. Runde auf mm. (Maße in cm)

a)

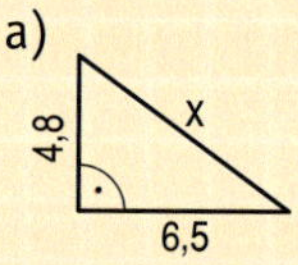

b)

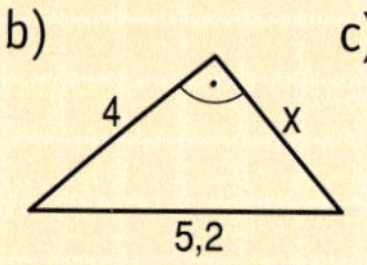

c)

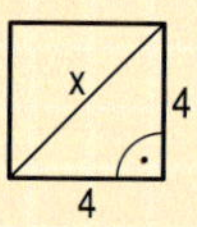

6.

	a)	b)	c)
alter Preis	2,75 €	89 €	■ €
Preisänderung	+ 4 %	– ■ %	– 25 %
neuer Preis	■ €	62,30 €	112,50 €

7. Wie lang ist die Kante des Würfels?

a) V = 1728 cm³; a= ■ cm

b) V = 0,125 m³; a = ■ m

0,075 | O
0,34 | L
0,5 | F
2,86 | Y
3,4 | S
3,3 | G
8,1 | U
5,7 | B
12 | L
11,8 | N
12,8 | E
21 | O
25 | S
30 | G
46,1 | R
46,2 | R
150 | O
189 | L
203,8 | L
408 | O
750 | P
1508 | B
1657,1 | U

Winkelfunktionen im rechtwinkligen Dreieck

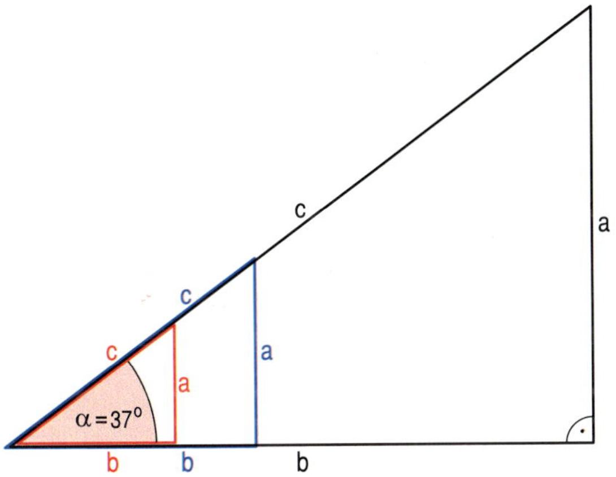

1. Zeichne das nebenstehende Dreieck in dein Heft. Vergrößere anschließend die Grundseite c auf das Doppelte (Dreifache) und lasse die Winkel gleich. Was stellst du bei den Seiten a und b fest?

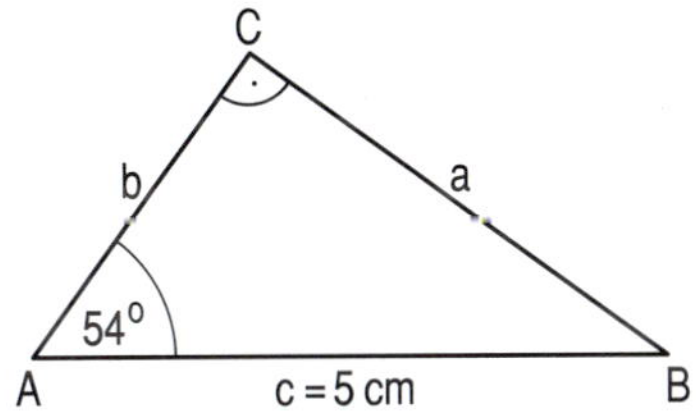

LVL **2.** *Gruppenarbeit:* Wählt einen Winkel $\alpha < 90°$ und zeichnet dazu vier rechtwinklige Dreiecke ($\gamma = 90°$).

a) Legt eine Tabelle an, messt die Längen der Seiten und vergleicht die Seitenverhältnisse.

Dreieck	Seite a	Seite b	Seite c	Verhältnis $\frac{a}{c}$	Verhältnis $\frac{b}{c}$	Verhältnis $\frac{a}{b}$
1						
2						
3						
4						

b) Vergleicht die berechneten Verhältnisse mit den Werten von sin α, cos α und tan α, die der Taschenrechner liefert.

c) Vergleicht eure Feststellung mit den Beobachtungen der anderen Gruppen und beweist sie.

3. Formuliere die begonnenen Merksätze im Heft zu Ende:

In jedem rechtwinkligen Dreieck ($\gamma = 90°$) mit dem weiteren Winkel α gilt:

Der Sinus von α ist ________________. $\sin \alpha =$ ______

Der Kosinus von α ist ________________. $\cos \alpha =$ ______

Der Tangens von α ist ________________. $\tan \alpha =$ ______

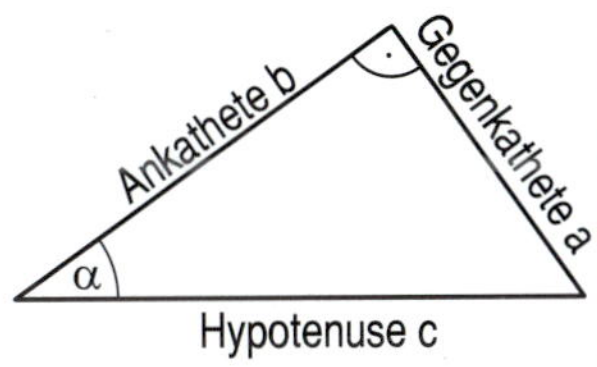

LVL **4.** Auf Seite 53 wurde die nebenstehende Aussage erarbeitet. Passt das mit den Merksätzen in Aufgabe 3 zusammen? Berate dich mit deiner Nachbarin oder deinem Nachbarn und stelle deine Überlegungen den anderen vor.

$$\tan \alpha = \frac{\sin \alpha}{\cos \alpha}$$

Berechnungen mit der Sinusfunktion

In allen bei C rechtwinkligen Dreiecken, die in einem weiteren Winkel α übereinstimmen, ist das Verhältnis $\frac{a}{c}$ gleich.
Es hat den Wert $\sin\alpha$.

$\sin\alpha = \frac{\textit{Gegenkathete von } \alpha}{\textit{Hypotenuse}}$ $\qquad \sin\alpha = \frac{a}{c}$

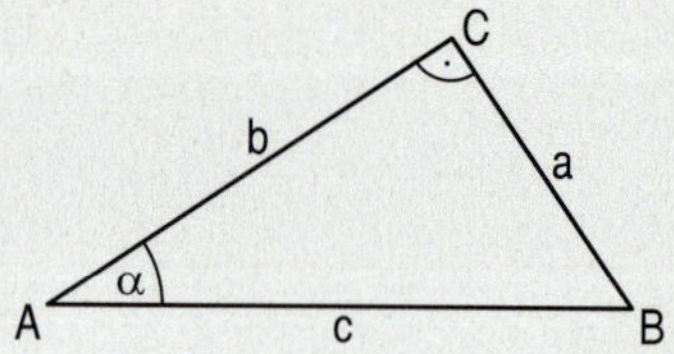

1. Gib das gesuchte Seitenverhältnis an.

a) $\sin\alpha =$ ■

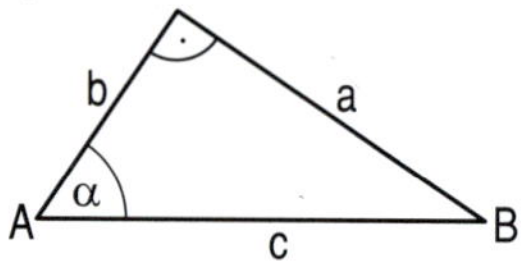

b) $\sin\alpha =$ ■

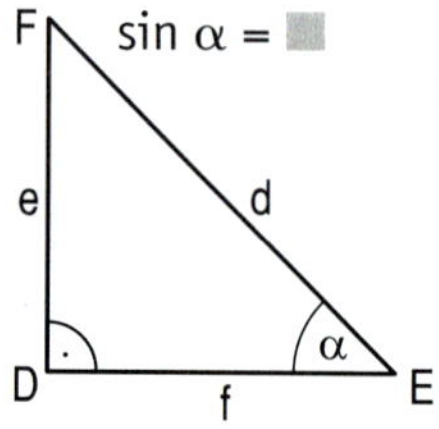

c) $\sin\alpha =$ ■

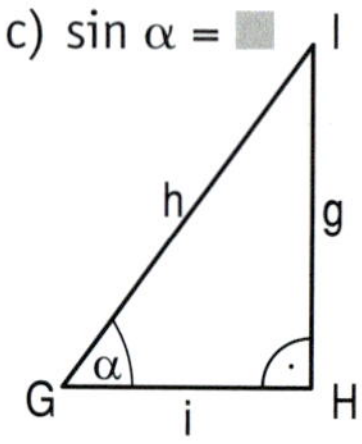

Die Winkelfunktionen heißen auch **trigonometrische** Funktionen, das Rechnen mit ihnen wird als **Trigonometrie** bezeichnet. Das Wort kommt aus dem Griechischen und bedeutet „Dreiecksmessung".

2. Gib die gesuchten Seitenverhältnisse an.

a) $\sin\alpha =$ ■; $\sin\beta =$ ■

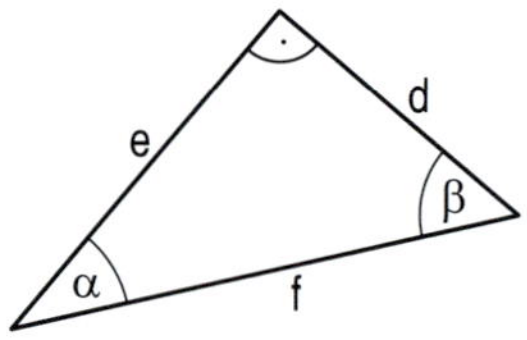

b) $\sin\alpha =$ ■; $\sin\beta =$ ■

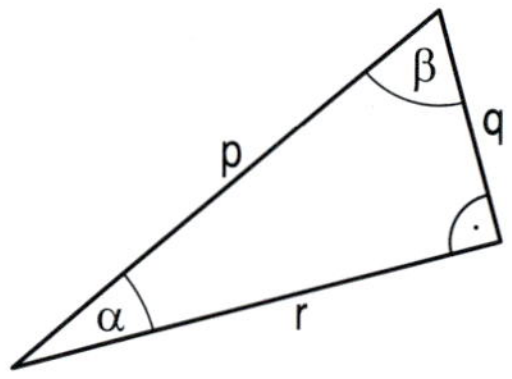

c) $\sin\alpha =$ ■; $\sin\beta =$ ■

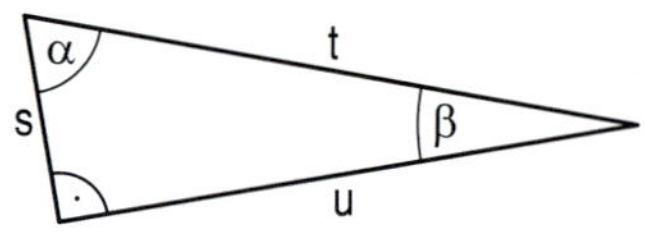

3. Berechne die fehlenden Seiten.

a)

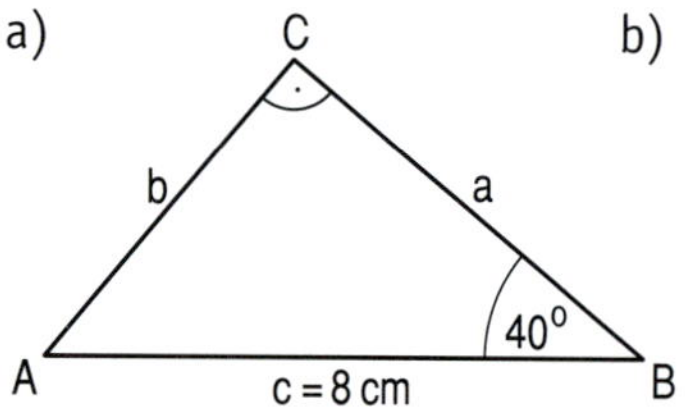

b)

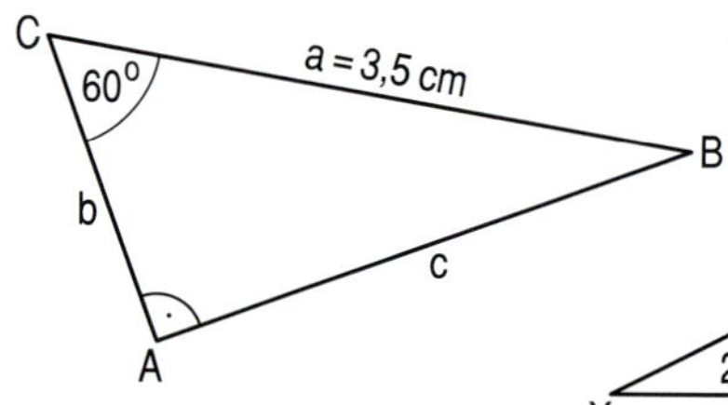

c)

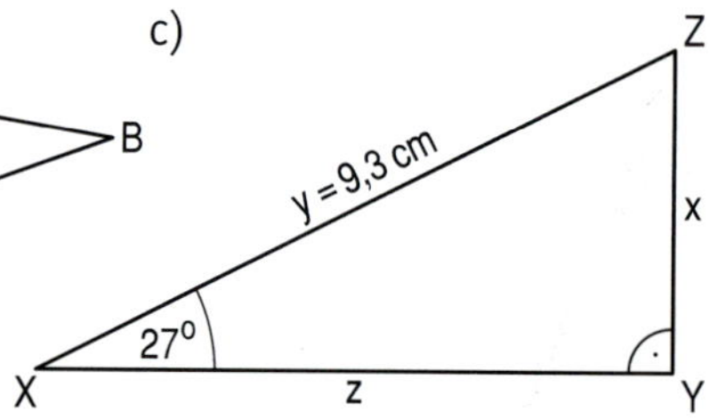

4. Eine 5 m lange Leiter wird so an eine Hauswand gelehnt, dass der Winkel zwischen Leiter und Boden 70° beträgt. Fertige eine Zeichnung an und berechne, bis in welche Höhe die Leiter an der Hauswand reicht.

5. Eine Bahn steigt auf einer Streckenlänge von 650 m unter 2,5° Neigungswinkel. Danach steigt sie auf 530 m unter einem Winkel von 3,5°. Um wie viel Meter steigt sie im Ganzen? Runde das Endergebnis auf Meter.

LVL **6.** Ein Flugzeug startet mit einem durchschnittlichen Steigungswinkel von 7°. Welche Flugstrecke hat es zurückgelegt, wenn es eine Höhe von 555 m erreicht hat?

LVL **7.** Julika sagt: „Egal, wie steil ein Weg ist, die zurückgelegte Strecke ist immer mehr als der Gewinn an Höhe." Überlegt in Partnerarbeit, ob das stimmt.

8. Erkläre die Rechenwege der Schüler. Ein Schüler hat falsch gerechnet. Was hat er falsch gemacht?

9. Berechne die Hypotenuse.

a)

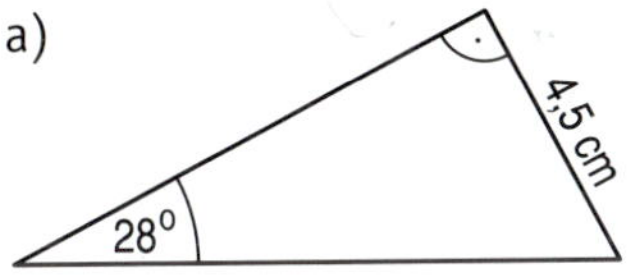

b)

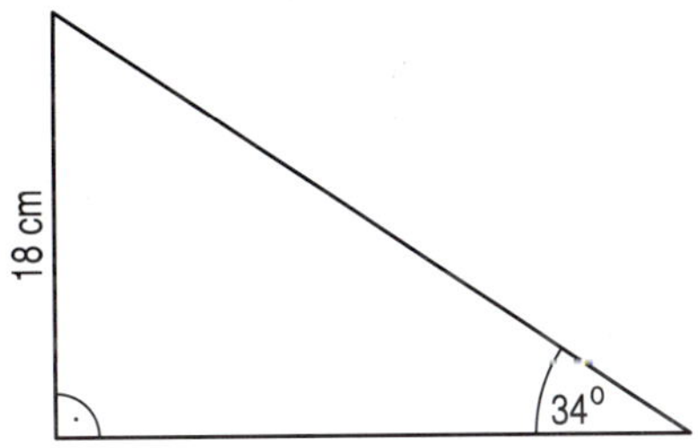

c)

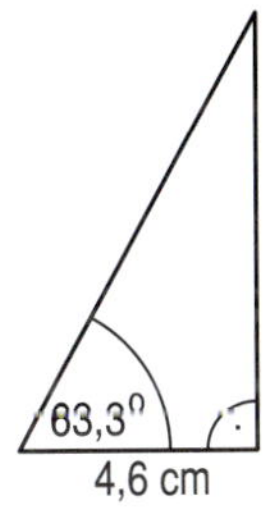

LVL **10.** *Partnerarbeit:* Für den Winkel 35° liefert der Taschenrechner den Sinuswert 0,5736 (gerundet). Wie kann man von dem gegebenen Sinuswert 0,63842 auf den Winkel α kommen, der kleiner als 90° ist und diesen Sinuswert liefert? Probiert mit dem Taschenrechner, stellt eure Lösung vor und formuliert einen Merksatz.

11. Bestimme mit dem Taschenrechner zum Sinuswert den Winkel α. Runde auf ganze Grad.

a) $\sin\alpha = 0{,}9976$ b) $\sin\alpha = 0{,}8090$ c) $\sin\alpha = 0{,}2419$ d) $\sin\alpha = 0{,}9781$

e) $\sin\alpha = 0{,}5878$ f) $\sin\alpha = 0{,}6947$ g) $\sin\alpha = 0{,}5230$ h) $\sin\alpha = 0{,}1219$

12. Berechne die Winkel α und β.

a)

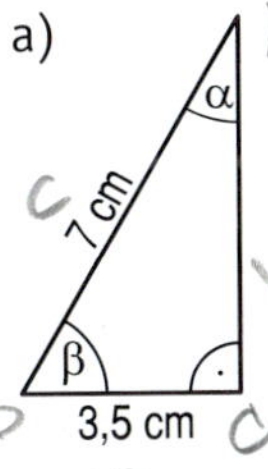

b)

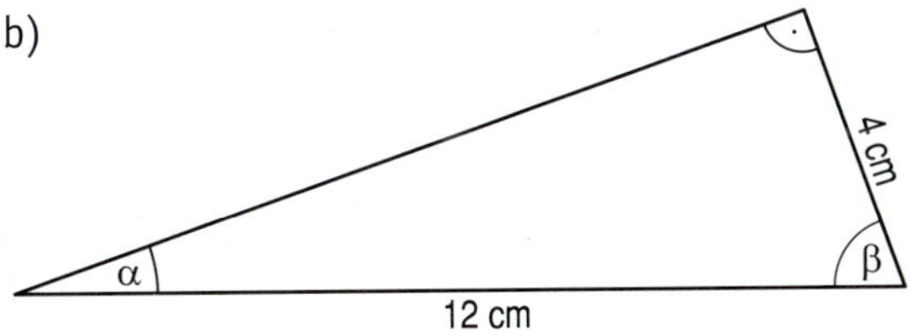

c)

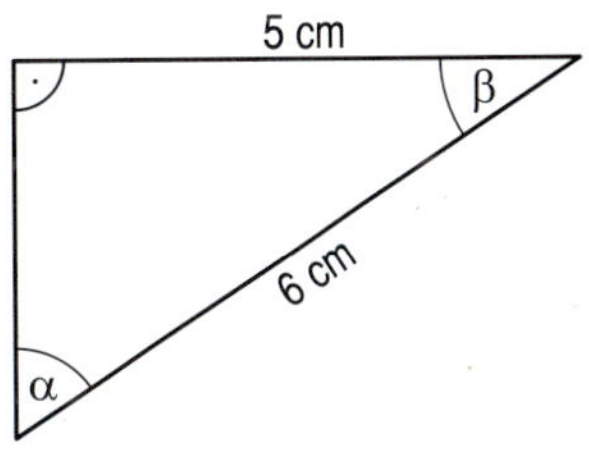

13. Durch eine Seilbahn wird ein Höhenunterschied von 1 075 Metern überwunden. Die Seillänge beträgt 1 500 m. Wie groß ist der durchschnittliche Steigungswinkel der Seilbahn?

14. Eine Leiter mit 7,5 m Länge lehnt in der Höhe von 6,5 m an der Wand. Bestimme den Winkel zwischen Leiter und Hauswand.

15. Zeichne das Dreieck mit den folgenden Angaben und berechne die gesuchten Seiten und Winkel.

a) $h_c = 3$ cm $\alpha = 40°$ $a = 5$ cm,   gesucht: b und β.

b) $b = 5$ cm $\alpha = 90°$ $c = 8$ cm,   gesucht: β und γ.

Berechnungen mit der Kosinusfunktion

In allen bei C rechtwinkligen Dreiecken, die in einem weiteren Winkel α übereinstimmen, ist das Verhältnis $\frac{b}{c}$ gleich. Es hat den Wert $\cos \alpha$.

$\cos \alpha = \dfrac{\textit{Ankathete von } \alpha}{\textit{Hypotenuse}}$ $\qquad$ $\cos \alpha = \dfrac{b}{c}$

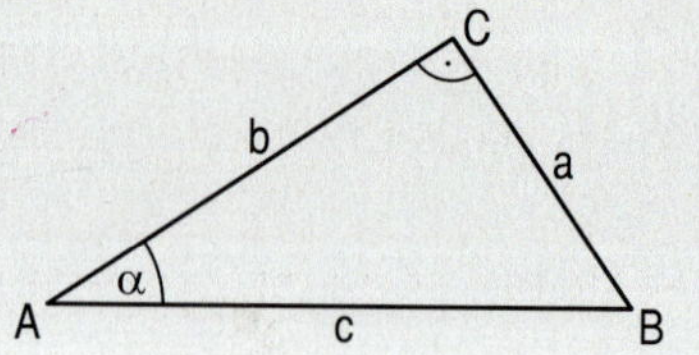

1. Berechne die rot gezeichnete Seite.

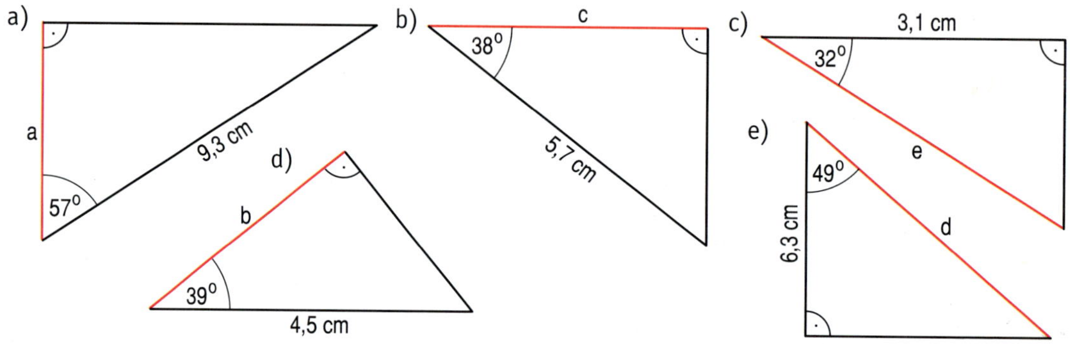

2. LVL *Partnerarbeit:* Ein Flugzeug hat nach dem Start eine Flugstrecke von 4 252 m zurückgelegt. Es ist 4 200 m vom Flughafen entfernt. Unter welchem Steigungswinkel ist das Flugzeug gestartet? Stellt eure Lösung in der Klasse vor.

3. Bestimme α auf ganze Grad. a) $\cos \alpha = 0{,}3765$ b) $\cos \alpha = 0{,}7253$ c) $\cos \alpha = 0{,}1354$

4. Berechne die beiden spitzen Winkel des Dreiecks.

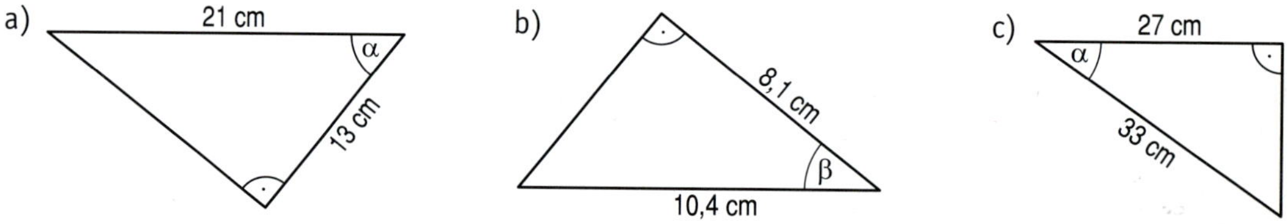

5. In einem 2,60 m hohen Zimmer lehnt eine 2,80 m lange Latte so an der Wand, dass sie die Decke berührt. Wie groß ist der Winkel zwischen Wand und Latte?

6. Ein Haus mit Satteldach ist b = 9,6 m breit und hat Sparren von der Länge l = 7,8 m, die an der Dachtraufe 0,3 m überstehen. Bestimme den Neigungswinkel der Sparren und die Dachhöhe.

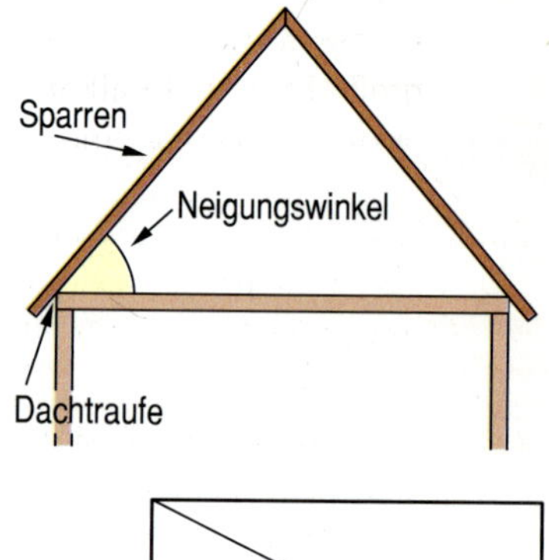

7. Ein Damm ist an der Krone k = 4,5 m breit. Die Böschung ist auf beiden Seiten (in der Falllinie) l = 5,6 m lang und unter $\alpha = 38°$ geneigt. Wie breit ist der Damm an der Sohle?

8. In einem Rechteck mit der Breite b = 4 cm ist die Diagonale e = 9 cm lang. Berechne die Winkel α und β. Berechne die Seite a.

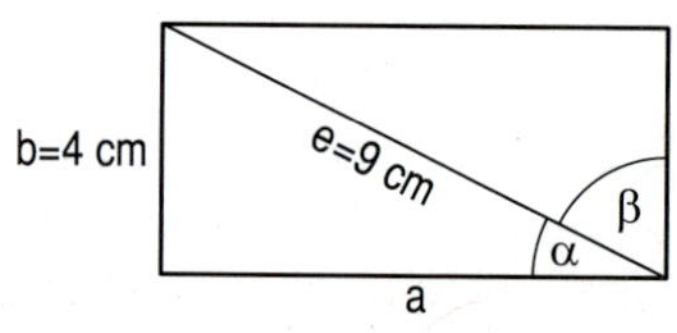

9. Welchen Neigungswinkel hat ein Abhang von der Länge l = 320 m, wenn er auf der Karte (1 : 25 000) 11 mm misst?

Berechnungen mit der Tangensfunktion

In allen bei C rechtwinkligen Dreiecken, die in einem weiteren Winkel α übereinstimmen, ist das Verhältnis $\frac{a}{b}$ gleich. Es hat den Wert tan α.

$$\tan\alpha = \frac{\text{Gegenkathete von }\alpha}{\text{Ankathete von }\alpha} \qquad \tan\alpha = \frac{a}{b}$$

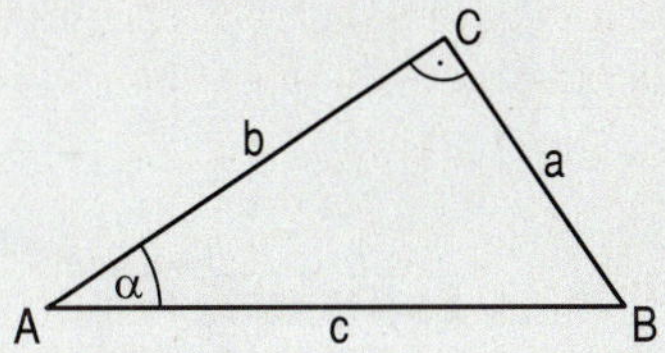

1. Zeichne das Dreieck, miss die Katheten und Winkel. Überprüfe deine Messungen durch Rechnung.

a)
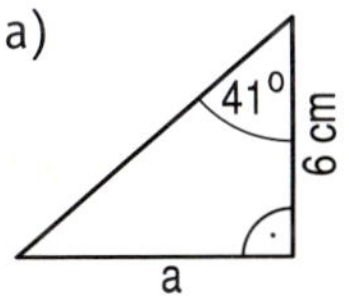

b)
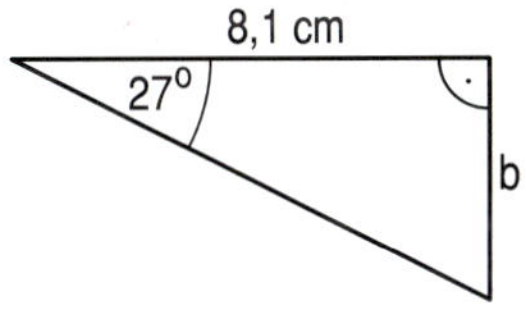

c)
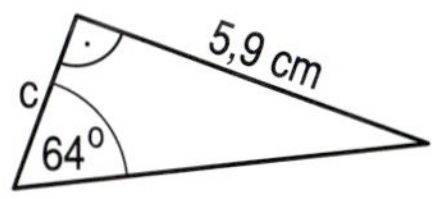

d)
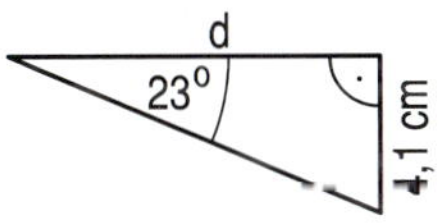

e)
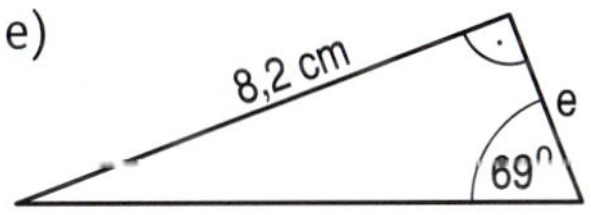

f)
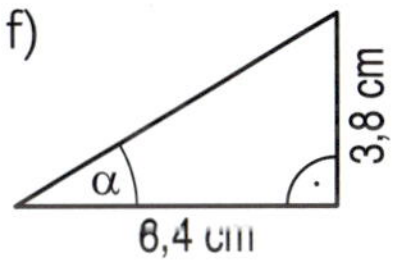

LVL **2.** Ein Flugzeug hat kurz nach dem Start eine Höhe von 700 m erreicht. Es befindet sich 5 000 m vom Flughafen entfernt. Mit welchem Neigungswinkel ist das Flugzeug gestartet? Überlege mit deinem Nachbarn, und stellt die Lösung vor.

3. Gib den Winkel $\alpha < 90°$ an, der zu folgenden Tangenswerten gehört (runde auf ganze Grad):
a) $\tan\alpha = 0{,}6494$ b) $\tan\alpha = 0{,}9657$ c) $\tan\alpha = 1{,}600$ d) $\tan\alpha = 3{,}732$ e) $\tan\alpha = 9{,}514$

4. Eine Leiter reicht bis zu einer Höhe von 5 m. Wie weit steht die Leiter von der Wand entfernt, wenn der Anstellwinkel 55° beträgt?

5. Um die Höhe eines Turmes zu ermitteln, wird von einem Punkt aus, der 41 m vom Fußpunkt des Turmes entfernt ist, die Spitze des Turmes unter einem Winkel von 25,5° gesehen. Die Augen des Betrachters sind in einer Höhe von 1,5 m.

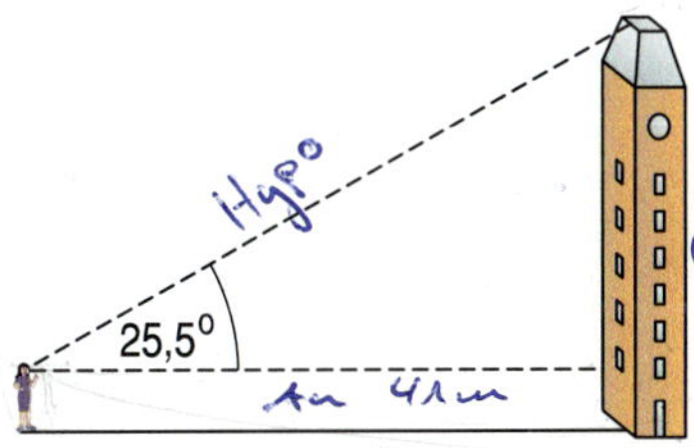

6. Von einem 10 m hohen Balkon wird ein Turm angepeilt. Vom Fußpunkt des Turmes bis zu dessen Spitze ist der Peilwinkel 78° groß. Turm und Balkon sind in Luftlinie 87 m voneinander entfernt. Fertige eine Skizze an und berechne die Höhe des Turmes.

LVL **7.** Zeichne das Dreieck mit den Koordinaten A(−2|−1), B(3|1), C(−1|3) in ein Koordinatensystem (Längeneinheit 1 cm). Berechne die Seitenlängen und den Umfang des Dreiecks, dann die Winkel des Dreiecks und schließlich den Flächeninhalt.

8. Wird Sand oder anderes Material aufgeschüttet, bildet sich ein sogenannter Schüttwinkel. Er beträgt bei Zement 40°, bei trockener Erde 35°, bei feuchter Erde 25°.

a) Berechne jeweils die Höhe des Schüttkegels bei einem Durchmesser von 20 m.

b) Wie groß ist das Volumen des jeweiligen Kegels?

LVL **Steigungen in Prozent**

1.

100% = 1! Welchen Steigungswinkel hat ein Berghang mit der Steigung 100%?

2. Mit welchem Steigungswinkel muss man bei diesem Schild rechnen?

3. Der Loibl-Pass in Kärnten (Österreich) hatte vor dem Bau eines Tunnels max. 29 % Steigung, danach nur noch max. 17 % Steigung. Um wie viel Grad hat sich der maximale Steigungswinkel verkleinert?

4.

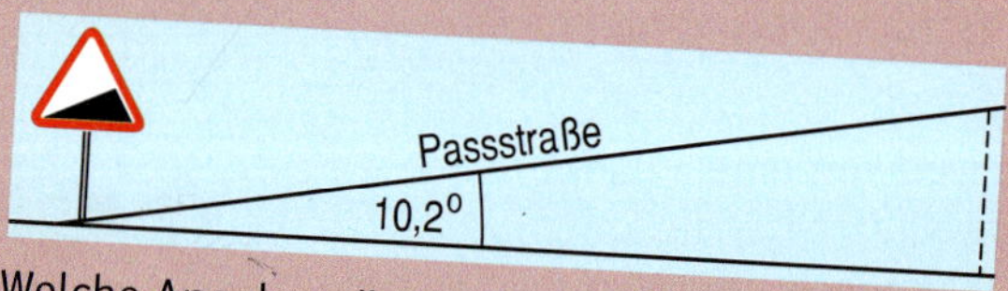

Welche Angabe müsste auf dem Warnschild stehen?

5. Die Nachbarn Australiens, die Neuseeländer, haben im Ort Dunedin die wohl steilste Straße der Welt mit 35% Steigung. Berechne den Steigungswinkel.

6. Bei Schienen der Bundesbahn ist auf Hauptstrecken nur ein Steigungswinkel von max. 1,5° und auf Nebenstrecken von max. 2,3° zulässig. Wie viel Prozent Steigung ist das jeweils? Wie lang muss eine Hauptstrecke mindestens sein, wenn sie einen Höhenunterschied von 300 m überwinden soll?

7. Europas steilste Bahnstrecke ist eine Schmalspurstrecke in Chamonix in Frankreich mit der Steigung $m = \frac{1}{11}$. Gib die Steigung in Prozent und in Grad an.

Vermischte Aufgaben

1. Ulli hat das abgebildete Peildreieck hergestellt, um die Höhe von Gebäuden bestimmen zu können. Er steht so weit vom Objekt entfernt, dass er genau dessen Spitze anpeilt. Danach misst er seine Entfernung zum Gebäude.

a) Die Spitze eines Hochhauses peilt er bei einer Entfernung von 45 m an. Wie hoch ist es?

b) Wie weit müsste Ulli sich von einem 212 m hohen Turm entfernen, um ihn genau anpeilen zu können?

2. a) Für das Fliegen hinter dem Motorboot wird eine 120 m lange Leine verwendet. Wie hoch fliegt die Person hinter dem Motorboot, wenn der Winkel zwischen der straffen Leine und der Wasseroberfläche 40° beträgt? Runde auf m.

b) Bei einer 120 m langen Leine soll die Person nicht höher als 25 m über dem Wasser fliegen. Wie groß darf der Anstiegswinkel der Leine höchstens sein?

c) Bei Vollgas des Motorbootes wird für die Leine ein Anstiegswinkel von 46° erreicht. Wie lang muss die Leine sein, damit die Person in 80 m Höhe fliegt?

3. Ein Flugzeug startet unter einem gleich bleibenden Winkel. Es überfliegt eine 8 km vom Startplatz entfernte Hütte in 2 350 m Höhe.

a) Berechne den Winkel für den Steigflug.

b) Welchen Weg hat das Flugzeug bis zu der Stelle zurückgelegt, an der es die Hütte überfliegt?

c) Nach welcher Flugstrecke sind 10 km Höhe erreicht?

LVL **4.**

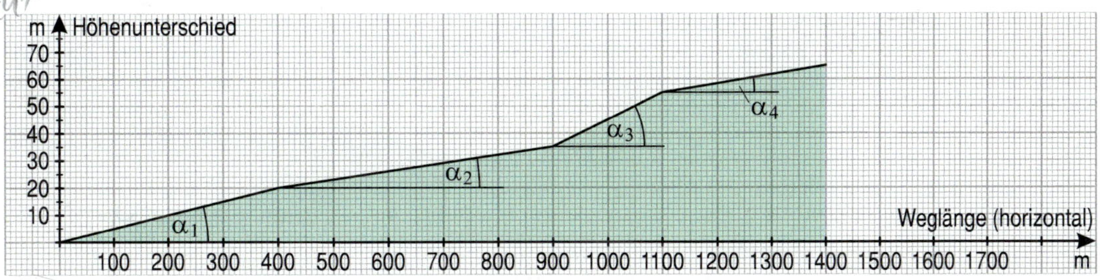

Die Grafik zeigt das Profil einer Bergstraße, die in vier Abschnitten unterschiedlich steil verläuft.

a) Berechne für jeden Abschnitt den Steigungswinkel und stelle dein Ergebnis sowie deinen Rechenweg in der Klasse vor.

b) Unter welchem Steigungswinkel würde eine Straße nach 1 400 m denselben Höhenunterschied erreicht haben, wenn sie auf der gesamten Länge gleich steil verliefe? Erkläre deine Lösung.

5. Das Dreieck ABC hat die angegebenen Stücke. Konstruiere und berechne fehlende Seiten und Winkel.

a)	b)	c)	d)	e)
$\gamma = 90°$	$\beta = 90°$	$\alpha = 90°$	$\gamma = 90°$	$\alpha = 90°$
a = 4,2 cm	c = 14 cm	$\gamma = 40{,}3°$	b = 7,1 cm	b = 4,7 cm
c = 5,8 cm	a = 22 cm	a = 9,5 cm	c = 9,6 cm	c = 6,8 cm

6.

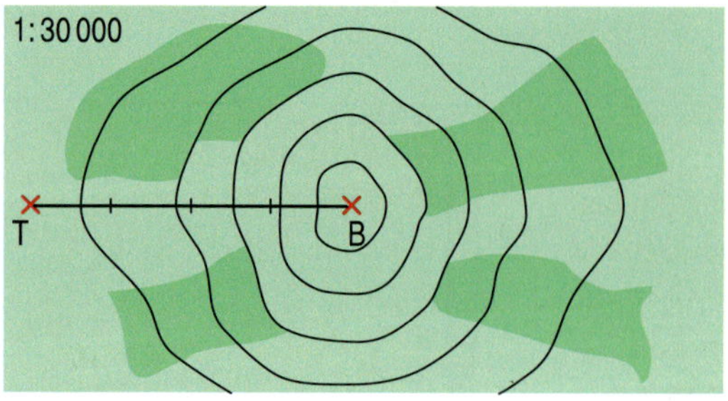

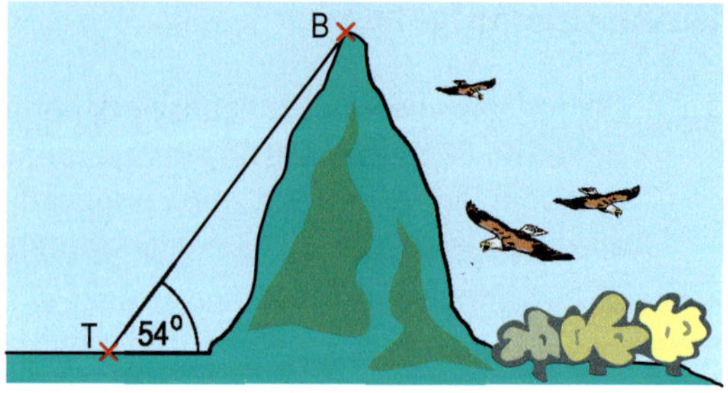

Talstation T und Bergstation B einer Seilbahn auf einer Landkarte und in Seitenansicht:

a) Wie groß ist die horizontale Entfernung von Talstation und Bergstation?

b) Wie groß ist der Höhenunterschied zwischen Talstation und Bergstation?

c) Welchen Weg legt die Gondel der Seilbahn zwischen Tal- und Bergstation zurück?

7. Abgebildet ist das gleichschenklige Dreieck ABC. Berechne die Länge der Seite c.

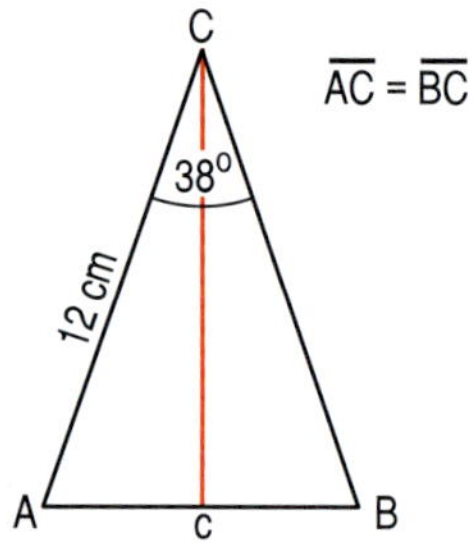

8. Bei einem Dreieck gilt a = b. Die Seite c ist 14 cm lang, der Winkel α misst 51°. Wie lang sind die Seiten a und b?

9. In einem gleichschenkligen Dreieck sind zwei Seiten 8,5 cm lang und zwei Winkel 41° groß. Wie lang ist die dritte Seite?

10. Ein gleichschenkliges Trapez hat folgende Maße: a = 24 cm, b = d = 9 cm, c = 10 cm. Berechne den Winkel α und die Höhe des Trapezes.

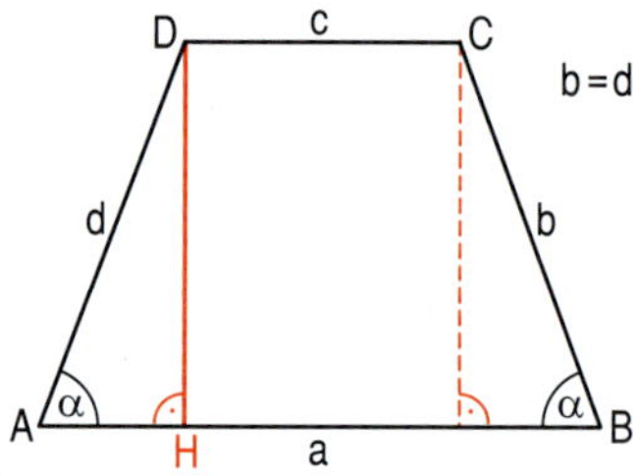

11. Im gleichschenkligen Trapez (b = d) sind folgende Maße bekannt: $\alpha = 57°$, h = 9 cm, c = 10 cm. Berechne den Umfang.

12. Das ist der Querschnitt eines Deiches. Berechne

a) den Böschungswinkel α,

b) die Länge b der Böschung zur Landseite und die Länge a der Böschung zur Seeseite,

c) die gesamte Sohlenlänge c des Deiches.

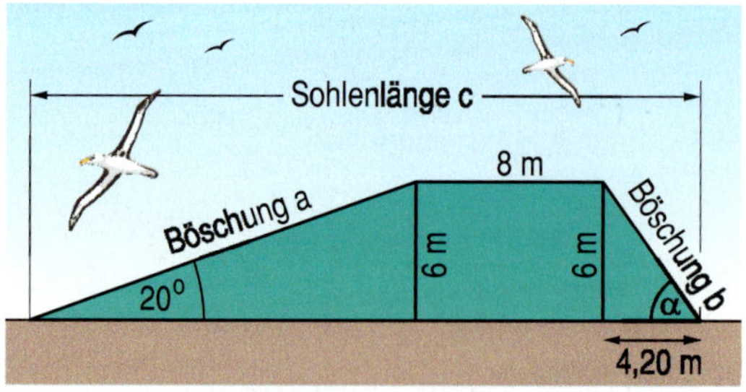

13. Ein gleich geformter Deich wie in der Abbildung neben A12 ist 7 m hoch und oben 10 m breit. Die Böschung a ist 24 m, die Böschung b 9,50 m lang. Berechne die Böschungswinkel zur Seeseite und zur Landseite sowie die gesamte Sohlenlänge.

LVL **14.** In der Seefahrt benutzt man Peilungen, um Entfernungen zu berechnen. Außerdem wird nicht in Kilometern, sondern in Seemeilen (sm) gerechnet.

a) Berechne die Entfernungen zum Leuchtturm.

b) Wie weit ist das Schiff nach weiteren 2,5 sm Fahrt mit Kurs nach Osten vom Leuchtturm entfernt?

Stelle deine Lösungen zu a) und zu b) in der Klasse vor.

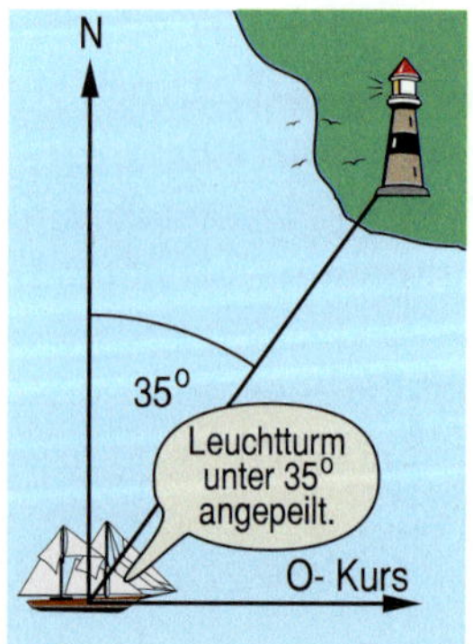

Berechnungen an Körpern

1. Berechne das Volumen des abgebildeten Werkstückes.

a)

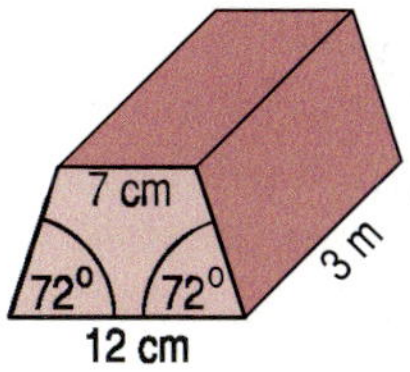

b)

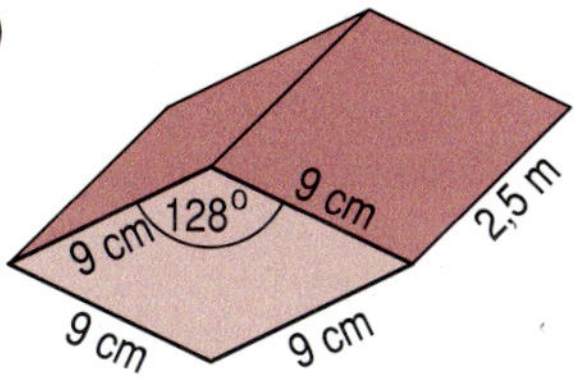

c)

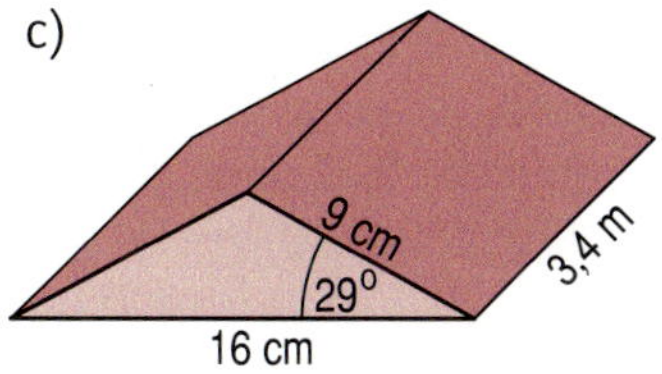

d)

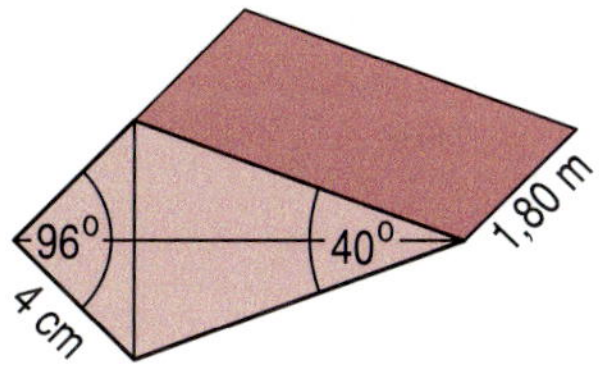

e)

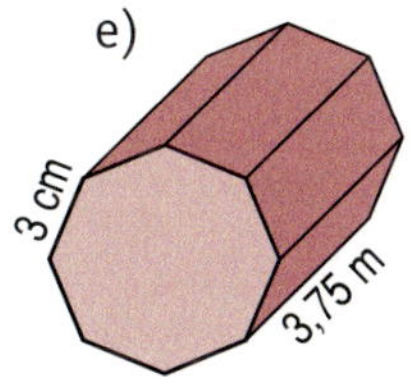

f)

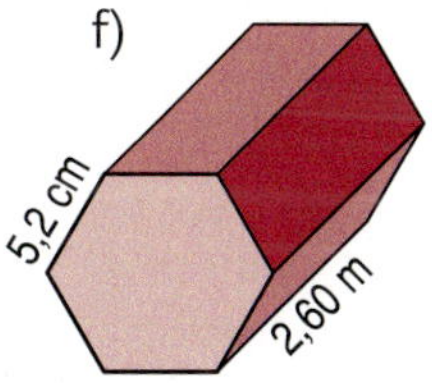

2. Berechne von den Größen h_K, r, s die jeweils fehlenden Größen des Kegels.

a)

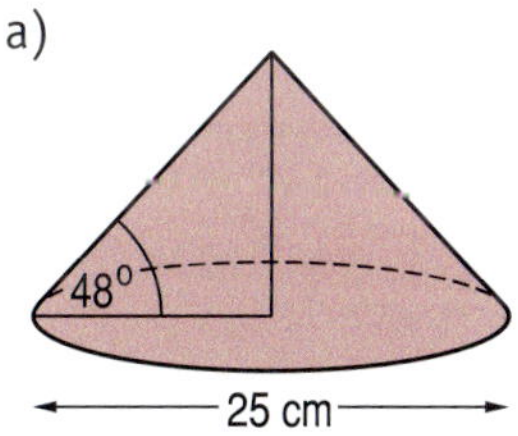

b)

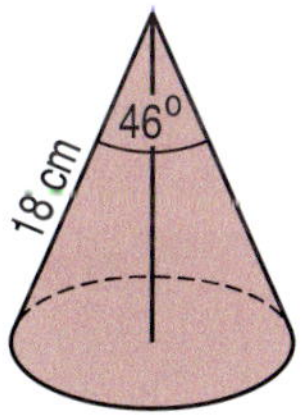

c)

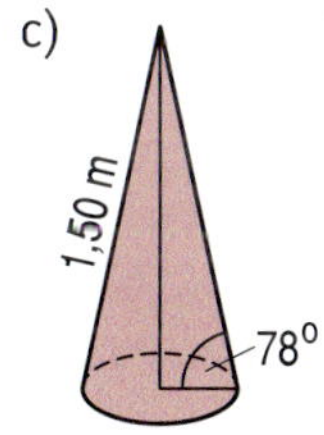

d)

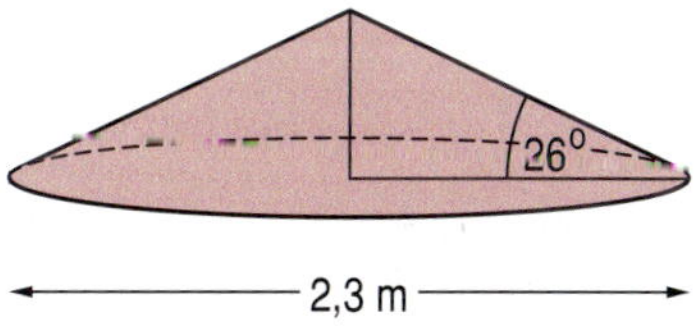

3. Die Seitenkante s der Pyramide ist 45 cm lang. Der Winkel α zwischen s und a misst 65°, der Winkel β zwischen h_s und der Grundfläche der Pyramide ist 62,2° groß. Berechne
- die Länge der Grundkante a,
- die Länge der Seitenhöhe h_s,
- die Länge der Grundflächendiagonale (Pythagoras)
- die Größe des Winkels γ,
- die Körperhöhe h_K der Pyramide,
- die Oberfläche der Pyramide.

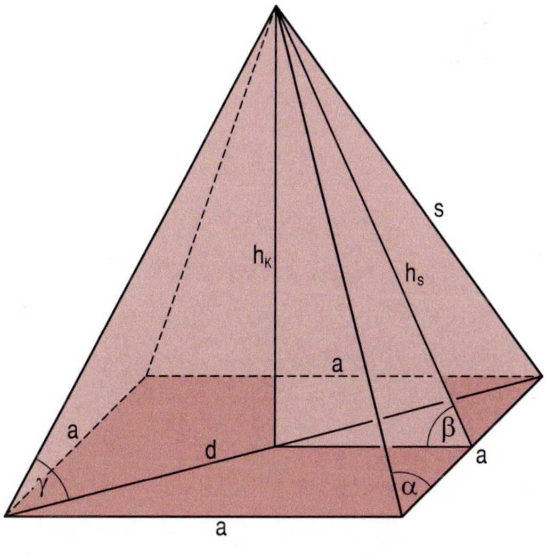

4. Die 136 m hohe Cheopspyramide hat eine Grundkantenlänge von 227 m. Mit welchen Winkeln gegenüber dem Boden sind die Seitenflächen bzw. die Seitenkanten geneigt?

5. Um das Haus vor der Zerstörung durch eine Lawine zu bewahren, wird auf 20 m Länge die abgebildete Betonwand gebaut. Wie viel m^3 Beton werden benötigt?

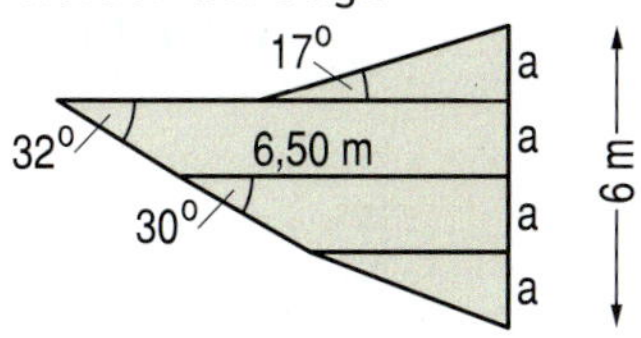

LVL

Überprüfung von Konstruktionsergebnissen durch Rechnung

Bildet Gruppen zu je 3 Schülerinnen und Schülern, wählt einen Pinn-Zettel aus und versucht, das Problem zu lösen. Anschließend setzen sich die Gruppen, die dasselbe Problem gewählt haben, zusammen und vergleichen die Lösungswege. Dann bereiten sie eine Präsentation vor und bestimmen ein Gruppenmitglied, das die Präsentation in der Klasse vorstellt. Die Aufgaben sind unterschiedlich schwer (kein Blitz, ein Blitz, zwei Blitze).

①

Planskizze

Konstruiere ein Dreieck aus
$c = 8{,}3$ cm
$\alpha = 69°$
$\beta = 77°$

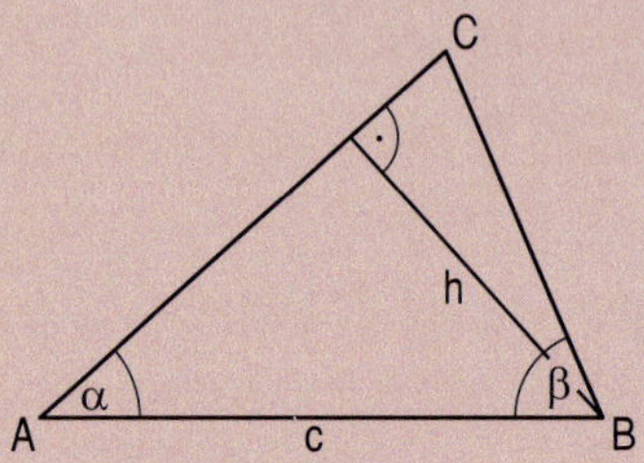

Drei Schülerinnen und Schüler haben das Dreieck mit den angegebenen Maßen konstruiert. Sie messen folgende Längen für Seite a:

$a = 13{,}8$ cm $a = 13{,}9$ cm $a = 14{,}0$ cm

Berechnet zunächst γ, dann h, dann a und erklärt, wer am genauesten konstruiert hat.

② (ein Blitz)

Planskizze

Konstruiere ein Dreieck aus
$c = 5{,}7$ cm
$b = 4{,}8$ cm
$\alpha = 63°$

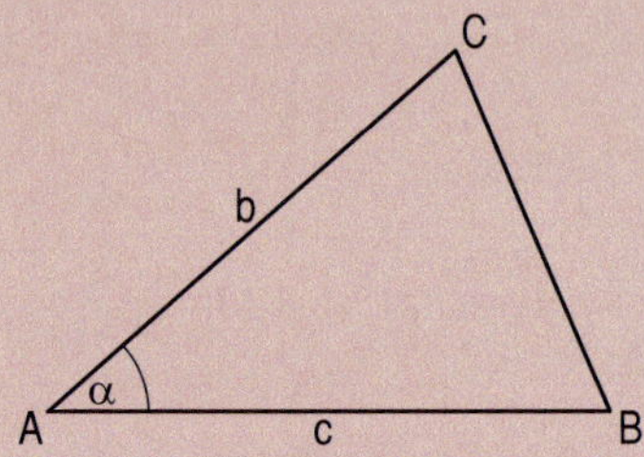

Wird Seite a bei genauer Konstruktion 5,5 cm oder 5,6 cm oder 5,7 cm lang?

Begründet durch Rechnung; zeichnet dafür zunächst die Höhe h_c ein.

③ (zwei Blitze)

Planskizze

Konstruiere ein Dreieck aus
$c = 9{,}3$ cm
$a = 4{,}2$ cm
$\gamma = 117°$

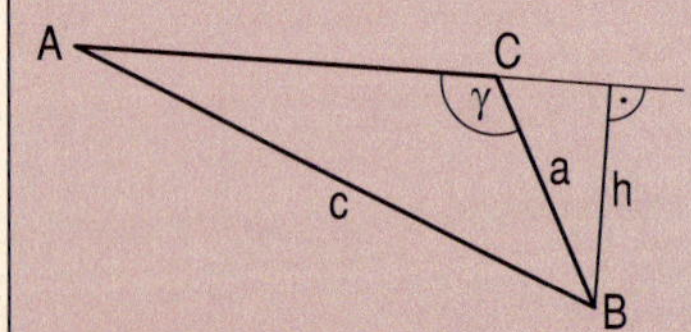

Wie lang müsste die Seite b des Dreiecks bei genauer Konstruktion werden?

Berechnet die Länge von b auf Millimeter genau. Dabei solltet ihr mit der Berechnung einer Höhe beginnen.

④ (zwei Blitze)

Konstruiere ein Dreieck aus
$c = 7$ cm
$a = 6$ cm
$b = 5$ cm

Mirco, Sandra und Heba haben das Dreieck konstruiert und messen folgende Werte für α:

Mirco 55°, Sandra 56°, Heba 57°

Wer hat am genauesten konstruiert? Begründe mit einer Rechnung.

Mathe-Ass Thorsten und seine Schwester Martina beraten sich wie üblich in einer Weise, die für andere kaum verständlich ist.

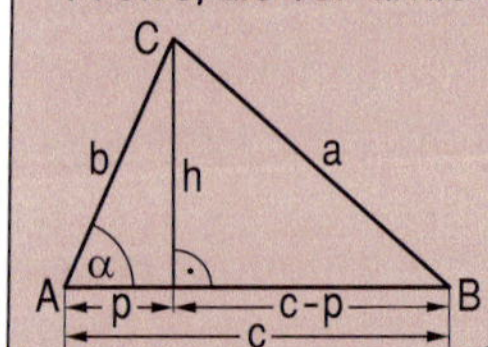

Berechnungen in beliebigen Dreiecken

Um die Winkelfunktionen in einem beliebigen Dreieck anwenden zu können, zerlegt man es durch eine geeignete Höhe in zwei rechtwinklige Dreiecke.

1. Berechne die rot gezeichnete Seite des Dreiecks.

a)

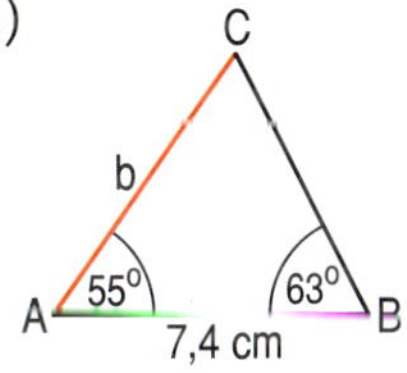

b)

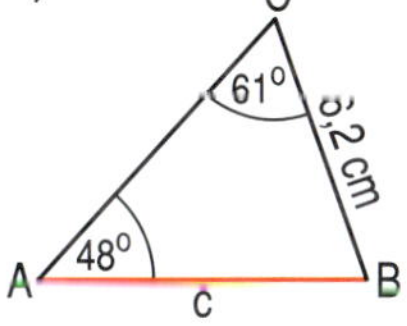

c)

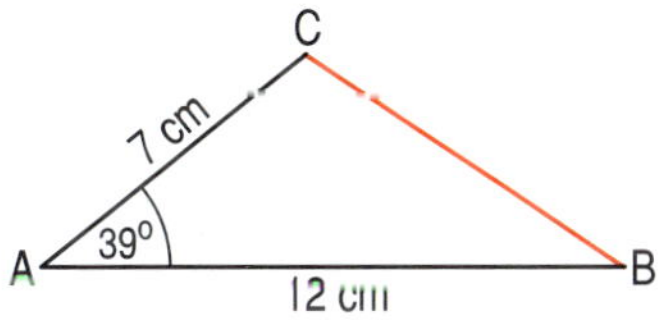

TIPP
Du brauchst:
- Pythagoras
- Winkelsumme
- trigonometrische Funktionen

2. Zeichne das Dreieck mit folgenden Angaben. Berechne die fehlenden Winkel und Seiten.

a) $h_c = 3$ cm, $\alpha = 40°$, $a = 5$ cm
b) $c = 6$ cm, $\alpha = 30°$, $b = 4{,}5$ cm
c) $h_c = 4$ cm, $c = 7$ cm, $b = 6$ cm, $\alpha < 90°$
d) $a = 4$ cm, $c = 9$ cm, $\beta = 79°$

3. Die beiden Basisstationen A und B in der Antarktis liegen 163 km voneinander entfernt. Ein Forscherteam bricht von A in der angegebenen Richtung auf. Nach 124 km Fahrt meldet sich das Team mit einem Notruf. In B ist ein Rettungshubschrauber stationiert. Wie weit und mit welchem Winkel β gegenüber der Strecke $\overline{AB}$ muss der Hubschrauber fliegen?

4. Die Häfen H_1 und H_2 sind 8 km voneinander entfernt. Zur gleichen Zeit beobachten beide Hafenmeister eine rote Leuchtkugel auf See, die offenbar von einem Schiff in Seenot abgefeuert wurde. Die Peilungen sind eingezeichnet.

a) Wie weit ist die Unglücksstelle vom Hafen H_1 bzw. vom Hafen H_2 entfernt?
b) Wie weit ist das Schiff vom Ufer entfernt?

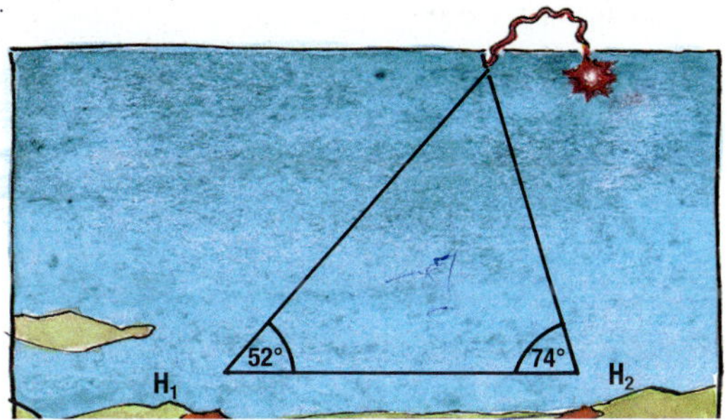

5. Zeichne die zu $y = x + 5$ und $y = -6x - 1$ gehörenden Geraden in ein Koordinatensystem.

a) Bestimme zeichnerisch den Schnittpunkt S der beiden Geraden.
b) Bestimme den Schnittpunkt A der ersten Geraden mit der x-Achse und den Schnittpunkt B der zweiten Geraden mit der y-Achse. Verbinde A, B und S zu einem Dreieck.
c) Berechne vom Dreieck ABS alle Seiten, alle Winkel und den Flächeninhalt.

LVL

Sinussatz und Kosinussatz

Bildet insgesamt 6 Gruppen für die Arbeitsbögen A1, A2, A3, B1, B2 und B3 und bearbeitet jeweils die Aufträge.

A1

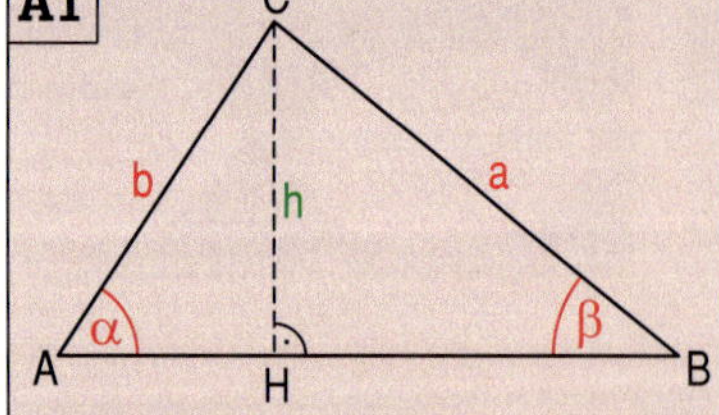

① Bestimmt einen Term für h im Dreieck AHC.

② Bestimmt einen Term für h im Dreieck CHB.

③ Setzt die Terme aus ① und ② gleich.

④ Formt die Gleichung aus ③ so um, dass auf einer Seite $\frac{b}{\sin\beta}$ steht.

A2

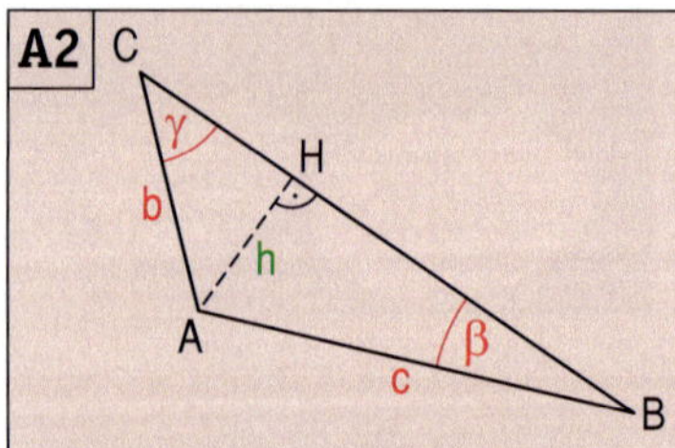

① Bestimmt einen Term für h im Dreieck ABH.

② Bestimmt einen Term für h im Dreieck AHC.

③ Setzt die Terme aus ① und ② gleich.

④ Formt die Gleichung aus ③ so um, dass auf einer Seite $\frac{b}{\sin\beta}$ steht.

A3

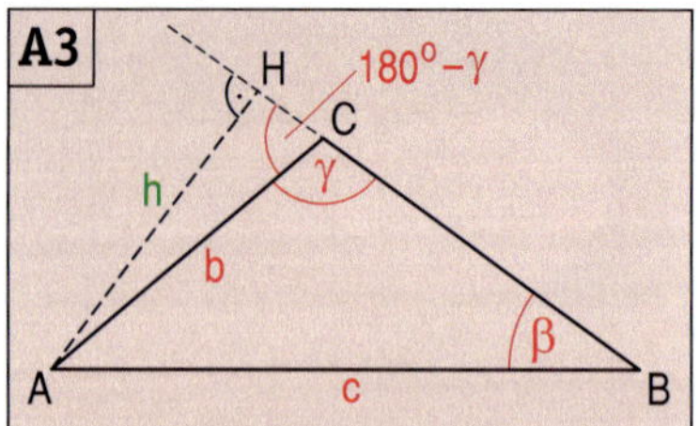

① Bestimmt einen Term für h im Dreieck ABH.

② Bestimmt einen Term für h im Dreieck ACH.

③ Setzt die Terme aus ① und ② gleich.

④ Formt die Gleichung aus ③ so um, dass auf einer Seite $\frac{c}{\sin\gamma}$ (!) steht.

B1

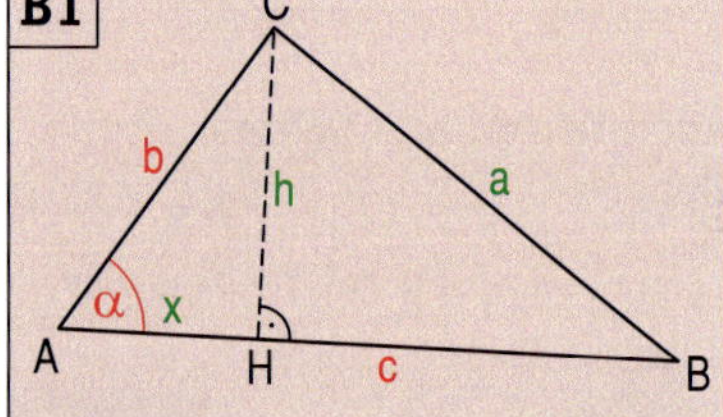

b, c, α sind gegeben, a ist gesucht.

① Bestimme für h^2 mit dem Satz des Pythagoras einen Term im Dreieck AHC.

② Bestimme für h^2 mit dem Satz des Pythagoras einen Term im Dreieck CHB.

③ Setze die Terme aus ① und ② gleich.

④ Löse die Gleichung aus ③ nach a^2 auf und vereinfache.

⑤ Ersetze x durch einen Term mit b und α.

B2

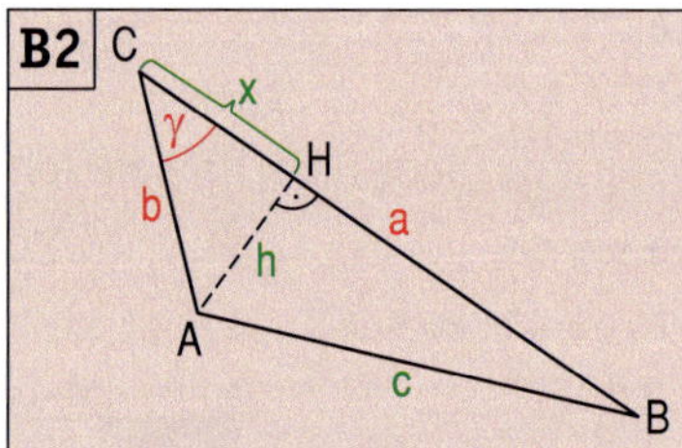

a, b, γ sind gegeben, c ist gesucht.

① Bestimme für h^2 mit dem Satz des Pythagoras einen Term im Dreieck AHC.

② Bestimme für h^2 mit dem Satz des Pythagoras einen Term im Dreieck ABH.

③ Setze die Terme aus ① und ② gleich.

④ Löse die Gleichung aus ③ nach c^2 auf und vereinfache.

⑤ Ersetze x durch einen Term mit b und γ.

B3

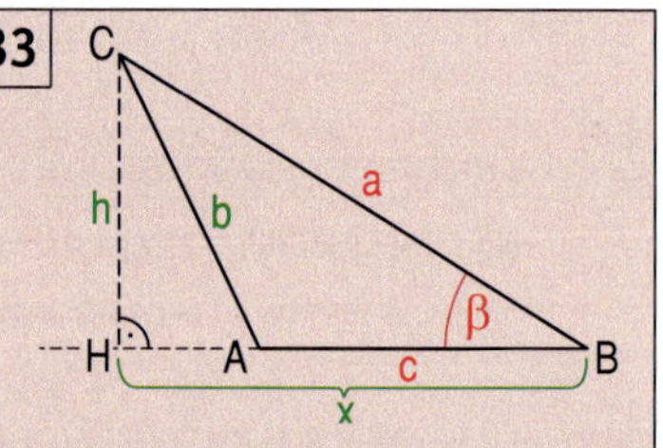

a, c, β sind gegeben, b ist gesucht.

① Bestimme für h^2 mit dem Satz des Pythagoras einen Term im Dreieck HBC.

② Bestimme für h^2 mit dem Satz des Pythagoras einen Term im Dreieck HAC.

③ Setze die Terme aus ① und ② gleich.

④ Löse die Gleichung aus ③ nach b^2 auf und vereinfache.

⑤ Ersetze x durch einen Term mit a und β.

Bildet nun neue Gruppen. Die eine Hälfte der Gruppen ist so zusammengesetzt, dass Mitarbeiterinnen bzw. Mitarbeiter der Arbeitsbögen A1, A2 und A3 jeder Gruppe angehören.
Die andere Hälfte der Gruppen ist so zusammengesetzt, dass Mitarbeiterinnen bzw. Mitarbeiter der Arbeitsbögen B1, B2 und B3 jeder Gruppe angehören.
Erklärt euch gegenseitig, was ihr zuvor erarbeitet habt, und formuliert ein Gesamtergebnis A bzw. B. Stellt dieses Gesamtergebnis der ganzen Klasse vor. Sucht dann in Formelsammlungen nach Sätzen, die diesen Gesamtergebnissen A und B entsprechen.

Vermischte Aufgaben

1. a) Wie lang ist die Strecke a?

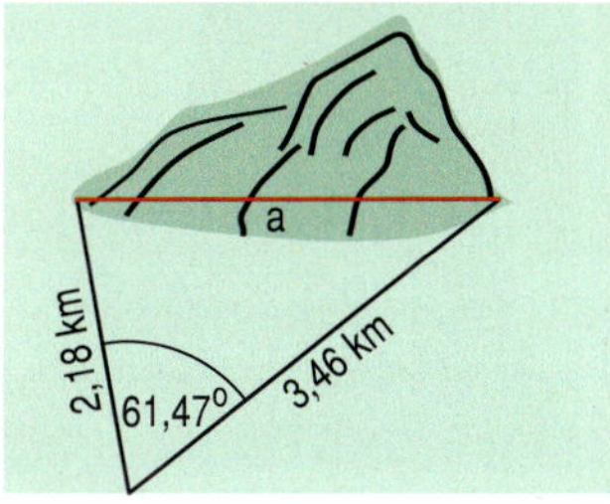

b) Wie lang ist die Strecke x?

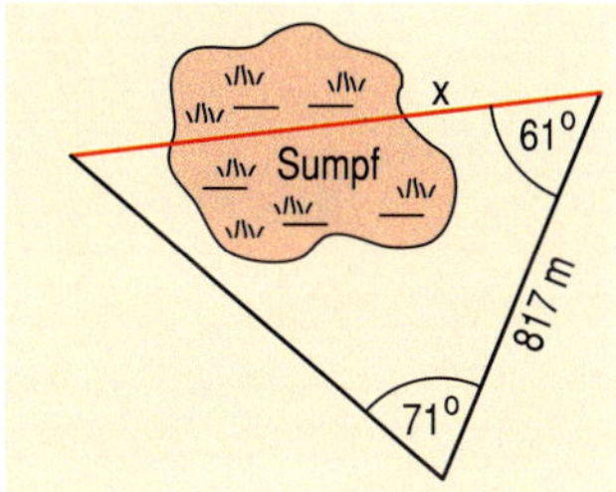

c) Wie groß sind die Winkel?

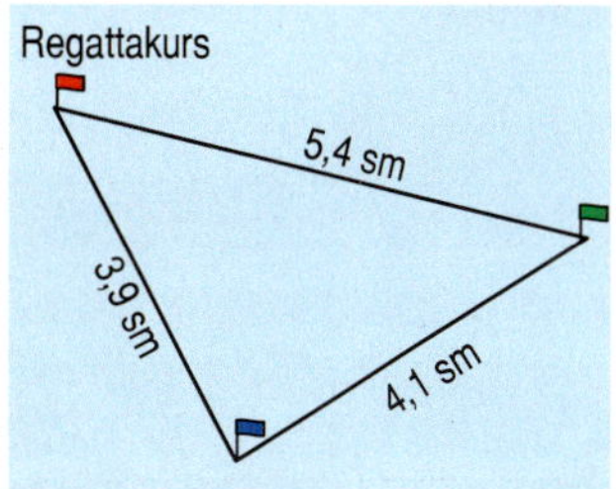

2. Eine Boeing und ein Airbus verlassen den Flughafen über denselben Luftkorridor. Um 12.00 Uhr schwenkt die Boeing auf ihren Reisekurs und um 12.10 an gleicher Stelle der Airbus auf den seinen. Ihre Richtungen unterscheiden sich um den angegebenen Winkel. Bis 13.00 Uhr erreicht die Boeing eine Durchschnittsgeschwindigkeit von 700 $\frac{km}{h}$, der Airbus 600 $\frac{km}{h}$. Wie weit sind die beiden Flugzeuge um diese Uhrzeit voneinander entfernt? Fertige dir zuerst eine Skizze an.

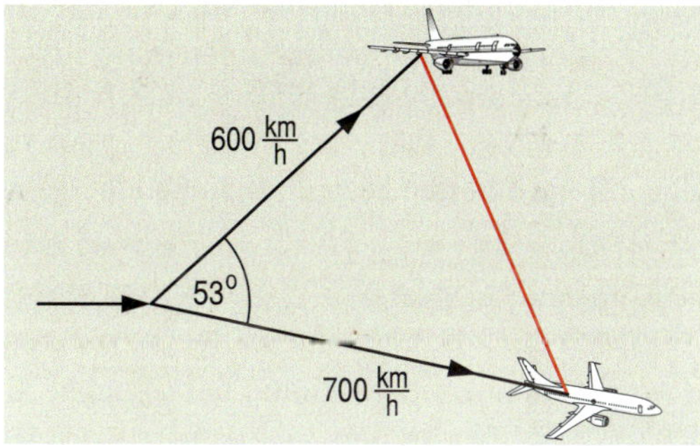

3. Der Hubschrauber fliegt mit einer Geschwindigkeit von 180 $\frac{km}{h}$ und peilt zu den angegebenen Zeiten die Kirchturmspitze an.

a) Welche Strecke ist er in der Zeit zwischen den beiden Peilungen geflogen?

b) Wie weit war er bei der ersten Peilung, wie weit bei der zweiten Peilung von der Kirchturmspitze entfernt? Er ist in konstanter Höhe geflogen.
(*Hinweis:* Zeichne das Dreieck P_1KP_2)

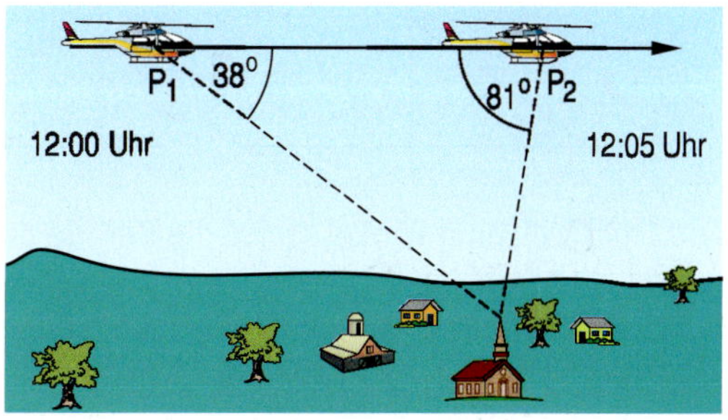

4. Berechne den Flächeninhalt des Dreiecks.

a)

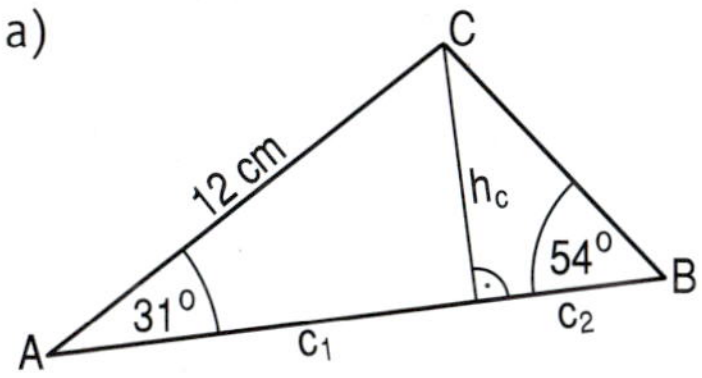

b)

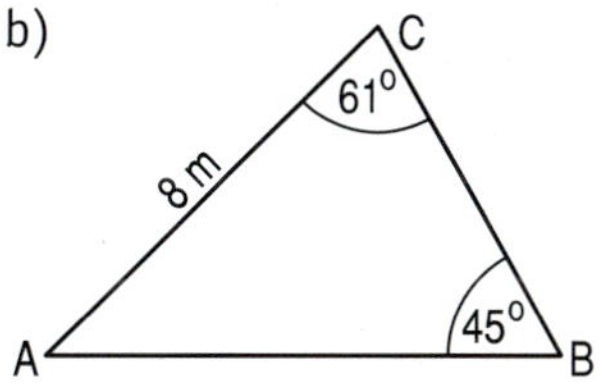

c)

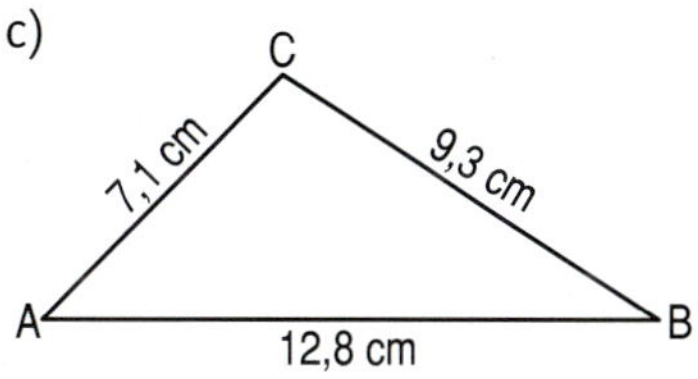

5. Das Gebiet zwischen den drei Straßen wird von einem Investor aufgekauft. Er will die Gartenstadt 2008 mit Doppel- und Reihenhäusern, Einkaufszentrum usw. entstehen lassen.

a) Wie viel m^2 ist das Gebiet groß?

b) Jeder m^2 kostet 8,50 €. Wie teuer ist das Grundstück?

c) Die Erschließung kostet insgesamt 583 795 €. Wie teuer ist die Erschließung pro m^2?

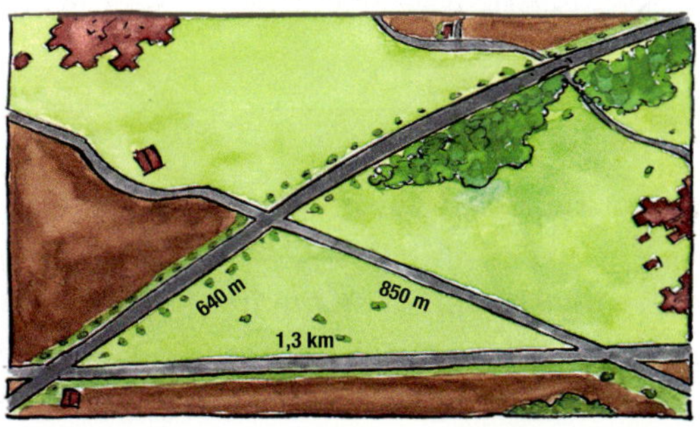

Steigungswinkel einer Geraden

LVL 1. *Partnerarbeit:* Findet heraus, wie der Steigungswinkel einer Geraden und die Steigung m in der dazugehörigen Geradengleichung zusammenhängen und formuliert eine Regel. Hört euch in der Klasse die Regelvorschläge aller Paare an und entscheidet euch für einen Merksatz.

2. Berechne den Steigungswinkel der Geraden mit der angegebenen Gleichung.

a) $y = 3x - 4$ b) $y = 2{,}5x + 1$ c) $y = 0{,}5x - 2{,}6$ d) $y = 5 + 1{,}4x$

e) $y = -1{,}5x + 2$ f) $y = -2{,}1x - 3$ g) $y = -0{,}6x - 4$ h) $y = 3 - 1{,}7x$

3. Bestimme die Gleichung der Geraden. Gib m mit einer Stelle nach dem Komma an.

a)
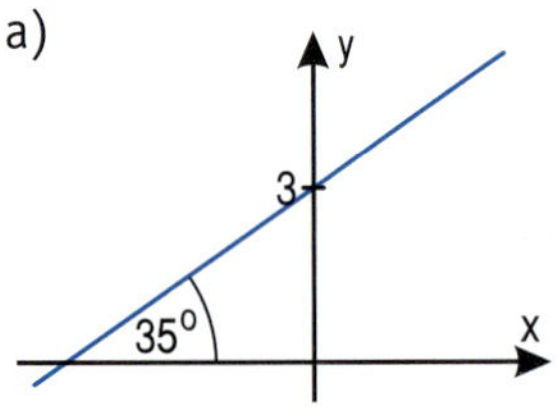

b)
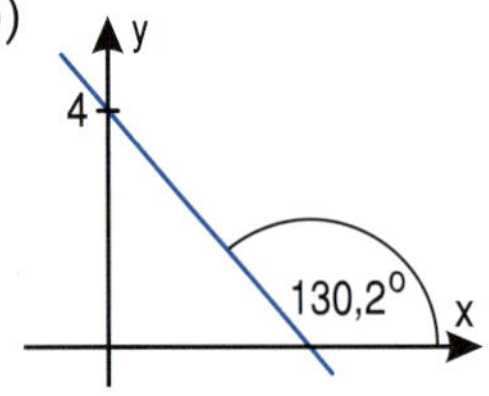

c)
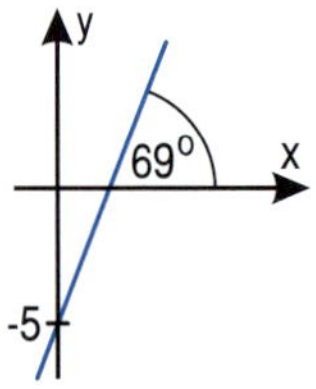

d)
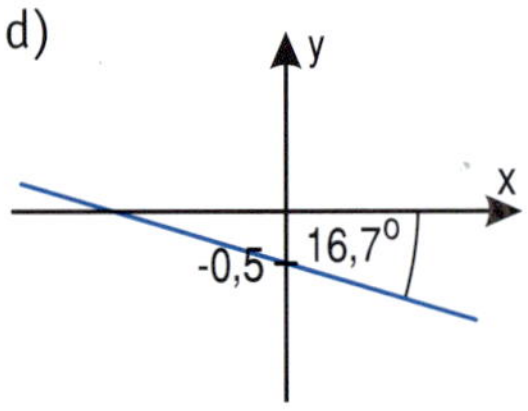

4. Mit welchem Winkel steigt die Gerade durch die Punkte A (−3 | −1) und B (5 | 7) an?

LVL 5. *Gruppenarbeit:* Berechnet vom abgebildeten Dreieck die Länge der Seiten und die Größe der Winkel. Die Einheit im Koordinatensystem ist 1 cm.

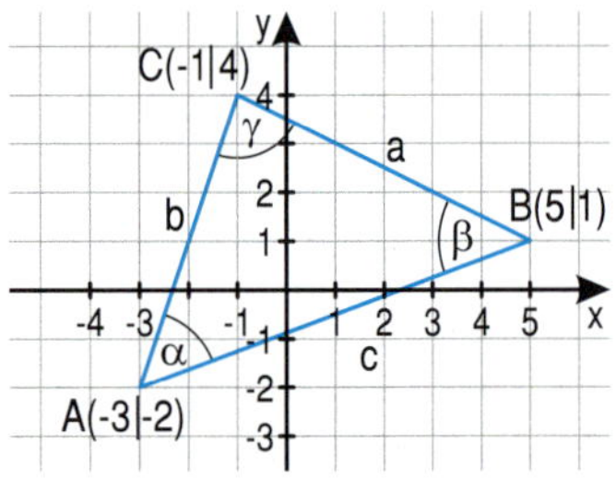

a) Stellt eure Berechnungen auf einer OH-Folie übersichtlich dar, präsentiert die Folie der Klasse und erklärt sie.

b) Den Flächeninhalt eines Dreiecks kann man mit und ohne Trigonometrie berechnen. Stellt zwei mögliche Rechenwege vor.

6. ①
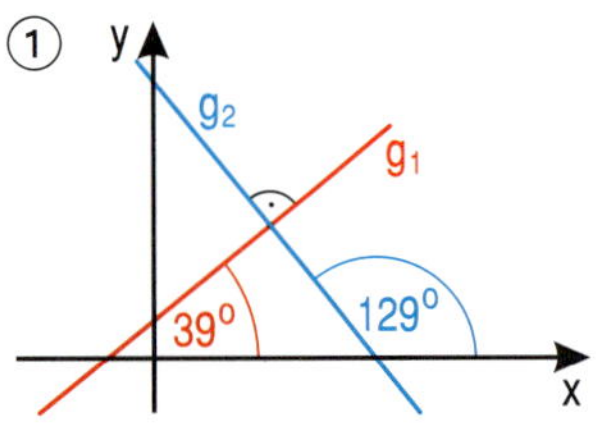

②
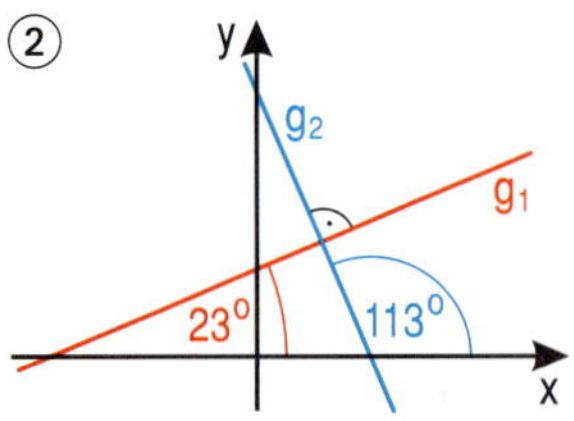

③
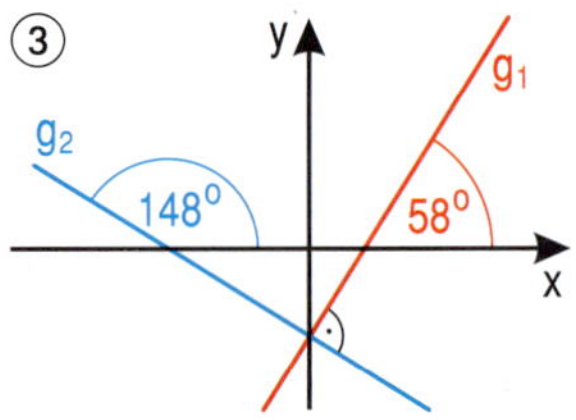

a) Die Geraden g_1 und g_2 sind senkrecht zueinander. Wie erkennt man das an den eingetragenen Winkelmaßen?

b) Bestimme m_1 für g_1 und m_2 für g_2 und berechne $m_1 \cdot m_2$.

c) Erkläre an der nebenstehenden Abbildung: Sind g_1 und g_2 senkrecht zueinander, so gilt $m_1 \cdot m_2 = -1$.

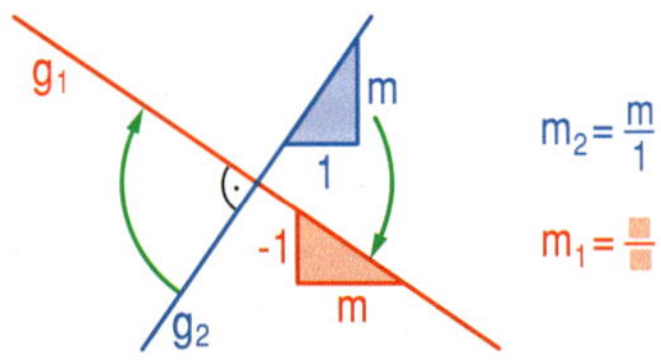

1. Lies am Einheitskreis die Werte ab.

a) Sinus von 15°, 35°, 65°, 80°

b) Kosinus von 23°, 37°, 65°, 85°

c) Tangens von 10°, 34°, 37°, 45°

2. Lies am Einheitskreis den Winkel ab.

a) $\sin\alpha_1 = 0{,}41$ b) $\sin\alpha_2 = 0{,}57$

c) $\cos\beta_1 = 0{,}84$ d) $\cos\beta_2 = 0{,}96$

e) $\tan\gamma_1 = 0{,}45$ f) $\tan\gamma_2 = 0{,}73$

3. Berechne die fehlende Seite (Winkel).

a)

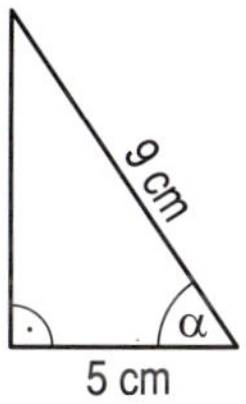

b)

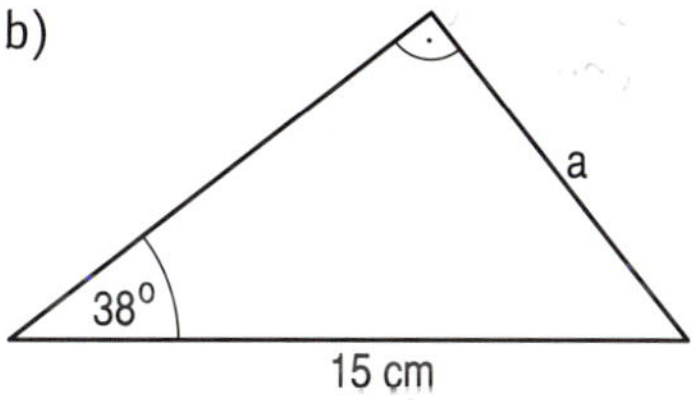

4. Die 4 m lange Diagonale eines Rechtecks bildet mit der längeren Rechteckseite einen Winkel von 20°. Wie lang sind die Rechteckseiten?

5. Berechne die Höhe des Kirchturms.

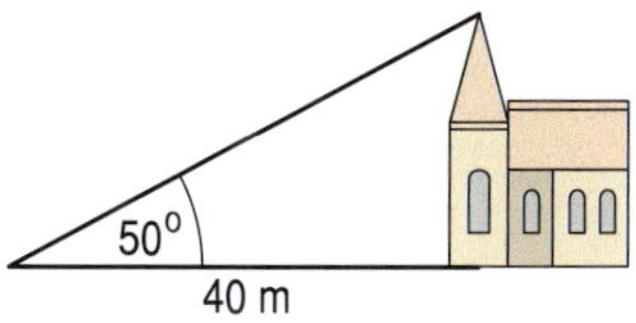

6. Berechne die Höhe h und den Umfang des gleichschenkligen Dreiecks.

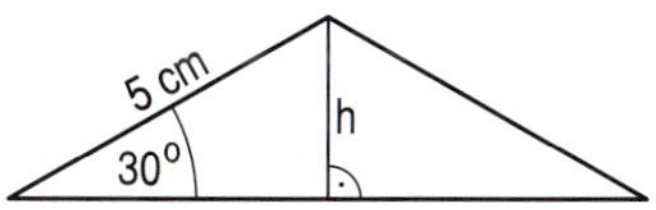

7. Zeichne das Dreieck und berechne die fehlenden Seiten und Winkel des Dreiecks.

a) c = 6 cm; $\alpha = 49°$; $\beta = 72{,}5°$

b) a = 5,5 cm; c = 7,1 cm; $\gamma = 62{,}2°$

c) b = 8 cm; c = 10,2 cm; $\alpha = 66°$

d) a = 8 cm; $h_c = 4$ cm; $\alpha = 118°$

8. Ein Dreieck mit folgenden Eckpunkten ist gegeben: A(0|6), B(−3|1), C(5|7)

a) Zeichne das Dreieck in ein Koordinatensystem (Längeneinheit 1 cm).

b) Miss und berechne die Seitenlängen.

c) Miss und berechne den Winkel α.

Trigonometrische Funktionen am Einheitskreis

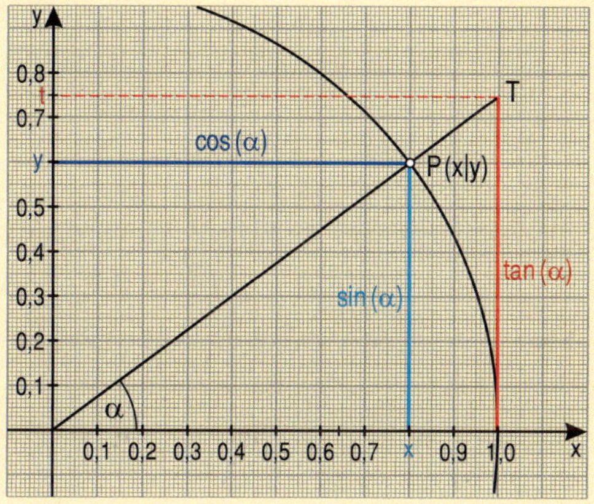

Der Sinus von α ist die y-Koordinate von P.
Der Kosinus von α ist die x-Koordinate von P.

Der Tangens von α ist die y-Koordinate des Schnittpunktes von der Verlängerung des Schenkels von α mit der Tangente am Einheitskreis.

Trigonometrische Funktionen im rechtwinkligen Dreieck

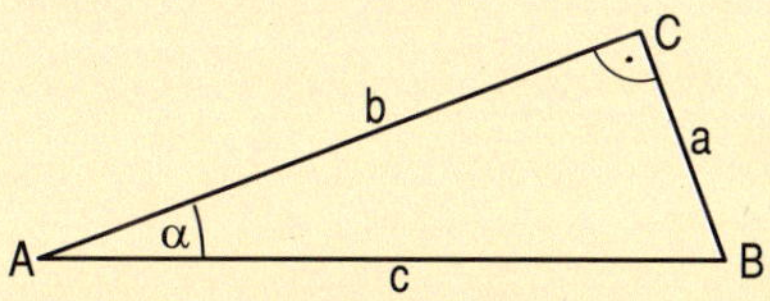

$\text{Sinus}\ \alpha = \dfrac{\textit{Gegenkathete von } \alpha}{\textit{Hypotenuse}}$ $\sin\alpha = \dfrac{a}{c}$

$\text{Kosinus}\ \alpha = \dfrac{\textit{Ankathete von } \alpha}{\textit{Hypotenuse}}$ $\cos\alpha = \dfrac{b}{c}$

$\text{Tangens}\ \alpha = \dfrac{\textit{Gegenkathete von } \alpha}{\textit{Ankathete von } \alpha}$ $\tan\alpha = \dfrac{a}{b}$

Kathete gesucht: Geg: c = 7 cm, α = 43°

$\sin 43° = \frac{a}{7}$ $\quad | \cdot 7$

$a = \sin 43° \cdot 7$, also $a \approx 4{,}8$ cm

Hypotenuse gesucht: Geg: b = 6,4 cm, β = 28,5°

$\sin 28{,}5° = \frac{6{,}4}{c}$ $\quad | \cdot c$

$\sin 28{,}5° \cdot c = 6{,}4$ $\quad | : \sin 28{,}5°$

$c = \frac{6{,}4}{\sin 28{,}5°}$, also $c \approx 13{,}4$ cm

Winkel gesucht: Geg: a = 4,8 cm, c = 8 cm

$\sin\alpha = \frac{4{,}8}{8} = 0{,}6$ $\quad \alpha = 36{,}9°$

DIAGNOSETEST

1. Bestimme den Funktionswert mit dem Taschenrechner auf drei Stellen nach dem Komma gerundet.

a) $\sin 78{,}2°$ b) $\cos 141{,}7°$ c) $\tan 211{,}8°$ d) $\sin(-41{,}7°)$

2. Schreibe das gesuchte Seitenverhältnis auf.

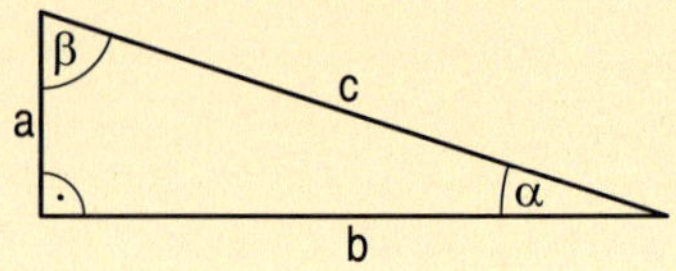

a) $\sin\alpha$ = ■ b) $\tan\beta$ = ■

c) $\cos\beta$ = ■ d) $\tan\alpha$ = ■

3. Bestimme den Winkel auf zwei Stellen nach dem Komma gerundet ($\alpha < 90°$, $\beta < 180°$).

a) $\sin\alpha = 0{,}7814$ b) $\cos\beta = -0{,}6392$

4. Berechne die gesuchte Seite des rechtwinkligen Dreiecks.

a)

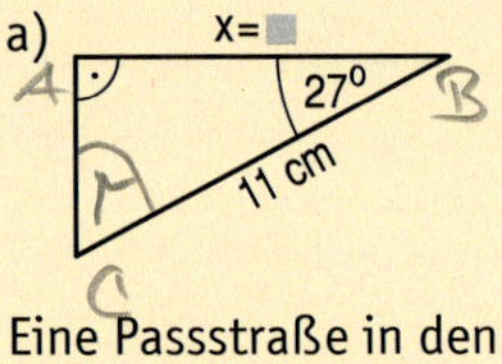

b)

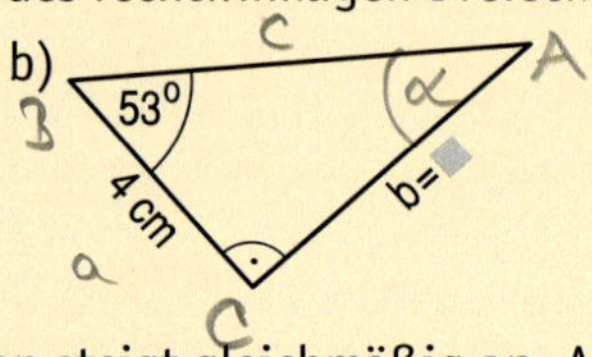

5. Eine Passstraße in den Bergen steigt gleichmäßig an. Auf einer Fahrstrecke von 8,5 km überwindet die Straße einen Höhenunterschied von 630 m. Unter welchem Winkel steigt die Straße an?

Wähle weitere 5 Aufgaben aus.

1. Berechne die gesuchte Größe.

a)

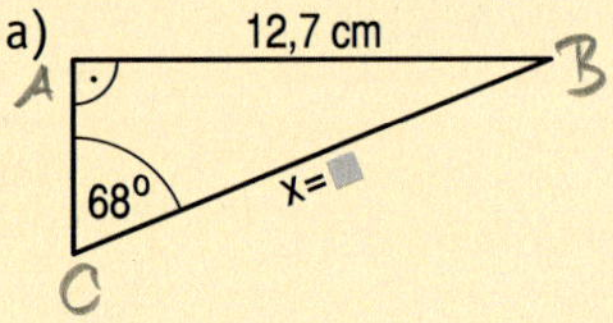

b)

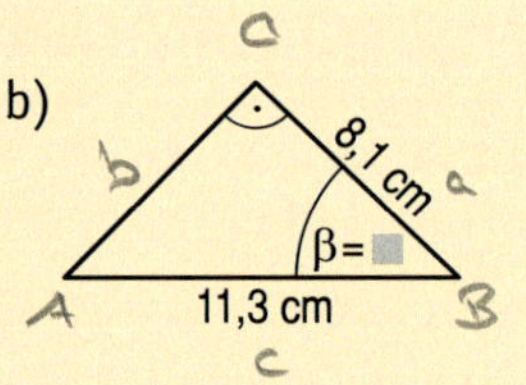

2. Zeichne das Dreieck mit den Eckpunkten P (7 | 1), Q (4 | 8) und R (−1 | − 1) in ein Koordinatensystem und berechne Seitenlängen und Winkel des Dreiecks.

3. Abgebildet ist eine quadratische, regelmäßige Pyramide. Die Seitenhöhe h_s ist 25 cm lang. Der Winkel zwischen den Seitenflächen und der Grundfläche beträgt 73°.

a) Wie hoch ist die Pyramide?

b) Welche Kantenlänge hat die Grundfläche der Pyramide?

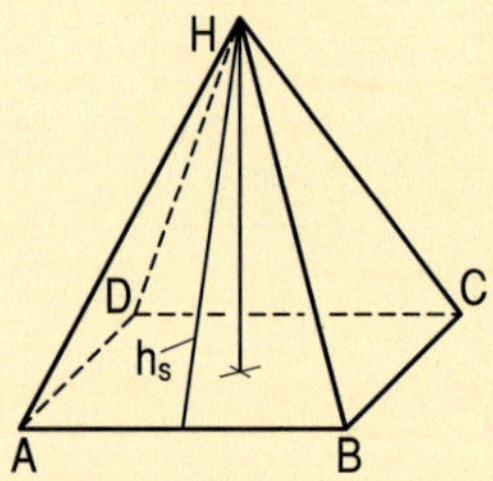

4. Ein Berghang hat die Steigung 140 %. Wie groß ist der Steigungswinkel?

5. Berechne den Umfang des Dreiecks.

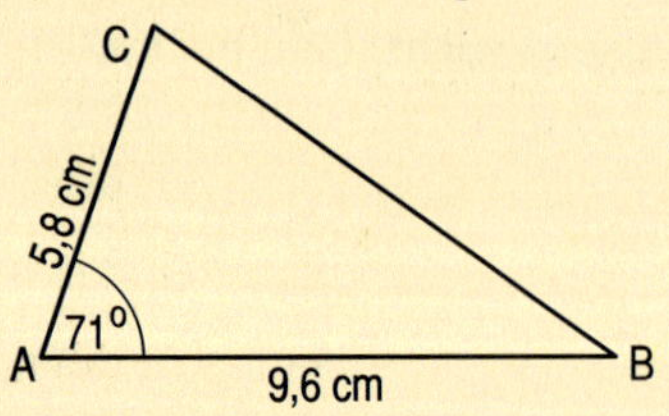

6. Berechne die Länge der Seite b.

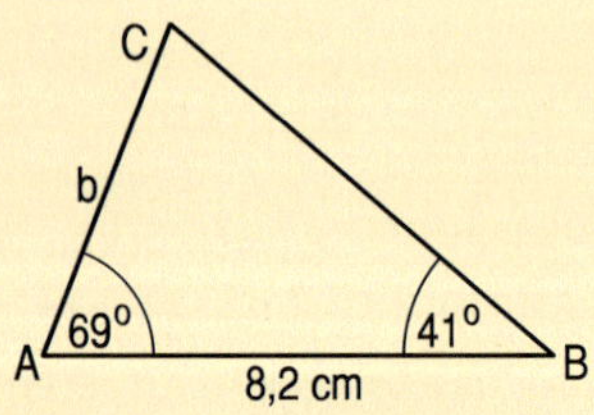

7. Berechne die Schnittwinkel zwischen den Geraden mit den Gleichungen $y = 2x - 3$ und $y = 0{,}5x + 1$.

Potenzen und Wurzeln

4

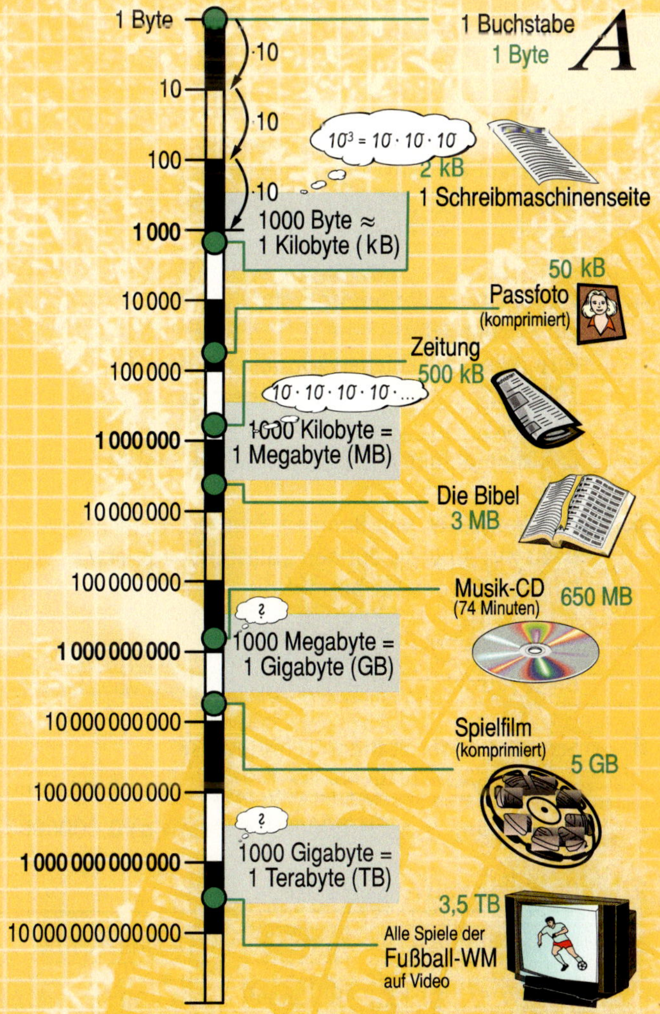

Standardschreibweise mit Zehnerpotenzen

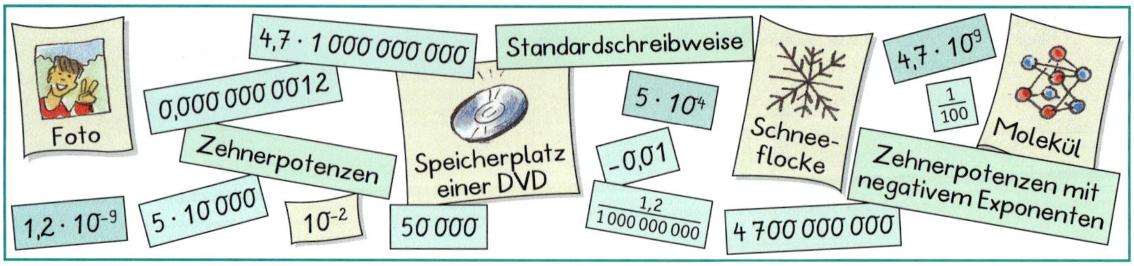

LVL **1.** a) Geeignet für das Schreiben großer und kleiner Zahlen ist die *Standardschreibweise* mit Zehnerpotenzen. Ordnet in Partnerarbeit den Objekten passende Zahlen in verschiedenen Schreibweisen zu. Hilfreiche Informationen findet ihr dazu auf Seite 73 und Seite 76.

b) Gestaltet mit den grün markierten Begriffen einen Merkzettel und vergleicht mit anderen.

2. Schreibe mit Ziffern und als Zehnerpotenz.

a) Hundert
b) Hunderttausend
c) 10 Millionen
d) 100 Milliarden
e) 1 Hundertstel
f) 1 Zehntausendstel
g) 1 Millionstel
h) 1 Zehnmilliardstel

LVL **3.** *Partnerarbeit:* Übertragt die Tabelle ins Heft und vervollständigt sie. Sucht mit Hilfe des Internets oder der Leiste auf der Einstiegsseite Beispiele für diese Größenordnungen. Könnt ihr weitere Zehnerpotenzen mit besonderen Bezeichnungen finden?

Bezeichnung	Symbol	Zehnerpotenz	Schreibweise in Ziffern
Giga...	G		
Mega...	M		
Kilo...	k		
milli...	m		
mikro...	µ		
nano...	n		

4. 1 Byte (B) ist der Speicherplatz, der im Computer für ein Zeichen (Buchstabe, Ziffer, Satzzeichen) gebraucht wird. Wie viele Zeichen können auf einer CD mit 700 MB Speicherplatz gespeichert werden?

LVL **5.** Erläutere deinen Mitschülern Aufbau und Bedeutung der Leiste auf der vorigen Einstiegsseite.

6. Zum Vergolden von Rahmen, Figuren, Büchern verwendet man Blattgold. Dazu wird Gold zu dünnen „Blättern" von etwa $\frac{1}{8\,000}$ mm Dicke geschlagen. Wie viel Nanometer beträgt die Dicke eines einzelnen Blatts?

7. Luise sagt: „Der Erdäquator hat eine Länge von 40 Megametern." Diese Ausdrucksweise ist ungewöhnlich, aber ist sie falsch?

8. Schreibe in der Standardschreibweise.

a) 5 700 000
b) 24 000
c) 270 000 000
d) 67 200 000
e) 0,00056
f) 0,0000078
g) 0,000000026
h) 0,00582

9. Ordne die Karten paarweise.

18 Millionstel	$8{,}1 \cdot 10^6$	12 Milliardstel	$1{,}8 \cdot 10^{-5}$	75 Tausend	$75 \cdot 10^3$
$12 \cdot 10^{-9}$	1,8 Millionen	$8{,}1 \cdot 10^{-6}$	8,1 Millionen	$18 \cdot 10^5$	8,1 Millionstel
75 Tausendstel	$75 \cdot 10^{-2}$	12 Milliarden	$7{,}5 \cdot 10^{-2}$	$1{,}2 \cdot 10^{10}$	7,5 Zehntel

10. Bestimme x in Worten. a) x · Tausend = 1 Milliarde b) 1 Billion : 1 Million = x

Potenzen

LVL **1.** *Partnerarbeit:*

a) Erstellt einen Merkzettel über Potenzen und erklärt dabei die Begriffe Exponent, Basis und Potenz.

b) Notiert und erläutert notwendige Rechenregeln und schreibt jeweils einige Beispiele auf.

c) Tauscht euren Merkzettel zur Kontrolle mit anderen.

> **Potenzen**
>
> Exponent
>
> $a^n = \underbrace{a \cdot a \cdot a \cdot \ldots \cdot a}_{n \text{ gleiche Faktoren}}$
>
> Basis

2. Schreibe als Produkt und berechne ohne Taschenrechner.

a) 4^3 b) 3^4 c) 2^5 d) $0{,}5^4$ e) $(-2)^3$ f) $\left(\frac{1}{4}\right)^2$ g) $(-0{,}2)^4$ h) $\left(\frac{1}{3}\right)^3$ i) $(-5)^4$ j) $(-4)^3$

3. Berechne und beachte dabei die Rechenregeln. Vergleiche deine Ergebnisse.

a) -3^4 b) $(-2)^5$ c) $3 \cdot 7^2$ d) $(4 \cdot 5)^3$ e) $2 + 2^5$
$(-3)^4$ -2^5 $(3 \cdot 7)^2$ $4 \cdot 5^3$ $(2 + 2)^5$

> $-2^4 = -(2 \cdot 2 \cdot 2 \cdot 2) = -16$
> **aber:**
> $(-2)^4 = (-2) \cdot (-2) \cdot (-2) \cdot (-2) = 16$

LVL **4.** *Partnerarbeit:*

a) Formuliert eine Bedingung, unter der für alle positiven Zahlen a die Gleichung $-a^n = (-a)^n$ gilt, stellt sie in der Klasse vor und begründet sie.

b) Für welche Sonderfälle gilt $a \cdot b^5 = (a \cdot b)^5$? Formuliert diese Sonderfälle und begründet sie unter Verwendung der Fachsprache.

5. Ergänze die fehlende Zahl. Es gibt manchmal mehrere Möglichkeiten.

a) $\blacksquare^3 = 125$ b) $3^{\blacksquare} = 81$ c) $\blacksquare^5 = 1024$ d) $10^{\blacksquare} = 10\,000$ e) $\blacksquare^4 = 1$

f) $\blacksquare^3 = 512$ g) $2^{\blacksquare} = 64$ h) $\blacksquare^3 = 0{,}027$ i) $\blacksquare^4 = 0{,}0016$ j) $\blacksquare^5 = 0$

k) $0{,}4^{\blacksquare} = 0{,}16$ l) $\blacksquare^2 = 0{,}49$ m) $\blacksquare^3 = 0{,}125$ n) $0{,}1^{\blacksquare} = 0{,}00001$ o) $10^{\blacksquare} = 0{,}1$

6. Schreibe mit einer richtigen Basis. Gib alle Möglichkeiten an.

a) $8\,000 = \blacksquare^3$ b) $-27 = \blacksquare^3$ c) $81 = \blacksquare^4$ d) $343 = \blacksquare^3$ e) $32 = \blacksquare^5$

f) $10\,000 = \blacksquare^4$ g) $-32 = \blacksquare^5$ h) $1 = \blacksquare^4$ i) $-1\,000 = \blacksquare^3$ j) $625 = \blacksquare^4$

k) $1024 = \blacksquare^{10}$ l) $0 = \blacksquare^3$ m) $-1 = \blacksquare^5$ n) $1\,331 = \blacksquare^3$ o) $169 = \blacksquare^2$

> Basis können sein:
> 20 0 −2 2 −3 −1
> 3 5 −10 −5 −13
> 11 1 7 13 10

7. Für ein Menü im Gasthaus „Zum Hirsch" wählt man eine aus 3 Vorspeisen, einen aus 3 Hauptgängen und eine aus 3 Nachspeisen. Wie viel verschiedene Menüs sind möglich?

8. Das Mountainbike „Alpin" wird in 4 Größen, in 4 Farben und mit 4 verschiedenen Gangschaltungen angeboten. Wie viele verschiedene Modelle dieses Fahrrads sind möglich?

LVL **9.** *Zweierwettkampf:* Wer trifft die Zielzahl am besten? Notiert jeweils zu den acht angegebenen Zielzahlen eine Potenz mit einer natürlichen Zahl zwischen 2 und 10 als Basis. Die Potenz, die der Zielzahl so nah wie möglich kommt, erhält einen Punkt.

a) 5 000 b) 10 000 c) 15 000 d) 20 000

e) 35 000 f) 50 000 g) 500 000 h) 1 Million

> $2\,000 \approx 7^4$
> $2\,000 \approx 3^7$
> $2\,000 \approx 2^{11}$
> Den Punkt erhält 2^{11}.

LVL **10.** *Partnerarbeit:* In Computern wird jedes Zeichen (Buchstabe, Ziffer, Satzzeichen) im erweiterten ASCII-Code als Folge von 8 Ziffern dargestellt, jede Ziffer ist entweder 0 oder 1. Informiert euch über diesen ASCII-Code. Überlegt, warum man 8 Ziffern nimmt und nicht weniger.

> A: 0100 0001
> a: 0110 0001
> 2: 0011 0010

Negative Exponenten

$\xrightleftharpoons[:a]{\cdot a}$ a^{-3} $\xrightleftharpoons[:a]{\cdot a}$ a^{-2} $\xrightleftharpoons[:a]{\cdot a}$ a^{-1} $\xrightleftharpoons[:a]{\cdot a}$ a^{0} $\xrightleftharpoons[:a]{\cdot a}$ a^{1} $\xrightleftharpoons[:a]{\cdot a}$ a^{2} $\xrightleftharpoons[:a]{\cdot a}$ a^{3} $\xrightleftharpoons[:a]{\cdot a}$

$a^{-3} = ?$ | $a^{-2} = ?$ | $a^{-1} = ?$ | $a^{0} = ?$ | $a^{1} = a$ | $a^{2} = a \cdot a$ | $a^{3} = a \cdot a \cdot a$

LVL **1.** Erklärt mit Hilfe der oben genannten Zusammenhänge, warum die Festlegungen im Merkkasten sinnvoll sind.

Potenzen mit Null oder einer negativen ganzen Zahl als Exponent sind für $a \neq 0$ so festgelegt:

$\mathbf{a^0 = 1}$ $\quad$ $\mathbf{a^{-1} = \frac{1}{a}}$ $\quad$ $\mathbf{a^{-n} = \frac{1}{a^n}}$ $\quad$ $3^{-4} = \frac{1}{3^4} = \frac{1}{81}$ $\quad$ $10^{-2} = \frac{1}{10^2} = \frac{1}{100} = 0{,}01$

2. Berechne die Potenzen, schreibe wie im Beispiel.

a) 4^3 bis 4^{-3} b) 5^4 bis 5^{-3} c) 3^5 bis 3^{-3}
d) 2^4 bis 2^{-5} e) 10^5 bis 10^{-4} f) 1^8 bis 1^{-4}

$4^3 \xrightarrow{:4} 4^2 \xrightarrow{:4} 4^1 \xrightarrow{:4} 4^0 \quad 4^{-1} \quad 4^{-2} \quad 4^{-3}$ …

64 16 …

3. Schreibe als Bruch mit positivem Exponenten und berechne.

a) 5^{-2} b) 2^{-2} c) 10^{-6} d) $(-10)^{-3}$ e) 3^{-4} f) 12^{-2} g) $(-5)^{-4}$ h) 4^{-2} i) 6^{-1}

4. Schreibe mit negativem Exponenten und berechne.

a) $\frac{1}{3^2}$ b) $\frac{1}{10^5}$ c) $\frac{1}{7^2}$ d) $\frac{1}{4^3}$ e) $\frac{1}{10^3}$ f) $\frac{1}{9^3}$ g) $\frac{1}{10^4}$ h) $\frac{1}{20^1}$ i) $\frac{1}{30^2}$

5. Berechne mit dem TR. Runde auf 2 Stellen nach dem Komma.

a) 5^{-7} b) 6^{-2} c) 8^{-4} d) 2^{-3} e) 4^{-3} f) 20^{-2}

[2] [x^y] [7] [+/-] [=] (für 2^{-7})

6. Ergänze die Leerstelle. Gibt es immer nur eine Möglichkeit?

a) $2^{\blacksquare} = \frac{1}{8}$ b) $2^{\blacksquare} = \frac{1}{2}$ c) $\blacksquare^{-2} = \frac{1}{9}$ d) $10^{\blacksquare} = \frac{1}{1000}$ e) $2^{\blacksquare} = 1$ f) $\blacksquare^{-3} = \frac{1}{125}$

7. a) Bausteine der Materie: Schreibe als Bruch und Zehnerpotenz.

① Kristall ② Molekül ③ Atom ④ Atomkern

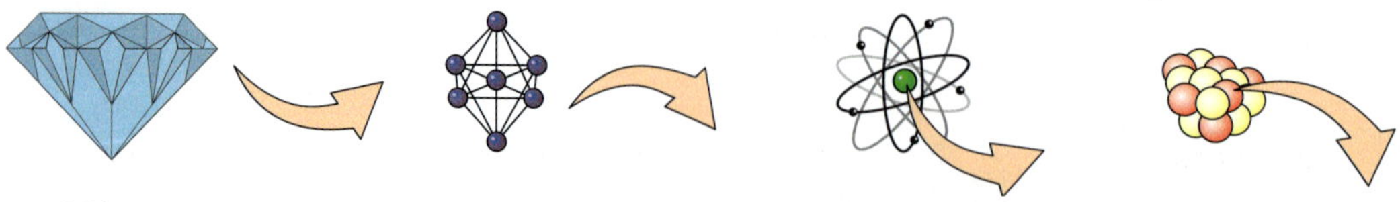

0,01 m | 0,000 001 mm | 0,000 000 1 mm | 0,000 000 000 01 mm

LVL b) Ermittle im Internet oder in Lehrbüchern, in welche Bausteine der Atomkern weiter zerlegt werden kann, und gib die Größenordnung als Zehnerpotenz an. Wie viele dieser Bausteine nebeneinander gelegt würden für den Durchmesser eines Atoms benötigt?

LVL **8.** Jan meint: „Bei solchen Aufgaben kommen immer ganze Zahlen heraus." Überprüfe und erfinde weitere solcher Potenzen. Vergleiche mit anderen.

a) $\left(\frac{1}{5}\right)^{-2}$ b) $\left(\frac{1}{2}\right)^{-4}$ c) $(0{,}1)^{-4}$ d) $(0{,}5)^{-3}$ e) $\left(\frac{1}{10}\right)^{-6}$ f) $(0{,}02)^{-5}$

Multiplikation und Division von Potenzen

LVL

1. Jan und Finja versuchen, Aufgaben zur Multiplikation und Division sowie zum Potenzieren von Potenzen zu bearbeiten. Geht den Fragen von Jan und Finja ebenfalls nach. Findet euch dazu in Expertengruppen zusammen. Bearbeitet gemeinsam den gewählten Expertenauftrag und formuliert eure Erkenntnisse jeweils mit Hilfe von Formeln, die das Rechnen mit Potenzen erleichtern. Jeder Experte soll dabei seine eigenen Notizen anfertigen.

Expertengruppe 1
Multiplikation und Division von Potenzen mit gleicher Basis

① Berechnet $3^2 \cdot 3^3$; $2^4 \cdot 2^2$; $3^5 : 3^2$; $4^5 : 4^4$. Was fällt euch auf?
② Zerlegt die Potenzen auch in Faktoren. Welche Gesetzmäßigkeit ergibt sich?
③ Gilt die Gesetzmäßigkeit auch für negative Exponenten? Prüft im Beispiel.

Expertengruppe 2
Multiplikation und Division von Potenzen mit gleichem Exponenten

① Berechnet $50^2 \cdot 2^2$; $4^3 \cdot 5^3$; $6^3 : 2^3$; $10^4 : 5^4$. Was fällt euch auf?
② Zerlegt die Potenzen nun in Faktoren. Lassen sich diese zu einer Potenz zusammenfassen? Welche Gesetzmäßigkeit ergibt sich?
③ Gilt die Gesetzmäßigkeit auch für negative Exponenten? Prüft im Beispiel.

Expertengruppe 3
Potenzieren von Potenzen

① Berechnet $(2^2)^3$; $(10^5)^2$; $(3^3)^2$; $(4^2)^2$. Was fällt euch auf?
② Zerlegt die Potenzen in Faktoren. Welche Gesetzmäßigkeit ergibt sich?
③ Gilt die Gesetzmäßigkeit auch für negative Exponenten? Prüft im Beispiel.

2. Findet euch nun in neuen Arbeitsgruppen zusammen. Hier soll aus jeder Expertengruppe mindestens ein Experte vertreten sein.

a) Jeder Experte präsentiert die Arbeitsergebnisse aus der jeweiligen Expertengruppe.

b) Mit welcher Regel würdest du hier rechnen? Vergleiche mit den Lösungen der anderen.

① $3^4 \cdot 3^4$ ② $5^6 : 5^6$ ③ $(2^3)^3$

3. *Partnerarbeit:* Gibt es bei der Addition und Subtraktion von Potenzen ähnliche Regeln, die zu beachten sind und das Rechnen vereinfachen?

a) $5^3 + 5^2$ b) $4^2 + 3^3$ c) $6^3 + 2^3$ d) $2^5 - 3^2$ e) $4^6 - 4^3$ f) $4^4 - 2^4$

4. Treffen Lauras, Claras und Robins Regeln zu? Begründe oder widerlege. Um eine Regel zu widerlegen reicht ein Gegenbeispiel.

Potenzgesetze

Potenzen mit gleicher Basis
Beim Multiplizieren werden die Exponenten addiert, beim Dividieren subtrahiert:
$a^m \cdot a^n = a^{m+n}; \quad a \neq 0$
$a^m : a^n = a^{m-n}; \quad a \neq 0$

$4^2 : 4^5 = 4^{2-5} = 4^{-3} = \frac{1}{4^3}$

Potenzen mit gleichem Exponenten
Beim Multiplizieren werden die Basen multipliziert, beim Dividieren dividiert:
$a^n \cdot b^n = (a \cdot b)^n; \quad a, b \neq 0$
$a^n : b^n = (a : b)^n; \quad a, b \neq 0$

$10^6 : 2^6 = 5^6 \qquad 5^{-6} \cdot 0{,}4^{-6} = 2^{-6}$

Beim **Potenzieren von Potenzen** werden die Exponenten multipliziert:
$(a^m)^n = a^{m \cdot n}; \quad a \neq 0$

$(3^5)^6 = 3^{30} \qquad (3^{-2})^5 = 3^{-10}$

1. Schreibe als eine Potenz und berechne.

a) $3^5 \cdot 3^2$; $7^3 \cdot 7^4$ b) $4^3 : 4^2$; $5^2 : 5^3$ c) $5^2 \cdot 5^2$; $8^2 \cdot 8^1$ d) $10^9 : 10^6$; $6^7 : 6^5$ e) $\left(\frac{1}{2}\right)^3 \cdot \left(\frac{1}{2}\right)^2$; $0{,}8^2 \cdot 0{,}8^2$ f) $2^{-3} \cdot 2^6$; $7^{-3} : 7^2$ g) $4^{-2} \cdot 4^{-3}$; $3^{-2} : 3^{-5}$

2. Schreibe mit nur einem Exponenten und berechne. Das Ergebnis ist eine ganze Zahl oder ein Bruch.

a) $(2^5)^2$ b) $(3^2)^3$ c) $(4^{-2})^2$ d) $(10^3)^4$ e) $(10^{-4})^2$ f) $(5^{-1})^3$ g) $(5^{-2})^{-2}$ h) $(3^4)^2$

3. Schreibe mit nur einer Potenz und berechne im Kopf.

a) $2^4 \cdot 5^4$ b) $15^3 : 5^3$ c) $8^9 \cdot 0{,}125^9$ d) $10^{-3} : 2^{-3}$ e) $0{,}75^4 \cdot 4^4$ f) $24^5 : 8^5$

4. Notiere das Ergebnis in der Standardschreibweise. Runde den Faktor vor der Zehnerpotenz auf zwei Stellen nach dem Komma.

a) $4{,}57 \cdot 10^4 \cdot 5$ b) $5{,}12 \cdot 10^{-4} \cdot 6{,}4 \cdot 10^7$ c) $4{,}73 \cdot 10^{-3} \cdot 7{,}20 \cdot 10^{-2}$ d) $6{,}54 \cdot 10^{-5} \cdot 8 \cdot 10^9$

5. Das Ergebnis ist eine Zehnerpotenz. Ordne zu, du erhältst ein Lösungswort.

① $2^7 : 0{,}2^7$ ③ $16^9 \cdot 625^9$ ⑤ $3\,000^2 : 3^2$
② $0{,}1^7 : 10^7$ ④ $80^{-8} : 800^{-8}$ ⑥ $7^{-9} : 7^{-9}$
⑦ $5^9 : 0{,}05^9$ ⑧ $0{,}002^5 \cdot 5\,000^5$

Ⓤ 10^{36} Ⓒ 10^{18} Ⓝ 10^8
Ⓛ 10^7 Ⓘ 10^6 Ⓗ 10^5
Ⓢ 10^0 Ⓐ 10^{-14}

6. Berechne die Summe oder die Differenz zweier Potenzen.

a) $10^5 + 10^2$ b) $10^6 - 10^5$ c) $2^7 - 2^5$ d) $3^2 - 3^{-2}$ e) $2^4 - 5^{-2}$
f) $3^4 + 3^3$ g) $2^6 + 5^3$ h) $5^4 - 2^6$ i) $2^{-2} + 2^{-3}$ j) $4^3 + 10^{-2}$

7. Ergänze den fehlenden Exponenten und berechne.

a) $(4^3)^{■} = 4^6$ b) $(2^5)^{■} = 2^{-10}$ c) $(10^2)^{-3} = 10^{■}$ d) $(6^5)^{■} = 6^0$ e) $(3^{■})^{-4} = 3^8$

8. Notiere das Ergebnis gerundet in der Standardschreibweise.

a) $(1{,}8 \cdot 10^3)^2$; $(4{,}3 \cdot 10^2)^3$ b) $(7{,}2 \cdot 10^{-3})^4$; $(4{,}5 \cdot 10^{-2})^5$ c) $(5{,}9 \cdot 10^2)^{-4}$; $(2{,}3 \cdot 10^4)^{-3}$ d) $(3{,}1 \cdot 10^{-2})^{-3}$; $(4{,}8 \cdot 10^{-4})^{-5}$

$(2{,}3 \cdot 10^4)^3 = 12{,}167 \cdot 10^{12}$
$\approx 1{,}2 \cdot 10^{13}$

9. <, > oder = ? Löse die Aufgaben dabei im Kopf.

a) $3 \cdot 10^4 \cdot 4$ Mio. ■ $5 \cdot 10^{10}$ b) 5 Tausendstel $\cdot\, 2 \cdot 10^5$ ■ 10^3
c) $6 \cdot 10^9$ ■ $3 \cdot 10^{-10} \cdot 3$ Tausend d) 5 Mrd. ■ $2 \cdot 10^4 \cdot 3 \cdot 10^2$
e) $4 \cdot 10^5 \cdot 5$ Millionstel ■ 2 f) 8 Tausendstel : $(2 \cdot 10^{-5})$ ■ $4 \cdot 10^2$

LVL **10.** Begründe oder widerlege die „Regel": a) $x^n \cdot x^n = x^{n^2}$ b) $y^n : y^{n-1} = y$ c) $z^n : z^{-n} = z^0$

Bleib FIT!

Die Ergebnisse der Aufgaben 1 bis 7 ergeben zwei berühmte Abenteurer.

1. Löse die Gleichungen: x = ■

a) $5x + 24 = 55{,}5 - 2x$ b) $5(x + 12) = 4x - 52$

c) $0{,}4x - 14 = 1{,}4 - 0{,}7x$ d) $\frac{2}{3}x = \frac{3}{4}x - 1{,}5$

2. Bei einem Test in der Klasse 10a wurden diese Punktzahlen erreicht.

36	35	18	31	19	38
15	29	29	31	31	36
24	18	24	18		

a) Wie hoch ist die durchschnittliche Punktzahl?

b) Bestimme den Median (Zentralwert).

c) Wie viel Prozent der Schüler erreichten mehr als 31 Punkte?

3. Welche Funktionsgleichung passt am besten zum dargestellten Graphen?

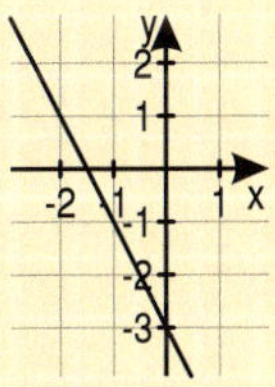

$y = -2x + 3$ (22) $y = 2x + 3$ (23)

$y = -2x - 3$ (32) $y = 2x - 3$ (33)

4. Eine Konservendose hat einen Durchmesser von 72 mm und eine Höhe von 75 mm.
Berechne Volumen und Oberfläche. Runde auf einen ganzzahligen Wert.

V = ■ cm^3 O = ■ cm^2

5. Ein TV- Bild hat eine Höhe von h = 36 cm.
Das Verhältnis von Breite b zur Höhe h ist 4:3.

a) Wie breit ist der Bildschirm? b = ■ cm

b) Wie lang ist die Diagonale? d = ■ cm

6. Berechne den Flächeninhalt (Maße in cm).

a)

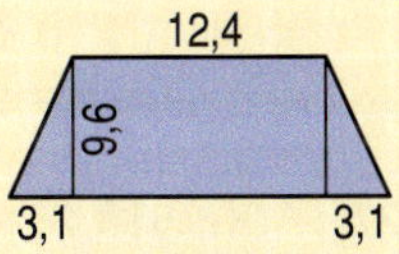

A = ■ cm^2

b)

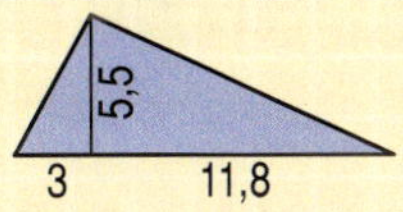

A = ■ cm^2

7. Es sollen 600 m^3 Erde abtransportiert werden. Dafür müssen 3 Lkws jeweils 8-mal fahren. Wie oft müssten 4 Lkws dafür jeweils fahren?

Ergebnis	Buchstabe
–121	G
–112	M
4,5	A
5,5	I
14	U
6	Y
18	N
22	U
23	B
25	E
27	D
27,1	E
29	S
33	L
32	N
35	T
40,7	R
42	E
48	L
60	L
148,8	A
158,6	F
251	I
305	H
324,8	A

LVL

Potenzfunktion

$y = x^2$, $y = x^3$, $y = x^4$ sind Gleichungen von Potenzfunktionen. Jede Funktion mit der Gleichung $y = x^n$ mit einer natürlichen Zahl n als Exponent heißt **Potenzfunktion.**

1. Zeichne zusätzlich zu dem Graphen der quadratischen Funktion $y = x^2$ die Graphen der Funktionen $y = x^3$ und $y = x^4$ mit Hilfe einer Wertetabelle in dein Heft. Wähle für x Werte von –2 bis 2. Zeichne mit der Einheit 1 cm. Vergleiche beide Graphen mit dem Graphen von $y = x^2$.

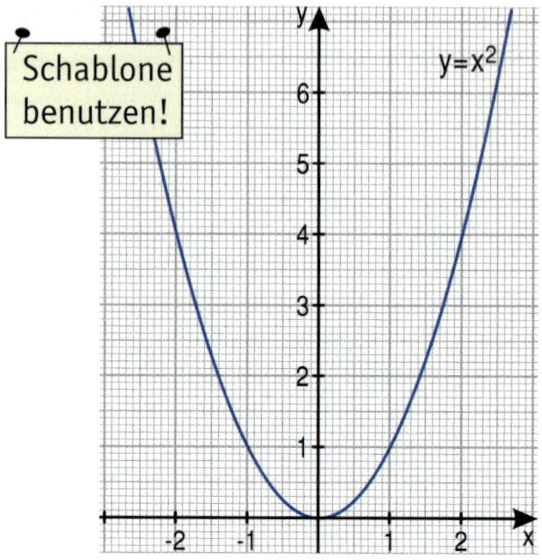

x	x^2
2	4
1	1
0	0
–1	
–2	

2. a) Liegen die Punkte (0,7 | 0,25) und (–1,2 | 2,0) auf dem Graphen der Funktion $y = x^4$? Kontrolliere durch Rechnung.

b) Gehören die Punkte (0,5 | 0,1) und (–1,5 | –3,3) zum Graphen der Funktion $y = x^3$? Kontrolliere auch durch Rechnung.

3. a) Gruppenarbeit: Stellt die Graphen der Funktionen $y = x^3$ und $y = x^4$ zusätzlich mit Hilfe eines Funktionenplotters[1)] am PC dar.

b) Stellt weitere Potenzfunktionen mit Hilfe des Funktionenplotters dar und untersucht die Funktionen $y = x^n$ mit folgenden Fragestellungen:

Welche Potenzfunktionen
① sind punktsymmetrisch?
② sind achsensymmetrisch?
③ gehen durch den Punkt (1|1)?
④ gehen durch den Punkt (0|0)?
⑤ gehen durch den Punkt (–1|–1)?
⑥ besitzen keine negativen Werte?
⑦ haben als Graphen eine Gerade?

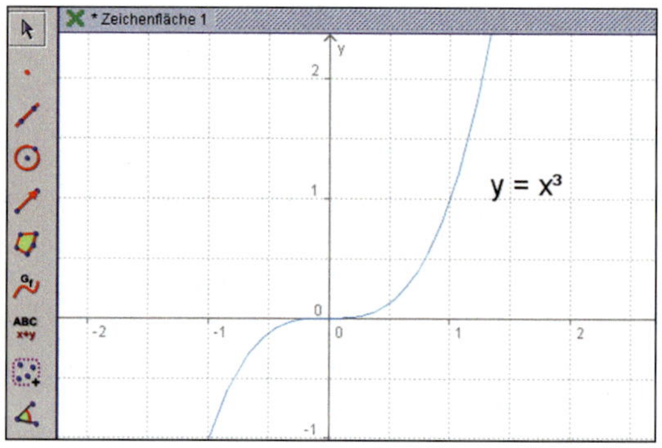

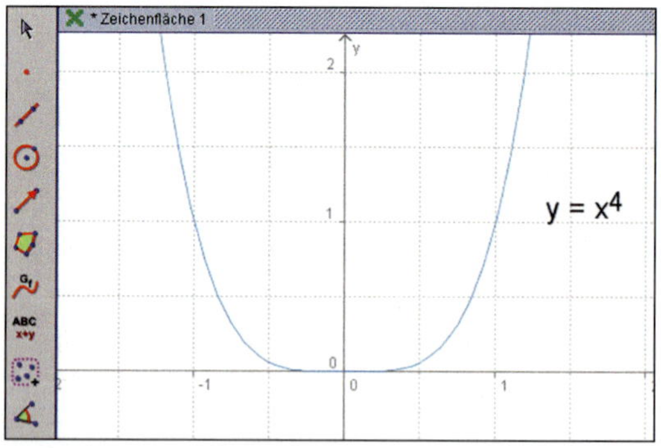

c) Erstellt auf der Basis eurer Erkenntnisse ein Lernplakat zum Thema Potenzfunktionen.

d) Vergleicht anschließend euer Lernplakat in einem Rundgang mit den Plakaten der anderen Gruppen.

4. Zu welchen Graphen $y = x^2$, $y = x^3$ oder $y = x^4$ gehören die Punkte P(3 | 27); Q(2,5 | 6,25); R(–1 | 1); S(–3 | 81); T(1 | –1); U(5 | 25)?

5. Alena behauptet: „$y = x^1$ ist auch eine Potenzfunktion." Begründe oder widerlege die Behauptung. Wie verhält es sich mit der Funktion $y = x^0$? Bespricht dich mit anderen.

1) www.kurvenprofi.de oder www.geonext.de

Wurzelfunktion

LVL

Quadratfunktion
$y = x^2$

x	x^2
0	0
1	■
1,5	■
2	■
2,5	■
3	■

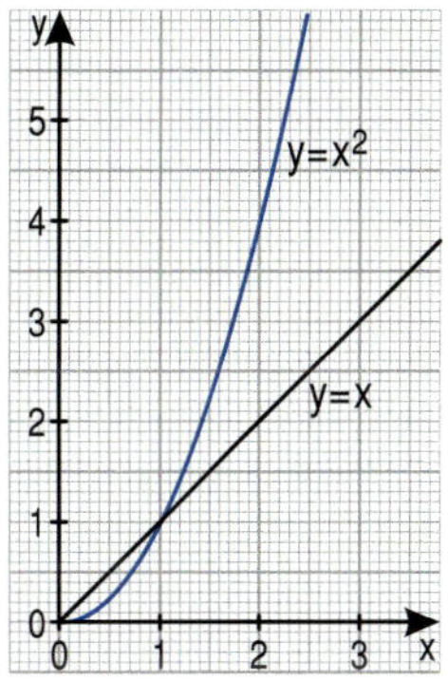

1. *Gruppenarbeit*: Zeichnet $y = \sqrt{x}$ wie Simon, Clara und Till. Formuliert einen Zusammenhang zwischen den Graphen von $y = \sqrt{x}$ und $y = x^2$. Vergleicht mit anderen.

2. a) Zeichne nun den Graphen $y = \sqrt{x}$ mit Hilfe einer Wertetabelle. Wähle x-Werte von 0 bis 16 mit 1 cm als Einheit auf beiden Achsen.

x	0	1	2	3	4	5	6
$\sqrt{x}$	0	1	■	■	■	■	■

b) Welcher x-Wert gehört zu
① $3 = \sqrt{x}$; ② $2{,}5 = \sqrt{x}$; ③ $0{,}5 = \sqrt{x}$;
④ $2 = \sqrt{x}$; ⑤ $1{,}2 = \sqrt{x}$; ⑥ $3{,}6 = \sqrt{x}$;
⑦ $4 = \sqrt{x}$; ⑧ $2{,}9 = \sqrt{x}$; ⑨ $1 = \sqrt{x}$?

3. a) Zeichne den Graphen der Funktion $y = \sqrt[3]{x}$ in dasselbe Koordinatensystem wie $y = \sqrt{x}$. Berechne ausreichend Zwischenwerte. Vergleiche die beiden Graphen.

b) Lies die Werte an den Stellen $x = 3{,}75$ und $x = 6{,}25$ so genau wie möglich ab und überprüfe durch Rechnung mit dem TR. Lisas Hinweis kann dir helfen.

c) Lies die Stellen ab, an denen die Funktion die Werte $y = 0{,}7$; $y = 1{,}3$; $y = 1{,}6$ annimmt. Überprüfe mit dem TR.

4. a) Überprüfe Toms Aussage für eine hinreichende Anzahl von Funktionen. Benutze zur Darstellung weiterer Funktionen einen Funktionenplotter.

b) Fasse deine Erkenntnisse über Wurzelfunktionen auf einem Merkzettel zusammen und vergleiche mit anderen.

Wurzelfunktionen sind
- Umkehrfunktionen zu den Potenzfunktionen

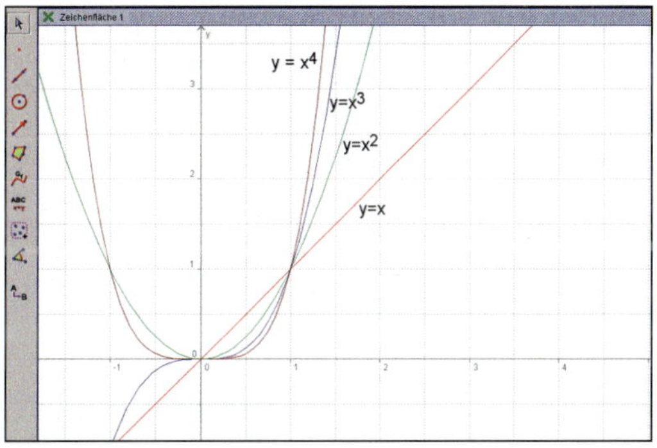

5. Karsten meint, dass die Quadratwurzel einer Zahl immer kleiner ist als die Hälfte der Zahl, so ist z. B. $\sqrt{100} = 10$, und $100 : 2 = 50$.
Partnerarbeit: Setzt euch mit Karstens Meinung auseinander. Widerlegt oder begründet sie und stellt das Ergebnis vor. Argumentiert auch mit dem Graphen von $y = \sqrt{x}$.

n-te Wurzel

LVL **1.** Übertrage den Merkzettel in dein Heft und erläutere die Zusammenhänge mit Hilfe des unten stehenden Merkkastens. Notiere auch einige Beispiele. Vergleiche mit anderen.

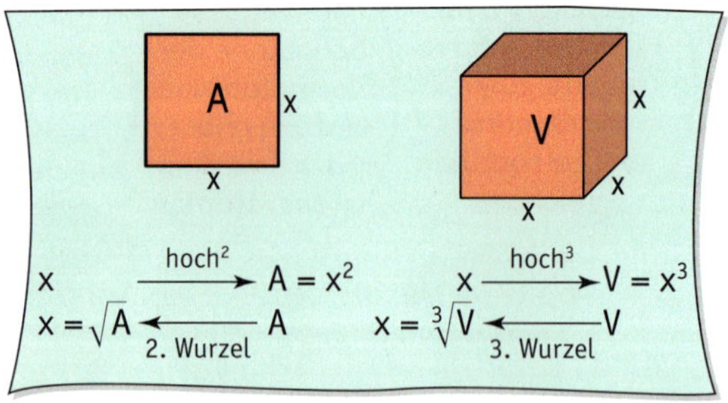

LVL **2.** Berechne die Seitenlänge eines Quadrates mit einem Flächeninhalt von 40 cm² sowie die Kantenlänge eines Würfels mit einem Volumen von 80 cm³. Wie geht das mit dem TR?

Für positive Zahlen a ist das **Wurzelziehen** die Umkehrung des Potenzierens.

$\sqrt{a}$ ist die *positive* Zahl x mit $x^2 = a$

$\sqrt[3]{a}$ ist die *positive* Zahl x mit $x^3 = a$

allgemein:

$\sqrt[n]{a}$ ist die *positive* Zahl x mit $x^n = a$

a —n-te Wurzel→ x, x —hoch n→ a

$\sqrt[4]{625} = 5$, weil $5^4 = 625$ $\quad$ $\sqrt[5]{32} = 2$, weil $2^5 = 32$ $\quad$ $\sqrt[3]{0{,}027} = 0{,}3$, weil $0{,}3^3 = 0{,}027$

3. Berechne die Wurzel im Kopf.

a) $\sqrt[3]{27}$ b) $\sqrt[3]{64}$ c) $\sqrt[3]{125}$ d) $\sqrt[3]{1000}$ e) $\sqrt[3]{0{,}125}$ f) $\sqrt[3]{0{,}008}$
g) $\sqrt[4]{16}$ h) $\sqrt[6]{64}$ i) $\sqrt[5]{243}$ j) $\sqrt[3]{1 \text{ Million}}$ k) $\sqrt[6]{1 \text{ Million}}$ l) $\sqrt[5]{1}$

TIPP
Kubikzahlen
1, 8, 27, 64, 125, 216

4. Bestimme ohne Taschenrechner die beiden benachbarten natürlichen Zahlen. Begründe durch Potenzieren.

a) $\sqrt[3]{6}$ b) $\sqrt[3]{10}$ c) $\sqrt[3]{250}$ d) $\sqrt[3]{420}$ e) $\sqrt[3]{700}$ f) $\sqrt[3]{3000}$

$4 < \sqrt[3]{100} < 5$
$64 < 100 < 125$ (hoch 3)

5. Berechne mit dem Taschenrechner. Runde auf 3 Nachkommastellen.

a) $\sqrt[4]{10}$ b) $\sqrt[4]{50}$ c) $\sqrt[4]{0{,}85}$ d) $\sqrt[5]{25}$ e) $\sqrt[5]{3712}$ f) $\sqrt[5]{0{,}75}$ g) $\sqrt[6]{0{,}25}$

6. Für welche Zehnerpotenzen 10^1, 10^2, 10^3, … ist die Wurzel ganzzahlig? a) $\sqrt{\blacksquare}$ b) $\sqrt[3]{\blacksquare}$ c) $\sqrt[4]{\blacksquare}$

7. Schreibe ins Heft und ergänze die fehlende Zahl. a) $\sqrt[3]{\blacksquare} = 4$ b) $\sqrt[4]{\blacksquare} = 2{,}5$ c) $\sqrt[5]{\blacksquare} = 3$

8. Schreibe ins Heft und ergänze die fehlende Zahl, die Summe aller Zahlen ist 50,02.

a) $\sqrt{8} \cdot \sqrt{\blacksquare} = 4$ b) $\sqrt{\blacksquare} \cdot \sqrt{15} = 15$ c) $\sqrt{\blacksquare} \cdot \sqrt{0{,}2} = 1$ d) $\sqrt{1{,}25} \cdot \sqrt{\blacksquare} = 2{,}5$
e) $\sqrt{200} : \sqrt{\blacksquare} = 10$ f) $\sqrt{\blacksquare} : \sqrt{2} = 3$ g) $\sqrt{0{,}2} : \sqrt{\blacksquare} = \sqrt{10}$ h) $\sqrt[3]{24} : \sqrt[3]{\blacksquare} = 2$

9. Stimmt das? Die dritte Wurzel aus einer positiven Zahl ist immer kleiner als die Zahl selbst.

10. a) Ein Würfel mit 1 m Kantenlänge soll vergrößert werden zu einem Würfel mit doppeltem Volumen. Welche Kantenlänge hat der neue Würfel? Runde auf mm.

b) Wie groß wäre die neue Kantenlänge, wenn das Volumen verachtfacht werden sollte?

LVL **11.** Wann ist der Wert kleiner als 1,1? Und wohin geht es dann weiter?

Vermischte Aufgaben

1. *Partnerarbeit:* Schreibt als Potenz mit einer Basis $a > 1$. Wer findet die meisten Lösungen?
a) 81 b) 128 c) 1 024 d) 0,0001 e) 1,61051 f) 1 Millionstel g) 1 Milliarde

LVL **2.** a) Recherchiere im Internet die Entfernungen der Planeten unseres Sonnensystems zur Sonne sowie die Geschwindigkeit des Lichts und berechne die Zeit, die das Sonnenlicht zu diesen Planeten braucht.
b) Gib die Entfernungen der Sonne zu den Planeten in Lichtsekunden, Lichtminuten oder Lichtstunden an. Recherchiere diese Begriffe dazu im Internet.

LVL **3.** *Partnerarbeit:* Recherchiert erforderliche Daten und stellt eure Lösungen in der Klasse vor.
a) Ein Schall- und ein Lichtimpuls werden vom Nordpol Richtung Mond gesandt. Welchen Weg Richtung Mond hat der Schall ungefähr zurückgelegt, wenn das Licht den Mond erreicht hat?
b) Man kann keine Zeit angeben, die der Schall zum Mond braucht. Warum? Denke an die Physik.

4. Ordne zu. Das Lösungswort nennt, was einen Besuch lohnt.

① $3^4 \cdot 3^2$	③ $4^5 \cdot 4^{-5}$	⑤ $6^3 : 3^3$	⑦ $3^4 : 3^2$	⑨ $2^3 \cdot 3^3$	⑪ $4^5 : 2^5$
② $(3^4)^2$	④ $3^2 : 3^4$	⑥ $2^3 \cdot 2^3$	⑧ $4^3 \cdot 4^{-5}$	⑩ $4^6 : 2^6$	⑫ $4^6 \cdot 4^{-4}$

E	3^8	H	2^3	A	4^{-2}
I	4^3	D	3^6	P	3^{-2}
L	1	U	2^5	N	3^2
M	4^2	I	2^6	R	6^3

5. Welche Kantenlänge hat ein Würfel mit dem Volumen V? Runde falls nötig das Ergebnis auf eine Nachkommastelle. Vergiss die Maßeinheit nicht.
a) $V = 1000\ dm^3$ b) $V = 500\ dm^3$ c) $V = 1{,}5\ m^3$ d) $V = 300\ mm^3$ e) $V = 15\ cm^3$

LVL **6.** *Partnerarbeit:* „Aus zwei mach eins". Gesucht ist die Kantenlänge c des Würfels, der dasselbe Volumen hat wie die beiden kleineren Würfel zusammen: Rundet auf 2 Nachkommastellen und begründet euer Ergebnis.

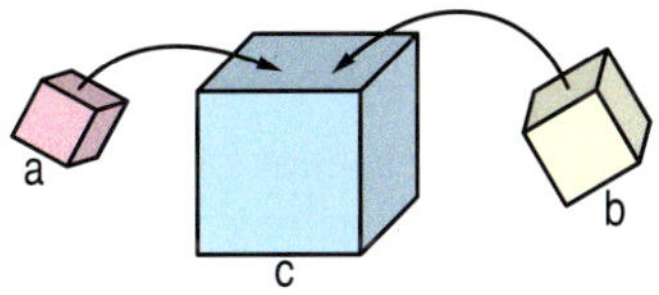

a) $a = 5$ cm, $b = 10$ cm b) $a = 30$ cm, $b = 30$ cm c) $a = 10$ cm, $b = 100$ cm d) $a = 20$ cm, $b = 30$ cm

7. Ein Swimmingpool fasst 42 875 *l* Wasser. Welche Kantenlänge in Metern hätte ein Würfel mit vergleichbarem Fassungsvermögen?

LVL **8.** Für die Auftreffgeschwindigkeit v in $\frac{km}{h}$ beim freien Fall gilt: $v\left(\frac{km}{h}\right) = \sqrt{260 \cdot \text{Höhe h (in m)}}$.
Partnerarbeit: Zeichne mit einem Funktionenplotter den Graphen der Zuordnung $h \rightarrow v$.
a) Lest die erreichte Geschwindigkeit $v\left(\frac{km}{h}\right)$ bei Fallhöhen von 400 m, 250 m und 50 m ab.
b) Aus welchen Höhen beginnt der freie Fall, wenn Geschwindigkeiten von $30\ \frac{km}{h}$, $50\ \frac{km}{h}$, $100\ \frac{km}{h}$ und $200\ \frac{km}{h}$ erreicht werden? Stellt eure Lösungen den anderen vor.

9. Herkömmliche Sonnencremes können kein unbedenkliches Sonnenbaden garantieren. Seit einiger Zeit gibt es durch den Einsatz von nur 20 Nanometer großen „Nanopartikeln" in den Sonnencremes einen verbesserten Sonnenschutz. Wie viele Nanopartikel liegen dabei auf einer Länge von 1 cm lückenlos aneinander?

LVL Dualdarstellung von Zahlen

Partnerarbeit

	128	64	32	16	8	4	2	1
Alex	1	0	1	0	0	0	0	1
Bea								
Cedric								

1. Die Klasse 10 hat acht Stäbe der Längen 1 cm, 2 cm, 4 cm, 8 cm, ..., 128 cm. Damit misst sie Körpergrößen und notiert in einer Tabelle, welche Stäbe jeweils benutzt werden.

a) Übertragt die Tabelle ins Heft und ergänzt die Zeile für Bea.

b) Wie groß sind Alex und Bea in cm?

c) Cedric ist 1,75 m groß, was wird in seiner Tabellenzeile stehen?

d) Welche Längen können so gemessen werden?

e) Wie lang müsste der nächstgrößte Stab sein, und bis zu welcher Länge könnte man damit messen?

Zehnersystem							
	10^6	10^5	10^4	10^3	10^2	10^1	10^0
					100	10	1
	1	5	0	8	1	0	4

Dualsystem (Zweiersystem)							
	2^6	2^5	2^4	2^3	2^2	2^1	2^0
			16	8	4	2	1
	1	1	0	0	1	0	1

2. Zehner- und Zweiersystem sind sogenannte Stellenwertsysteme. Erklärt beide Systeme mit Hilfe von Beispielen. Verwendet dabei die Begriffe: Zahl, Ziffer, Stellenwert, Zehnerpotenz, Zweierpotenz, Basis.

3. Ordnet jeder Zahl im Zehnersystem (blau) die Zahl im Zweiersystem (grün) zu.

1000 16 1001101 10 10000 128 1111101000 31
10000000 1010 77 11111 166 11001 25 10100110

4. a) Alfonso Duale ist neu in der Klasse. Auf einem Mathematiktest sollte er außer dem Namen auch sein Geburtsdatum im Format Tag.Monat.Jahr angeben. Wann ist er geboren?

b) Wie lauten eure Geburtsdaten im Zweiersystem geschrieben?

Alfonso Duale
11100.111.11111001011

5. Der erweiterte ASCII-Code ordnet jedem Zeichen einer Computertastatur eine 8-stellige 0-1-Ziffernkombination zu, die als Dualzahl gelesen werden kann.

a) Informiert euch im Internet, was die Abkürzung „ASCII" bedeutet und welche 0-1-Folgen den Buchstaben des Alphabets zugeordnet werden, druckt eine Liste aus.

b) Romeo schickt an Julia eine verschlüsselte Nachricht. Was soll Julia antworten?

ASCII	dual	dezimal
A	01000001	65
a	01100001	97

87-105-108-108-115-116-32-100-117-32-109-105-99-104-32-104-101-105-114-97-116-101-110-63-32-82-111-109-101-111

1. Berechne im Kopf.

a) 4^3 b) $0{,}5^2$ c) $(-3)^3$ d) $(-4)^4$ e) $0{,}1^5$

2. Schreibe als Bruch mit positivem Exponenten und berechne.

a) 7^{-2} b) 5^{-3} c) 3^{-4} d) 2^{-5} e) 10^{-5}

3. Schreibe in der Standardschreibweise mit Zehnerpotenz.

a) 750 000 000 000 b) 0,00000000593
c) 37 Milliarden d) 43 Millionstel

4. Schreibe mit Ziffern.

a) $5{,}2 \cdot 10^8$ b) $7{,}4 \cdot 10^{12}$ c) $4{,}1 \cdot 10^{-6}$

5. Schreibe als eine Potenz und berechne.

a) $4^3 \cdot 4^2$ b) $2^7 \cdot 2^8$ c) $8^3 \cdot 8^2$
$5^7 : 5^3$ $12^8 : 12^6$ $23^5 : 23^2$

6. a) $5^8 \cdot 0{,}4^8$ b) $3^5 \cdot 2^5$ c) $20^4 \cdot 0{,}1^4$
$12^6 : 6^6$ $10^4 : 5^4$ $24^5 : 8^5$

7. a) $(2^3)^2$ b) $(1{,}5^2)^4$ c) $(4^2)^{-2}$ d) $(5^{-2})^3$

8. Schreibe ins Heft, ergänze die fehlende Zahl.

a) $4^{\square} \cdot 4^4 = 4^9$ b) $3^8 \cdot 3^{\square} = 3^6$
c) $5^{\square} : 5^6 = 5^{-2}$ d) $4^3 \cdot \square^3 = 20^3$
e) $(4^{\square})^5 = 4^{15}$ f) $32^5 : \square^5 = 8^5$

9. a) Zeichne die Graphen von $y = x^2$ und $y = x^4$ für $-2 \leq x \leq 2$ in ein Koordinatensystem mit 1 cm als Einheit. Lege zunächst eine Wertetabelle in Schritten von 0,2 an.

b) Zeichne ebenso den Graphen von $y = x^3$.

10. Welche Potenzfunktion $y = x^n$ hat den Punkt auf ihrem Graphen?

a) $(2|8)$ b) $(3|9)$ c) $(-2|16)$
d) $(-5|-125)$ e) $(-2|-32)$ f) $(-3|81)$

11. Welche Punkte liegen auf allen Graphen von $y = x^n$ für alle ungeraden positiven n?

12. Berechne die Wurzel ohne Taschenrechner.

a) $\sqrt{400}$ b) $\sqrt[3]{8\,000}$ c) $\sqrt{0{,}36}$ d) $\sqrt[3]{0{,}125}$
e) $\sqrt[4]{625}$ f) $\sqrt[4]{0{,}0016}$ g) $\sqrt[3]{64}$ h) $\sqrt[3]{1 \text{ Mio.}}$

13. Bestimme mit dem Taschenrechner auf zwei Stellen nach dem Komma gerundet.

a) $\sqrt[3]{x} = 1{,}73$ b) $\sqrt[5]{29} = y$ c) $\sqrt[4]{0{,}7} = z$

Potenzen mit Basis $a \neq 0$

Exponent	$n > 0$	$a^n = \underbrace{a \cdot a \cdot \ldots \cdot a}_{\text{n gleiche Faktoren}}$
		$a^1 = a$
Exponent	$n = 0$	$a^0 = 1$
Exponent	$-n < 0$	$a^{-n} = \frac{1}{a^n}$

Standardschreibweise mit Zehnerpotenz

43 000 000 $= 4{,}3 \cdot 10^7$ 0,00000027 $= 2{,}7 \cdot 10^{-7}$

Zahl zwischen 1 und 10 mal Zehnerpotenz

Rechengesetze für Potenzen $a \neq 0$, $b \neq 0$

Multiplizieren und Dividieren mit gleicher Basis

$a^m \cdot a^n = a^{m+n}$ $2^4 \cdot 2^5 = 2^9$
$a^m : a^n = a^{m-n}$ $3^6 : 3^2 = 3^4$

Multiplizieren bzw. Dividieren mit gleichem Exponenten

$a^n \cdot b^n = (a \cdot b)^n$ $2^5 \cdot 3^5 = 6^5$
$a^n : b^n = (a : b)^n$ $12^3 : 2^3 = 6^3$

Potenzieren von Potenzen

$(a^n)^m = a^{n \cdot m}$ $(2^4)^3 = 2^{12}$

Potenzfunktionen

mit geraden Exp.

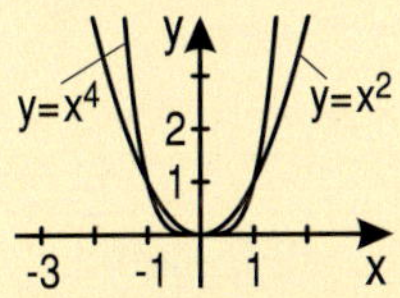

mit ungeraden Exp.

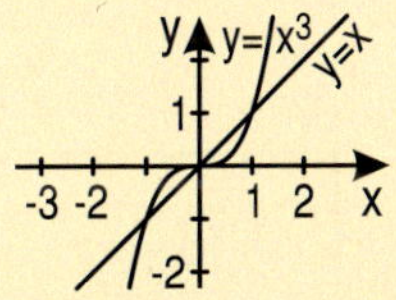

Wurzelfunktionen

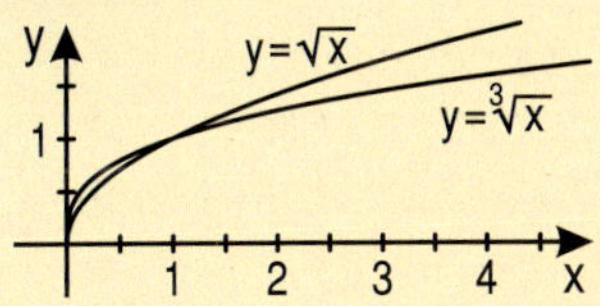

Für positive Zahlen a ist das **Wurzelziehen** die Umkehrung des Potenzierens.

a → (n-te Wurzel) → x; x → (hoch n) → a

$\sqrt{a}$ ist die Zahl $x > 0$ mit $x^2 = a$ $\sqrt{25} = 5$
$\sqrt[3]{a}$ ist die Zahl $x > 0$ mit $x^3 = a$ $\sqrt[3]{64} = 4$
… …

DIAGNOSETEST

1. Berechne. a) -2^4 b) 3^{-3} c) $(-5 \cdot 2)^3$ d) $(-9 + 5)^{-4}$

2. Schreibe in Standardschreibweise mit Zehnerpotenz.
a) $48 \cdot 10^4$ b) 76 000 000 000 c) $0{,}073 \cdot 10^{-5}$ d) 0,000 053

3. Berechne. a) $4\,000^3 : 40^3$ b) $(3^3)^{-2}$

4. a) Rechne im Kopf: $\sqrt{25}$; $\sqrt[3]{125}$; $\sqrt[6]{64}$; $\sqrt[4]{81}$; $\sqrt[3]{64}$.
b) Berechne mit dem TR. Runde auf 3 Nachkommastellen: $\sqrt[3]{30}$; $\sqrt[5]{65}$; $\sqrt[4]{100}$

5. Welche Kantenlänge hat ein Würfel mit dem Volumen a) $V = 216\ \text{cm}^3$; b) $V = 10^6\ \text{cm}^3$?

Wähle weitere 5 Aufgaben aus.

1. Schreibe in der Standardschreibweise. a) 13 Millionstel b) 2,23 Billionstel

2. Ergänze. a) $10^{\blacksquare} = \frac{1}{100\,000}$ b) $10^{\blacksquare} = 1$ c) $\blacksquare^{-3} = -1$ d) $\blacksquare^{-9} = \frac{1}{512}$

3. Das Licht hat eine Geschwindigkeit (v) von $3 \cdot 10^5\ \frac{\text{km}}{\text{s}}$. Wie lange (t) benötigt das Licht von der Sonne zu den einzelnen Planeten? Gib in Sekunden und Minuten an. Beachte: $t = \frac{s}{v}$

s = mittlere Entfernung von der Sonne ($\cdot 10^6$ km)	Merkur	Neptun
	57,91	4 498

4. Ordne zu.

Ⓐ $y = \sqrt[3]{x}$ Ⓒ $y = x^4$ Ⓑ $y = x^5$ Ⓓ $y = \sqrt[6]{x}$

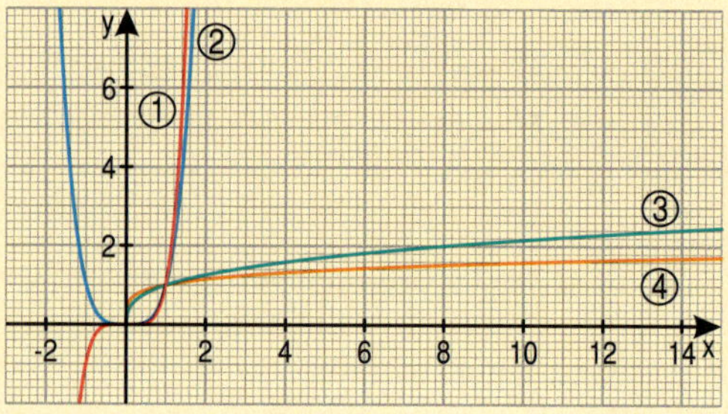

5. Ordne die Lösungen zu, es geht ohne Taschenrechner.

① $2^7 : 0{,}2^7$ ③ $80^{-8} : 800^{-8}$ ⑤ $0{,}1^7 : 10^7$
② $3\,000^2 : 3^2$ ④ $5^9 : 0{,}05^9$ ⑥ $16^9 \cdot 625^9$

Ⓓ 10^8 Ⓔ 10^{18} Ⓑ 10^{-14}
Ⓒ 10^6 Ⓐ 10^7 Ⓕ 10^{36}

6. Eine Bakterienkultur verdoppelt sich alle $1\frac{1}{2}$ Stunden. In welcher Zeit verachtfacht sie sich?

7. Eine Lok beschleunigt gleichmäßig. Für die Zuordnung „zurückgelegte Strecke s (in Meter) → Zeit t (in Sekunden)" gilt die Gleichung $t = \sqrt{\frac{2s}{1{,}6}}$. Zeichne den Graphen dieser Zuordnung bis s = 100 m und ermittle, nach welcher Zeit die Lok 80 m zurückgelegt hat.

8. Faustformel: Der Bremsweg B (in m) eines Autos mit der Tachoanzeige T (in $\frac{\text{km}}{\text{h}}$) ist $B = (T : 10)^2$.
a) Gib die Länge des Bremsweges für eine Geschwindigkeit von 125 $\frac{\text{km}}{\text{h}}$ an.
b) Welche Geschwindigkeit gehört zu einem Bremsweg von 50 m?

Exponentielles Wachstum

5

Welt-Getreideernte
2 Mrd. Tonnen im Jahr 2000

100 Reiskörner	ca. 2 g
100 Weizenkörner	ca. 5 g
100 ganze Erdnüsse	ca. 60 g

Sissa ibn Dahir (auch: Sessa) lebte im 3./4. Jahrhundert n. Chr. in Indien und gilt Legenden zufolge als der Erfinder des Schachspiels.

Als er das Spiel dem indischen Herrscher vorstellte, war der so begeistert, dass er ihm einen Wunsch frei stellte. Sessa wünschte nichts weiter als die 64 Felder des Schachbrettes mit Weizenkörnern zu füllen und zwar nach der folgenden Methode:

*Auf das erste Feld des Schachbrettes **ein** Korn, auf das zweite Feld **zwei** Körner, auf das dritte Feld **vier** Körner, usw. bis zum 64. Feld immer die **doppelte** Anzahl des vorhergehenden Feldes.*

Der Herrscher befahl, einen Sack Weizen herbringen zu lassen und erkundigte sich einige Tage später, ob der „Dummkopf" seine Belohnung in Empfang genommen habe. Doch er musste hören, dass die Kornkammern des ganzen Reiches die erforderliche Zahl von Getreidekörnern nicht aufbringen konnten. Wie groß war diese Zahl?

Quelle: http://de.wikipedia.org/wiki/Weizenkornlegende

Kapitalwachstum über mehrere Jahre

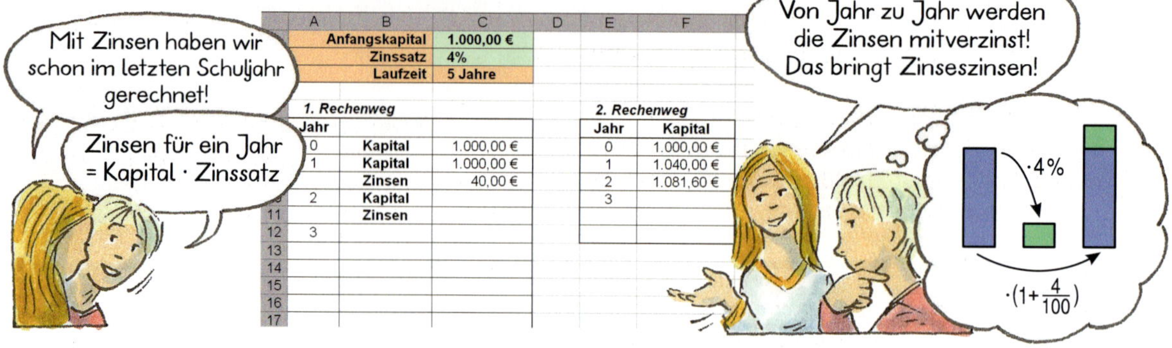

LVL **1.** a) Welche Aufgabe soll hier mit Hilfe einer Tabellenkalkulation gelöst werden? Entwerft in Partnerarbeit einen passenden Aufgabentext und vergleicht die beiden Rechenwege.

b) Löst eure unter a) formulierte Aufgabe und begründet die Wahl eures Rechenwegs.

Legt man einen Geldbetrag über mehrere Jahre an, dann bringen die gutgeschriebenen Zinsen selbst Zinsen *(Zinseszins)*. Bei gleich bleibendem Zinssatz p % wächst das Anfangskapital Jahr für Jahr mit demselben *Wachstumsfaktor* (Zinsfaktor) q auf das $(1 + \frac{p}{100})$-Fache des Vorjahres an.

$$q = 1 + p\,\% = 1 + \frac{p}{100} \qquad K_0 \xrightarrow{\cdot q} K_1 \xrightarrow{\cdot q} K_2 \cdots\cdots \xrightarrow{\cdot q} K_n \qquad K_n = K_0 \cdot q^n$$

Wachstumsfaktor — *Anfangskapital* — *Endkapital nach n Jahren*

2. Auf wie viel Euro wächst das Kapital in n Jahren?

a) $K_0 = 4\,000$ €, p % = 3 %, n = 3 Jahre
b) $K_0 = 2\,000$ €, p % = 3,5 %, n = 5 Jahre
c) $K_0 = 10\,000$ €, p % = 4,5 %, n = 6 Jahre

Auf wie viel Euro wächst ein Kapital von 6 000 € in 4 Jahren bei 5 % Zinssatz?
Wachstumsfaktor bestimmen:
$q = 1 + \frac{5}{100} = 1{,}05$
Endkapital berechnen:
$K_4 = 6\,000 \cdot 1{,}05^4 = 7\,293{,}0375$
Endkapital: **7 293,04 €.**

LVL **3.** *Partnerarbeit:* Überprüft mit selbst gewählten Beispielen:
Mit sonst gleichen Größen erhält man …

a) mit dem doppelten Zinssatz das doppelte Endkapital.
b) in der doppelten Zeit ein doppelt so großes Endkapital.
c) mit dem doppelten Anfangskapital das doppelte Endkapital.

4. Frau Sauer hat 10 000 €. Sie möchte das Geld mit Zins und Zinseszins sparen. Drei Angebote von Sparkassen und Banken liegen Frau Sauer vor.

a) Berechne das Endkapital bei den drei Angeboten nach 5 Jahren.
b) Wie groß sind die Unterschiede der Endkapitalwerte K_5 zwischen A und B und zwischen B und C?
c) Der Zinssatz bei Angebot B ist der Mittelwert der Zinssätze bei A und C. Trifft das auch für den Endkapitalwert zu?

A-Bank 5,3 %
B-Kasse $5\frac{1}{2}$ %
C-Bank 5,7 %

LVL **5.** Prüfe, ob die Bankkundin recht hat. Begründe deine Meinung.

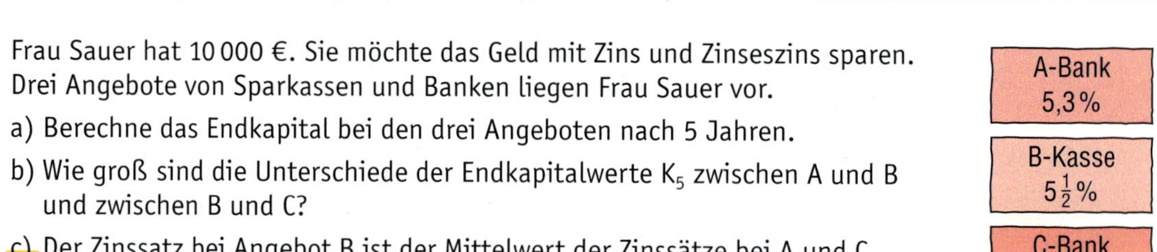

LVL **6.** Hier solltest du mit einer Tabellenkalkulation arbeiten. Erstelle eine Tabelle für das Kapitalwachstum: $K_0 = 100$ €, p% = 6%, n = 0, 1, 2, …, 10 und zeichne Graphen für die Zuordnung *Anzahl der Jahre → Kapital*. Begründe, warum die Punkte nicht auf einer Geraden liegen.

LVL **7.** Prüft in Partnerarbeit, ob sich ein Kapital in der nach der Regel ermittelten Zeit wirklich verdoppelt. Rechnet mit 1000 € Anfangskapital und Zinssätzen von 1%, 5%, 10%, 20% und 25%.

8. 2005 kaufte Herr Blum Aktien im Wert von 2 500 €. Er hofft auf Verdopplung in 10 Jahren. Gelingt das mit dem Zinssatz nach der Regel?

Wann verdoppelt sich das Geld?
Das ist leicht auszurechnen, wie die Gesellschaft für Bankpublizität mitteilt. Dafür müssen Sie lediglich die Zahl 70 durch die Zinszahl der Kapitalanlage teilen. Bei einem Zinssatz von 7% werden z. B. aus 20 000 € in (70 : 7 =) 10 Jahren 40 000 €.
Regel: $p \cdot d \approx 70$

LVL **9.**

	A	B	C
1		Anfangskapital	200,00 €
2		Zinssatz	6,00%
3		Wachstumfaktor	1,06
4			
5	Jahr	Kapital	
6	1	212,00 €	
7	2	224,72 €	
8	3	238,20 €	
9	4	252,50 €	
10	5	267,65 €	
11	6	283,70 €	
12	7	300,73 €	

a) Welches Problem ist hier zu lösen? Vergleicht die Lösungsvorschläge und löst das Problem.

b) Denkt euch selbst ähnliche Aufgaben aus und löst sie. Verwendet auch Tabellenkalkulation.

10. Max hat 3 200 € zu 6% auf einem Sonderkonto angelegt.

a) Wie viel Jahre nach der Einzahlung sind zum ersten Mal mehr als 5 000 € auf dem Konto?

b) Nach welcher Zeit hat sich die Geldanlage von Max etwa verdoppelt?

11. Vervollständige im Heft die Lösungen beider Aufgaben.

Wie viel Euro muss man zu 5% anlegen, wenn man nach 4 Jahren 3 000 € haben will?
Wachstumsfaktor bestimmen:
$q = 1 + \frac{5}{100} = 1{,}05$
Anfangskapital berechnen:
$3\,000 = K_0 \cdot 1{,}05^4$
…

Bei welchem Zinssatz wachsen 6 000 € in 4 Jahren auf 7 155,11 €?
Wachstumsfaktor berechnen:
$7\,155{,}11 = 6\,000 \cdot q^4$
$q^4 = \frac{7\,155{,}11}{6\,000}$ | 4. Wurzel ziehen
$q = \sqrt[4]{\ldots} = 1{,}0449\ldots$
Zinssatz (gerundet): …%

12. Prüfe, ob das Anfangskapital oder der Zinssatz gesucht ist, dann berechne die gesuchte Größe.

a) p% = 2%; n = 4 Jahre; $K_4 = 541{,}22$ €

b) $K_0 = 3\,000$ €; n = 6 Jahre; $K_6 = 3\,582{,}16$ €

13. Welches Angebot ist günstiger? Begründe.

2 000 € ergeben in 5 Jahren 2 500 €.

1 000 € ergeben in 6 Jahren 1 340 €.

14. Zu ihrer Geburt bekam Luise ein Sparkonto geschenkt. Bei 3% Zinssatz ist das Anfangskapital in 18 Jahren auf 851,22 € angewachsen. Wie viel Euro waren anfangs auf dem Konto?

15. a) Welches Kapital wuchs in 7 Jahren mit einem Zinssatz von 6,5% auf 15 540 €?

b) Mit welchem Zinssatz kann Mehmed 2 500 € Anfangskapital in 10 Jahren verdoppeln?

Regelmäßige Ein- und Auszahlungen

1. Marco träumt von einer Rundreise durch Australien. Er will 8 Wochen lang diesen Kontinent bereisen und rechnet mit Gesamtkosten von etwa 10 000 €. Marco plant, jeweils am Anfang eines Jahres 1 000 € auf sein Sparbuch einzuzahlen.

	A	B	C	D	E	F	G
1	Jährliche Sparrate		1.000,00 €		Zinssatz	5%	
2					Zinsfaktor	1,05	
3		Anfang	Ende				
4	1. Jahr	1.000,00 €	1.050,00 €				
5	2. Jahr	2.050,00 €	2.152,50 €				
6	3. Jahr	3.152,50 €					
7	4. Jahr						
8							

a) Erstelle selbst eine Tabelle und berechne, wie viele Jahre es bei 5% Zinssatz dauert, bis Marco sein Sparziel erreicht hat.

LVL b) Und wovon träumst du? Verschaffe dir einen Überblick über deine Einnahmen und Ausgaben. Wie viel kannst du regelmäßig sparen?

LVL **2.** Berechnet mit Hilfe einer Tabellenkalkulation das Endkapital K_n für die angegebenen Daten. Die Sparraten werden immer zu Jahresbeginn eingezahlt. Welche Regeln entdeckt ihr? Begründet diese mit der Formel $K_n = K_0 \cdot q^n$.

	Sparrate	Zinssatz	Laufzeit
a)	100 €	8 %	5 Jahre
	100 €	8 %	10 Jahre
b)	500 €	3 %	7 Jahre
	500 €	6 %	7 Jahre
c)	250 €	4,5 %	10 Jahre
	500 €	4,5 %	10 Jahre

3. Marga's Eltern schenkten ihr zum 16. Geburtstag einen Sparvertrag. Zum 10., 11., ..., 15. Geburtstag hatten sie jeweils 220 € eingezahlt. Der Zinssatz betrug 7 %. Wie viel Euro sind es jetzt?

4. Nach 10 Jahren möchte Johannes über mindestens 10 000 € verfügen. Johannes überlegt, wie hoch die regelmäßige Rate zum Jahresbeginn sein muss, wenn der Zinssatz 10 % beträgt.

a) Schätze die Höhe der Rate.

b) Ermittle die Rate mit Hilfe einer Tabellenkalkulation.

5. Frau Kaiser kann jährlich 1 000 € für neue Wohnzimmermöbel sparen und zahlt den Betrag zu Jahresbeginn auf ihr Sparkonto ein. Sie rechnet mit einem Jahreszinssatz von 4 %.

a) Wie viel € hat Frau Kaiser nach 5 Jahren?

b) Nach wie vielen Jahren hat sie so viel, wie das Komplettangebot heute kostet? Um wie viel € ist der heutige Preis dann übertroffen?

c) Kann Frau Kaiser nach 8 Jahren diese Wohnzimmermöbel kaufen, wenn sie dann 20 % teurer sind als das heutige Komplettangebot?

LVL **6.** *Gruppenarbeit:* Informiert euch im Internet und bei Geldinstituten über Möglichkeiten der Vermögensbildung für Jugendliche durch regelmäßige Einzahlungen.
Bereitet eine Präsentation eurer Ergebnisse vor. Achtet auf die Vergleichbarkeit der Angebote.

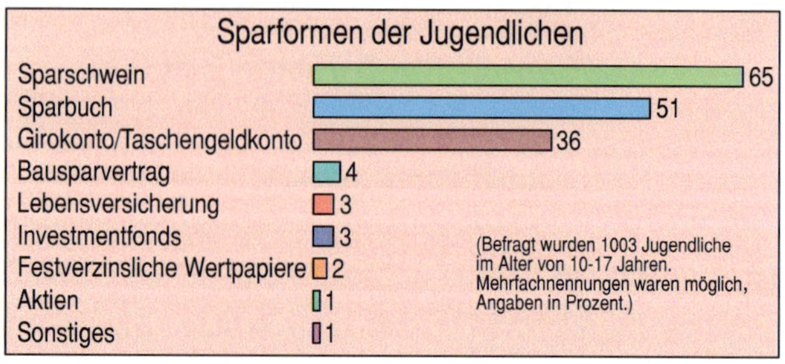

Altersvorsorge

LVL

Gruppenarbeit: Teilt euch in Gruppen auf, jede Gruppe bearbeitet eine Aufgabe oder beide Aufgaben mit Hilfe einer Tabellenkalkulation. Stellt eure Ergebnisse in der Klasse vor.

1. Herr Wirth hat für seine Rentenvorsorge 60 000 € auf einem Konto. Diese werden mit 5 % verzinst. Er plant nun, ab dem nächsten Jahr jährlich 10 000 € abzuheben.

a) Erstellt wie im Beispiel ein Tabellenblatt und berechnet, wie viel Restkapital das Konto nach 6 Raten aufweist.

b) Wie oft könnte Herr Wirth jeweils zu Jahresbeginn 5 000 € abheben?

c) Angenommen, das Kapital von 60 000 € würde mit 10 % verzinst. Verdoppelt sich dann die Zeitdauer, bis das Kapital durch regelmäßiges Abheben von 10 000 € (5 000 €) aufgebraucht ist?

	A	B	C
1		Kapital:	60.000,00 €
2		Zinssatz:	5%
3		Zinsfaktor:	1,05
4		Laufzeit:	6 Jahre
5		Jährliche Rate: (wird zu Jahresbeginn abgehoben)	10.000,00 €
6			
7		Anfang	Ende
8	1. Jahr	60.000,00 €	63.000,00 €
9	2. Jahr	53.000,00 €	55.650,00 €
10	3. Jahr		

2. Frau Blum kümmert sich um ihre private Altersvorsorge.

Angebot für Frau Blum

Beginn:	30. Lebensjahr
Einzahlung:	4 700 € pro Jahr
Rente ab:	60. Lebensjahr
Rente bis:	90. Lebensjahr
Rentenhöhe:	20 000 € pro Jahr
Zinssatz:	5 %

Der Versicherungsmakler verspricht Frau Blum ein Kapital in Höhe von fast 330 000 €, von dem sie dann nach ihrem 60. Geburtstag bis zu ihrem 90. Lebensjahr eine jährliche Rente von 20 000 € erhält.

a) Erstellt ein Tabellenblatt, mit dem ihr die Angaben des Versicherungsmaklers überprüfen könnt.

b) Um welchen Betrag könnte die jährliche Sparrate gesenkt werden, wenn Frau Blum bereits im Alter von 20 Jahren mit den Einzahlungen beginnen würde?

	A	B	C	D	E	F	G	H	I
1					Vertragsjahr	Alter	Kontostand		
2		Jährliche Sparrate:	4.700,00 €				Anfang	Ende	
3		Zinssatz:	5,0%		1	30	4.700,00 €	4.935,00 €	
4		Zinsfaktor:	1,05		2	31	9.635,00 €		
5		Laufzeit:	30 Jahre		3	32			
6					4	33			
7					...	...	...	...	
31					29	58			
32					30	59			
33	Kapital mit 60 Jahren:				31	60			
34					32	61			
35	Rentenhöhe:		20.000,00 €		33	62			
36	(Auszahlung zu Jahresbeginn)				34	63			
37		Zinssatz	5,0%		35	64			
38		Zinsfaktor	1,05		36	65			
39									

Vermischte Aufgaben

1. Tom hat für 500 € Bundesschatzbriefe gekauft.

a) Wie viel erhält er nach 6 Jahren ausgezahlt?

b) Welcher gleich bleibende Jahreszinssatz würde nach 6 Jahren für Toms Geld den gleichen Endbetrag ergeben?

c) Vergleiche den in b) berechneten gleich bleibenden Zinssatz mit dem Mittelwert der 6 angegebenen Jahreszinsen. Was stellst du fest?

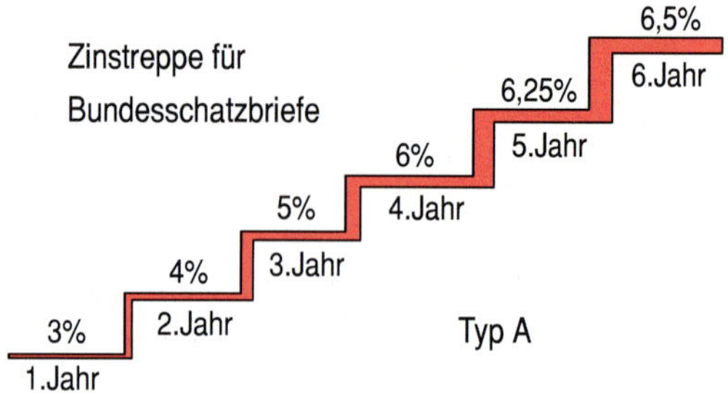

2. a) Marcella kann heute über 1 000 € verfügen. Vor 6 Jahren zahlten ihre Eltern einmalig für sie bei einer Bank ein. Es gab jährlich $5\frac{1}{2}$% Zinsen. Wie viel wurde damals eingezahlt?

b) Auch Julias Eltern haben vor 6 Jahren zu $5\frac{1}{2}$% eingezahlt. Julia hat doppelt so viel wie Marcella.

3. Stelle den Sparvertrag mit Hilfe eines *Funktionenplotters* im Koordinatensystem dar. Lies aus der Grafik die Anzahl der Jahre ab, nach denen sich das Anfangskapital verdoppelt und vervierfacht hat. Bestimme auch das Endkapital nach 20 Jahren.

Anfangskapital: 2 000 €
Zinssatz: 8 %
Laufzeit: 20 Jahre

4. Vor einigen Jahren hat Kristina 2 000 € zu einem gleich bleibenden Zinssatz von 5 % angelegt. Jetzt erhält sie genau 3 102,66 € von der Bank zurück.
Wie viele Jahre hätte Kristina ungefähr noch warten müssen, bis sich ihr Kapital verdoppelt hätte?

5. Die Bilder zeigen Frau Schmidt bei der Einzahlung ihres Lottogewinns im Wert von 311 804,73 € auf ein Konto, das mit 6 % verzinst wird, und beim Abheben des Geldes. Aus welchem Jahr stammt das erste Bild?

LVL **6.** *Partnerarbeit:* richtig oder falsch? Was könnt ihr ohne Taschenrechner mit Hilfe der Verdopplungsregel ($p \cdot d \approx 70$) entscheiden? Stellt eure Überlegungen den anderen vor.

① In 90 Jahren wachsen 1 000 € bei jährlichem Zuwachs um 8 % auf mehr als 1 000 000 €.

② Wenn täglich 1 % dazukommt, wächst 1 € in 70 Tagen auf 2 €, in 1 Jahr auf mehr als 32 € und in 10 Jahren auf mehr als 50 Billionen €.

7. a) Martin und Julika sparen und zahlen jährlich zu Jahresbeginn 3 000 € auf ein Konto mit 5 % Zinssatz ein. Berechne den Kontostand nach 1, 2, ... 10 Jahren und stelle die Zuordnung *Jahre* ⟶ *Euro* grafisch dar.

b) Zeichne ins selbe Koordinatensystem die Zuordnung *Jahre* ⟶ *Euro* für den Fall, dass die beiden ihr Geld nicht bei der Bank, sondern im „Sparstrumpf" zu Hause sparen.

c) Gilt in beiden Fällen „doppelt so viele Jahre – doppelter Endbetrag"?

8. Frau May hat vor vielen Jahren eine Versicherung abgeschlossen. Jetzt hat sie 100 000 € zur Verfügung, die mit 5,5 % verzinst werden. Jährlich will sie sich zu Jahresbeginn 15 000 € auszahlen lassen. Wie viele Jahre geht das? Arbeite mit einer Tabelle.

9. Angenommen, dein Uropa hätte vor 60 Jahren 2 000 DM (etwa 1 000 €) mit 8 % Zinssatz angelegt. Wie viele Jahre lang könntest du bei gleichem Zinssatz zu jedem Jahresbeginn 1 000 € abheben?

Bleib FIT!

Die Ergebnisse der Aufgaben 1 bis 7 ergeben zwei Namen berühmter Schiffe.

1. Die Grafik zeigt das Ergebnis eines Tests in einer Klasse.

a) Anzahl der Schüler = ▪

b) Mittelwert der Noten = ▪

c) Median (Zentralwert) der Noten = ▪

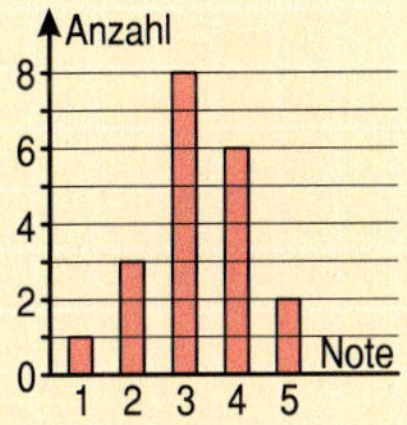

2. Eine Radtour dauert 40 Minuten bei einer Durchschnittsgeschwindigkeit von 18 $\frac{km}{h}$.

a) Wie lang ist die Strecke? ▪ km

b) Wie viel Minuten dauert die Fahrt bei einer Durchschnittsgeschwindigkeit von 20 $\frac{km}{h}$?

3. Zeichne in ein Koordinatensystem eine Gerade g durch die Punkte $P_1(-1|7)$ und $P_2(2|1)$. Bestimme m und b der zugehörigen Geradengleichung y = mx + b.

m = ▪ b = ▪

4. a) 12,5 cm + 2,5 dm + 75 mm + 0,9 m = ▪ cm

b) 0,5 m^2 + 120 dm^2 + 5600 cm^2 = ▪ dm^2

c) 2,5 dm^3 + 0,05 m^3 + 750 cm^3 + 250 ml = ▪ *l*

5. C und B sind Mittelpunkte der Quadratseiten. Berechne Flächeninhalt und Umfang des Dreiecks ABC. Runde auf cm^2 bzw cm.

A = ▪ cm^2; u = ▪ cm

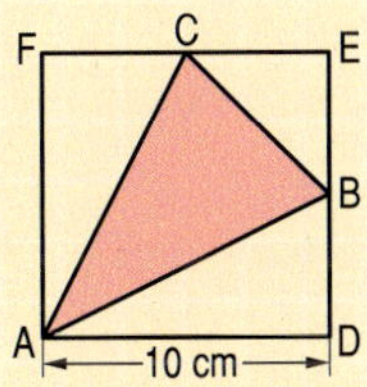

6. Die Strecken a und b sind parallel.

a) a = 3,2 km, b = ▪ km

b) b = 24 km, a = ▪ km

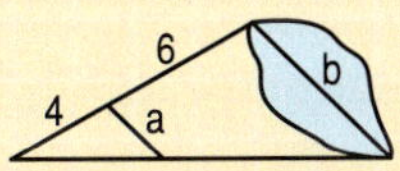

7. In einen Würfel aus Eichenholz ($\rho = 0{,}8\,\frac{g}{cm^3}$) wird ein zylinderförmiges Loch gebohrt. Wie schwer ist danach der Körper? Runde auf g.

m = ▪ kg.

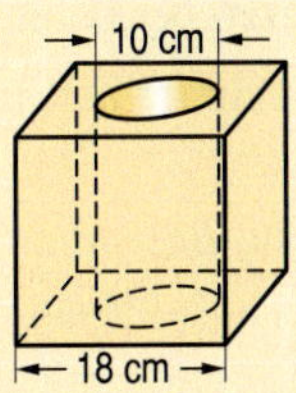

Ergebnis	Buchstabe
−3	G
−2	O
3,25	A
3	Y
3,535	S
4	R
4,25	A
5	W
8	D
12	F
9,6	U
29	O
20	M
36	L
35,5	E
38	X
53,5	E
80	B
96	A
135	E
189	A
226	R
375	E
2260	K
3535	A

LVL

Mathematische Modelle für Zu- und Abnahme

Bildet *Expertengruppen* zu den Aufgaben A bis D.
- Teilt euch so auf, dass mindestens zwei Expertengruppen dieselbe Aufgabenstellung bearbeiten.
- Bildet anschließend neue Gruppen aus Experten der Gruppen A bis D. Stellt euch gegenseitig die verschiedenen Arbeitsergebnisse vor. Verwendet dabei auch mathematische Fachausdrücke.
- Vergleicht abschließend die verschiedenen mathematischen Modelle für Zu- und Abnahme.

Gruppe A: Falten

① Schätzt, wie oft ein Papier von 0,1 mm Dicke gefaltet werden müsste, bis die Höhe des Papierstapels 1 km übertrifft.

② Erstellt eine Wertetabelle für die Zuordnung *Anzahl der Faltungen → Dicke (in mm)*.

③ Wie gut war der von euch geschätzte Wert?

④ Beschreibt das Wachstumsverhalten der Dicke des Papierstapels mit Worten und mit einer Formel.

Gruppe B: Springender Ball

Ein Gummiball springt anfangs auf eine Höhe von 2 m und erreicht nach jedem weiteren Auftreffen auf den Boden nur noch 50 % der vorherigen Höhe.

① Schätzt die Sprunghöhe nach dem 10. Auftreffen.

② Stellt die Zuordnung *Anzahl des Auftreffens → Höhe (in cm)* in einer Tabelle und im Koordinatensystem dar.

③ Beschreibt mit Worten und mit einer Formel, wie sich die Sprunghöhe von einem Auftreffen zum nächsten verändert.

Gruppe C: Wachsender Radius

Bei der Arbeit mit einer Geometriesoftware wird ein Kreis mit dem Radius r = 1 cm mit Hilfe des Zugmodus kontinuierlich vergrößert.

① Schätzt ab, wie sich der Flächeninhalt des Kreises verändert, wenn der Radius verdoppelt wird.

② Stellt die Zuordnung *Radius r (in cm) → Flächeninhalt (in cm²)* in einer Tabelle und im Koordinatensystem dar.

③ Beschreibt die Zuordnung mit Worten und mit einer Formel.

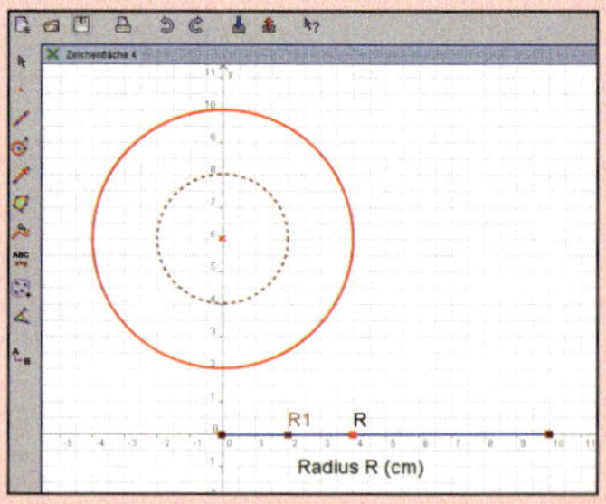

Gruppe D: Brennende Kerze

Eine 20 cm hohe Kerze wird angezündet. Nach einer halben Stunde Brenndauer ist die Kerze noch 18,5 cm hoch.

① Schätzt ab, nach welcher Zeit die Kerze auf ihre halbe Anfangsgröße niedergebrannt ist.

② Stellt die Zuordnung *Brenndauer (in h) → Kerzenhöhe (in cm)* in einer Tabelle und im Koordinatensystem dar.

③ Beschreibt die Zuordnung mit Worten und mit einer Formel.

Lineare und exponentielle Zu- und Abnahme

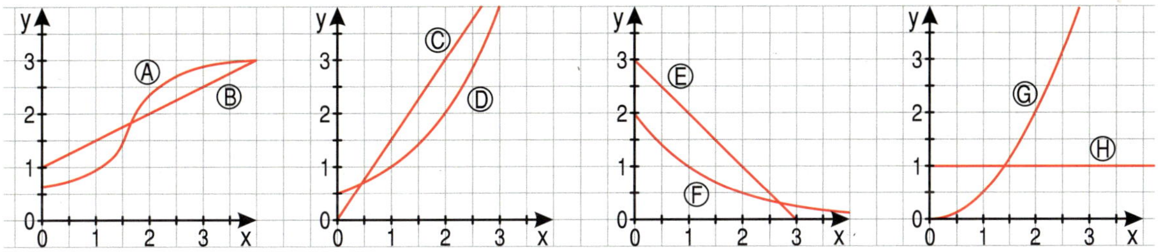

LVL **1.** *Partnerarbeit:*

a) Stellen die Graphen die Zu- oder die Abnahme einer Größe y in Abhängigkeit von x dar?

b) Welcher Graph gehört zur Gleichung?
① $y = 3 - x$ ② $y = 1$ ③ $y = 0{,}5 \cdot 2^x$ ④ $y = \frac{1}{2}x + 1$ ⑤ $y = 0{,}5x^2$ ⑥ $y = \frac{3}{2}x$ ⑦ $y = 2 \cdot (0{,}5)^x$

Lineare Zuordnung x ⟶ y:
Eine Größe y nimmt in gleichen Abständen einer Größe x um den gleichen Wert zu (ab), der Graph der Zuordnung ist eine steigende (fallende) Gerade.

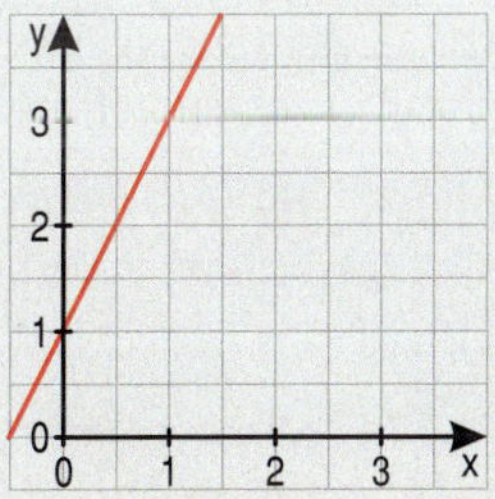

x	0	1	2	3
y	1	3	5	7

+2 +2 +2

Funktionsgleichung:
$y = 2x + 1$

Exponentielle Zuordnung x ⟶ y:
Eine Größe y nimmt in gleichen Abständen einer Größe x mit dem gleichen Faktor zu (ab), der Graph der Zuordnung steigt (fällt) exponentiell.

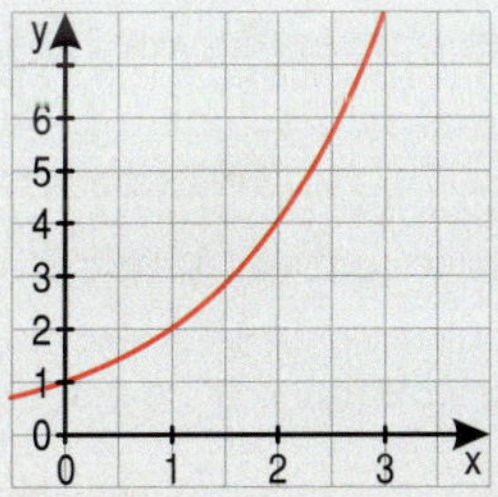

x	0	1	2	3
y	1	2	4	8

·2 ·2 ·2

Funktionsgleichung:
$y = 2^x$

2. Im Zoo kontrolliert der Tierarzt in regelmäßigen Abständen die Gewichtszunahme der Tierkinder.

a) Bei welchem Tierjungen nahm das Gewicht annähernd linear zu?

b) Bei welchem Tierkind wuchs das Gewicht in etwa exponentiell? Wie groß war der Faktor von Messung zu Messung, wie groß war die prozentuale Zunahme?

	Gewicht in kg		
Messung	Eisbär	Robbe	Elefant
(1)	0,8	30	120
(2)	1,5	42	134
(3)	2,8	59	147
(4)	5,3	62	161

LVL **3.** a) *Partnerarbeit:* Liegt lineares oder exponentielles Wachstum oder keins von beidem vor?
① Kapitalwachstum bei Anlage mit Zinseszins
② Handytarif mit Grundgebühr und sekundengenauer Abrechnung
③ Fortgesetzte Verdopplung einer Streckenlänge
④ Wertentwicklung einer Aktie im Tagesverlauf
⑤ Gewichtsentwicklung eines Säuglings im ersten Lebensjahr

b) Findet weitere Beispiele für lineare und annähernd exponentielle Zu- und Abnahmen.

4. a) Zeichne in einem Koordinatensystem die Graphen einer linearen und einer exponentiellen Zunahme. Beide Graphen sollen durch die Punkte P (0 | 10) und Q (1 | 15) verlaufen.

b) Bestimme die y-Werte der beiden Zuordnungen für x = 5.

c) Beschreibe die Zuordnungen durch jeweils eine Funktionsgleichung.

5. Zeichne den Graphen zur Wertetabelle. Entscheide dann, ob eine Zunahme oder eine Abnahme dargestellt wird und ob die Zuordnung linear oder exponentiell ist.

a)

x	0	1	2	3
y	4	3,5	3	2,5

b)

x	0	1	2	3
y	5	10	20	40

c)

x	0	1	2	3
y	5	1	0,2	0,04

6.

Der wichtigste Energieträger ist heute noch das Erdöl. Die 1995 bekannten Reserven betrugen 136 Mrd. Tonnen. Wie lange die Reserven für uns und unsere Kinder noch reichen, entscheiden wir mit. Mit Hilfe von Modellrechnungen lässt sich abschätzen, wann unsere Ölreserven ausgehen.

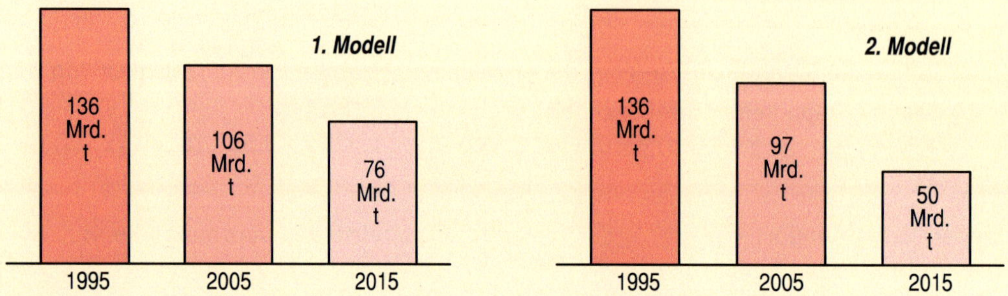

a) Bestimme den Abnahmewert der Ölreserven nach jeweils 10 Jahren in beiden Modellen. Welches Modell geht von einer linearen Zuordnung *Zeit → Ölreserven* aus?

b) Wie viel Prozent der Ölreserven von 1995 gibt es 2015 nach dem 1. bzw. 2. Modell?

c) Wann sind die Ölreserven nach dem 1. Modell erschöpft?

LVL d) Recherchiere im Internet zum Thema „Energiequellen + Modellrechnungen". Notiere deine Ergebnisse übersichtlich und verständlich.

7. Funktionen mit der Gleichung $y = q^x$, $q > 0$ und $q \neq 1$, heißen *Exponentialfunktionen.*

a) Prüfe anhand der Darstellung im Koordinatensystem oder rechnerisch, ob die folgenden Aussagen zutreffen.

① Der Punkt $(1|q)$ liegt auf dem Graphen der Exponentialfunktion $y = q^x$.

② Es gibt kein x, für das gilt: $0{,}1^x < 0$.

③ $0{,}5^x$ ist für alle x-Werte größer als Null.

b) Um den Graphen zur Funktion $y = 2^x$ zeichnen zu können, müssen weitere Zwischenwerte berechnet werden. Berechne die Funktionswerte für x = 0,5; 1,2 und 3,5.

TIPP $2^{0,7} = 2^{\frac{7}{10}} = \sqrt[10]{2^7}$.

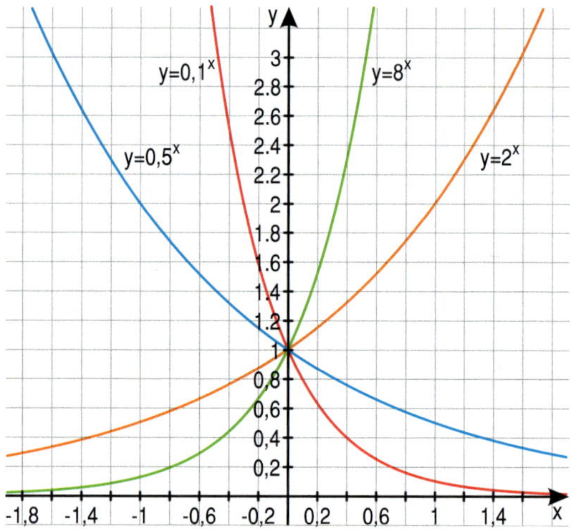

LVL **8.** *Partnerarbeit:*
Anna, Ben und Cesar möchten in 2 Jahren den Führerschein machen.

a) Schätzt ab, welches Vorhaben besonders gewinnbringend ist.

b) Stellt die drei Sparpläne mit Hilfe einer Tabellenkalkulation dar und beschreibt das Anwachsen der Geldbeträge mit Worten und mit einer Formel.

Anna hat bereits 100 € in ihrem Sparschwein. Ihr Opa legt jeden Monat 20 € dazu.

Ben nimmt das Angebot seiner Tante an: Im ersten Vierteljahr erhält er 5 € und dann alle 3 Monate den gesamten erhaltenen Geldbetrag dazu.

Cesar überredet seinen Vater, ihm im 1. Monat 1 €, im zweiten Monat 4 €, im dritten Monat 9 €, im vierten Monat 16 € usw. zu geben.

Exponentielles Wachstum

Paul Weber: Das Gerücht

LVL **1.** a) *Partnerarbeit:* Schätzt zunächst und berechnet dann, wie lange es bei einer solchen Art der Verbreitung dauern würde, bis 8, 80, 800, 8 000 und 80 Mio. Personen von dem „Geheimnis"erfahren hätten. Diskutiert auch, ob die Modellrechnung der Realität entspricht.

b) Beschreibt das Wachstumsverhalten mit Worten und mit einer Formel.

c) „Menschen werden immer wieder von exponentiellen Entwicklungen überrascht." Was steckt hinter dieser Aussage? Was findet ihr zu diesem Thema im Internet?

Eine Anfangsgröße G wächst **exponentiell** in Abhängigkeit von n (z. B. der Zeit), wenn sie in gleichen Abständen von n immer um denselben Wachstumsfaktor q zunimmt. Der zugehörige Prozentsatz p% der Zunahme heißt *Wachstumsrate*.

$\mathbf{q = 1 + p\% = 1 + \frac{p}{100}}$ $\quad G_0 \xrightarrow{\cdot q} G_1 \xrightarrow{\cdot q} G_2 \cdots\cdots \xrightarrow{\cdot q} G_n \quad$ $\mathbf{G_n = G_0 \cdot q^n}$

Wachstumsfaktor *Anfangsgröße* *Endgröße nach n Jahren*

Das Anwachsen von Kapital bei Zinseszins ist ein Beispiel für exponentielles Wachstum.

2. Bakterien vermehren sich durch Zellteilung. Dabei teilt sich unter günstigen Bedingungen jede Zelle alle 30 Minuten in zwei Tochterzellen. Angenommen, um 12 Uhr werden 100 Bakterien gezählt, und in den nächsten 5 Stunden sterben keine.

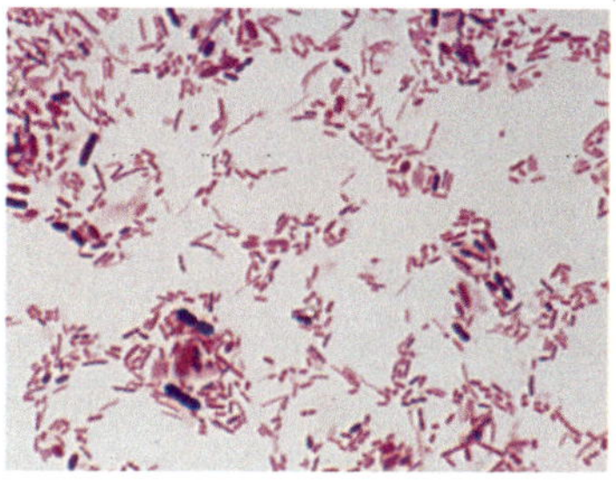

a) Erstelle eine Tabelle für die Bakterienzahl G_n um 12 Uhr, 12.30 Uhr, …, 17 Uhr.

b) Stelle das Bakterienwachstum grafisch dar.

c) Wie viele Bakterien waren schon um 11 Uhr vorhanden?

3. Frau Schall verdient monatlich 3 500 €. Für die Zukunft erwartet sie jährlich 3% mehr Gehalt. Bestimme den Wachstumsfaktor und das erwartete Monatsgehalt nach n = 1, 2, …, 10 Jahren.

4. Prognose aus dem Jahr 2000: Der Literpreis für Super-Benzin steigt von 0,90 € jährlich um 10%. Wie hoch wären danach die Preise 2010, 2020 und 2030?

5. Das Foto zeigt eine Serie von Holzstäben. Der erste, kleinste Stab ist 1 cm hoch. Jeder folgende Stab ist doppelt so hoch wie der vorangehende Stab.

a) Wie hoch ist der 2., 3., … 7. Stab?

b) Wie hoch müsste der 11. Stab in dieser Serie sein? Runde auf m und berechne damit die Höhen des 21., 31. und 41. Stabes.

LVL c) Der wievielte Stab würde bis zum Mond reichen?

LVL **6.** Prüft in *Partnerarbeit,* ob die installierte Windenergie über die ganze Zeit oder nur teilweise (ungefähr) exponentiell zunahm. Am schnellsten geht das mit einer Tabellenkalkulation, in der ihr die tatsächlichen Daten mit den Daten vergleicht, die sich theoretisch aus der Anfangsgröße mit einem festen Wachstumsfaktor ergeben.

	A	B	C	D
1	Windenergie in Deutschland		mit Faktor q =	
2			1,61	
3	Jahr (1994 = Jahr 0)	tatsächliche Leistung in Megawatt	berechnete Leistung in Megawatt	
4	0	643	643	
5	1	1137	1035	
6	2	1546		
7	3	2082		
8				

= C4 * C$2

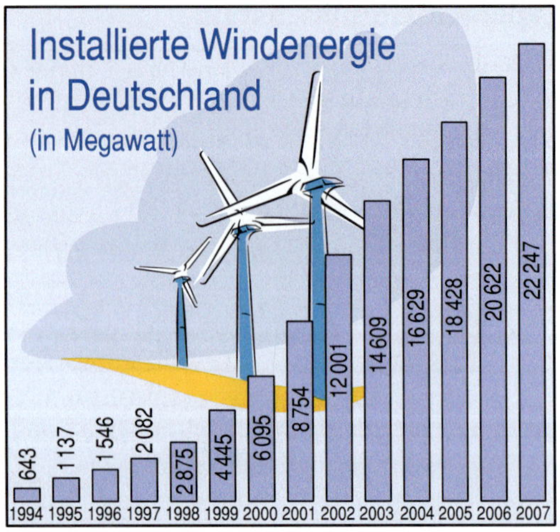

7. Im Internet (http://antarktis.ch/37a.htm) war im Januar 2006 zu lesen, dass es nur noch 10 000 Blauwale gebe. Auch wenn sie sich wieder ungestört vermehren könnten, würde es mindestens 100 Jahre dauern, bis wieder die Zahl von 200 000 erreicht wäre, die als natürliche Bestandsgröße angesehen werde. Mit welcher jährlichen Zuwachsrate könnte dieses Wachstum gelingen?

8. *Partnerarbeit:* Stellt euch vor, ihr wollt 1 000 € langfristig anlegen. Vergleicht die beiden Angebote.

Spar-Garantie plus 5 % jedes Jahr!	Finanzgarantie plus 80 € jedes Jahr!

– Berechnet genügend viele Werte beider Zuordnungen *Laufzeit n in Jahren → Kapital K_n nach n Jahren* und stellt sie grafisch dar. Nutzt hierzu eine Tabellenkalkulation. Bei welchem Angebot wächst das Endkapital exponentiell?
– Welches Angebot ist günstiger, oder lässt sich das gar nicht eindeutig entscheiden?

9. Erstelle einen Merkkasten zum linearen Wachstum mit einer Anfangsgröße G_0 und einem schrittweisen Zuwachs a. Präsentiere dein Ergebnis mit Beispielen dazu.

10. Die Grafik stellt die Zunahme der Weltbevölkerung bis zum Jahr 1999 dar und gibt die Ergebnisse von drei Modellrechnungen wieder, mit deren Hilfe Prognosen für die weitere Entwicklung der Weltbevölkerung bis zum Jahr 2050 aufgestellt werden.

a) Bestimme die Verdopplungszeiten für das Wachstum der Weltbevölkerung von 1 auf 2 Milliarden, 2 auf 4 Milliarden, 3 auf 6 Milliarden. Was fällt dir auf?

b) Eine Modellrechnung geht davon aus, dass die Weltbevölkerung ab 1987 linear wächst, eine andere nimmt an, dass die Weltbevölkerung ab 1987 mit einer gleichbleibenden jährlichen Wachstumsrate wächst. Welcher Graph gehört zu welcher Modellrechnung?

c) Prüfe nach, mit welchem Wachstumsfaktor der Anstieg der Weltbevölkerung von 6 Mrd. (1999) auf 12,8 Mrd. (2050) berechnet wurde.

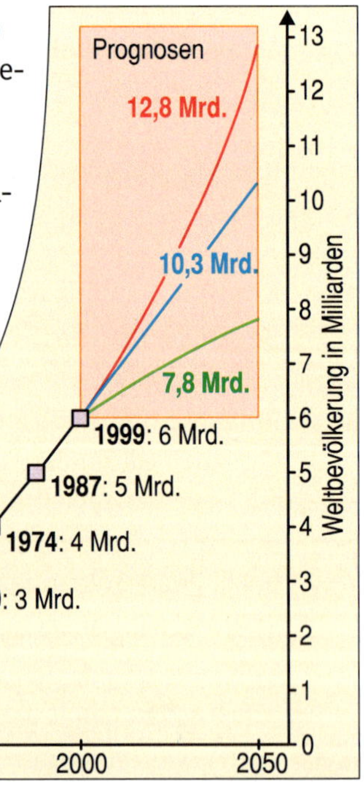

LVL

Weltbevölkerung

Beachte: Aktuelle Daten zum Thema findest du im Internet unter http://www.weltbevoelkerung.de.

Die *Deutsche Stiftung Weltbevölkerung* (DSW) unterhält im Internet eine Weltbevölkerungsuhr, die anzeigt, wie viele Menschen in der aktuellen Minute leben. Das Bild zeigt die Zahl am 24.08.2006 um 8.50 Uhr. Zur Zeit wächst die Zahl um 2,5 Menschen pro Sekunde.

Fotos: Thomas Einberger, Dietmar Falk, EC/UNFPA Initiative for RH in Asia.

1. a) Welche Zahl müsste diese Weltbevölkerungsuhr jetzt anzeigen, wenn du dies liest? Vergleiche dein Rechenergebnis mit der tatsächlichen Anzeige.

b) Wie viele Menschen kommen jährlich hinzu? Wie viel Prozent von den bereits vorhandenen 6,5 Mrd. sind das?

2. Im Jahr 2005 nahm die Weltbevölkerung um 1,2 % zu. Angenommen, diese jährliche Wachstumsrate bliebe unverändert.

a) Wie viele Menschen gäbe es dann im Jahre 2010?

b) Stelle das Wachstum der Bevölkerung für die Jahre 2005, 2010, 2015, ... grafisch dar, bis 13 Mrd. erreicht sind.

c) Überlege, ob das immer so weiter gehen kann. Informiere dich über die Möglichkeiten auch im Internet.

3. Im Jahre 1804 erreichte die Weltbevölkerung erstmals eine Milliarde. Nimm dies auch als Wert für 1805.

a) Mit welchem gleichbleibenden Wachstumsfaktor q ist die Zunahme auf 6,5 Milliarden im Jahr 2005 erklärbar?

b) Stelle dieses Bevölkerungswachstum für die Jahre 1805, 1815, 1825, ..., 2005 grafisch dar.

c) Überlege, ob dieses Wachstum vor 1805 immer so gewesen sein kann. Informiere dich auch im Internet.

DSW Report 2005

Region	± pro Jahr
Afrika	2,3 %
Nordamerika	0,6 %
Lateinamerika	1,6 %
Asien (ohne China)	1,6 %
China	0,6 %
Ozeanien	1,0 %
Europa	– 0,1 %

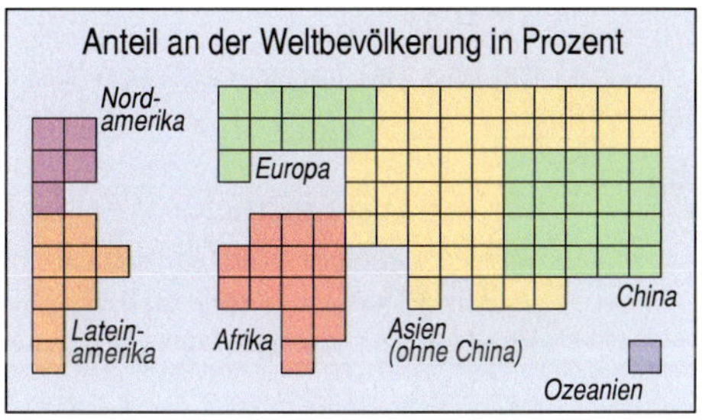

4. Die Grafik zeigt die ungefähre Verteilung der im Jahre 2005 lebenden 6,5 Mrd. Menschen.

a) Bestimme die Prozentsätze und damit die Bevölkerungszahlen in den einzelnen Regionen.

b) Berechne mit den regionalen Wachstumsraten die Bevölkerungszahlen für das Jahr 2050.

c) Zeichne ein Diagramm für die regionale Verteilung im Jahr 2050.

Exponentielle Abnahme

LVL **1.** Spielt das oben dargestellte Spiel in eurer Klasse:
- Notiert die Anfangszahl G der Stehenden und dann die Zahl G_n der Stehenden nach dem n-ten Münzwurf (Tabelle), und stellt die Abnahme grafisch dar.
- Um wie viel Prozent nimmt die Zahl der Stehenden bei jedem Münzwurf ungefähr ab?

LVL **2.** Spielt dasselbe Spiel mit einem Würfel. Vereinbart zuerst, bei welchem Würfelergebnis man sich setzen muss. Notiert dann die Zahlen der Stehenden und stellt sie grafisch dar. Notiert auch den Prozentsatz, um den die Zahl der Stehenden bei jedem Würfeln ungefähr abnimmt.

LVL **3.**

Partnerarbeit: Schreibt selbst den Text für einen Merkkasten zur **exponentiellen Abnahme** einer Größe G mit einem festen *Wachstumsfaktor* q und einer *Wachstumsrate* von p %.

4. Herr Knorr ist 40 Jahre alt und wiegt 120 Kilogramm. Zu Silvester fasst er den Vorsatz: „Ab morgen wird gefastet, jeden Monat will ich 2 % abnehmen."

a) Angenommen, Herr Knorr fastet nach Plan, wie viel Kilogramm wiegt er nach einem Jahr?

b) Wie viel Kilogramm wöge er nach einem Jahr, wenn er monatlich nur 1 % abnähme? Wie viel Kilogramm wären es, wenn er es schaffte, 3 % monatlich abzunehmen?

LVL c) Partnerarbeit: Überlegt Gründe, warum ein solches exponentielles Abnehmen, egal ob mit 1 %, 2 % oder 3 % monatlich, nicht beliebig lange möglich ist.

5. Manche Kleidungsstücke verkaufen sich besser, wenn sie „ausgewaschen" aussehen. Eine Hosenfirma wäscht daher die Hosen, bis nur noch 60 % der ursprünglichen Farbe im Stoff ist.

a) Wie oft muss sie eine Hose waschen, wenn pro Wäsche 10 % der Farbe ausgewaschen wird?

b) Bei wie viel Farbverlust pro Wäsche würde 4-maliges Waschen ausreichen?

6.

Der **durchschnittliche Wertverlust über alle Pkw-Klassen** hinweg beträgt bei einer Jahresfahrleistung von 15 000 Kilometern **im ersten Jahr nach der Neuzulassung 24,2 Prozent.** In den folgenden Jahren sind es jeweils nur rund fünf bis sechs Prozent.

Quelle: http://focus.msn.de/D/DL/DLD/DLDI/DLDI01/dldi01.htm
FOCUS ONLINE (Januar 2006)

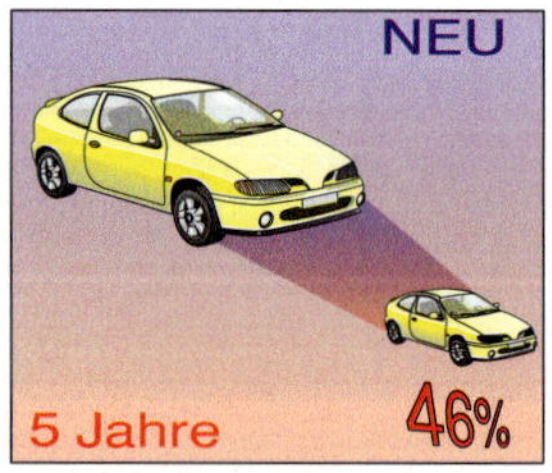

a) Wird die Angabe „46 % des Neuwertes nach 5 Jahren" in der Grafik richtig dargestellt?

b) Passt die Angabe der Grafik von „46 % des Neuwertes nach 5 Jahren" zu den Zahlen im Text?

c) Angenommen, es bleibt auch nach dem 5. Jahr bei 5 bis 6 Prozent Wertverlust, welchen Wert hat dann ein Neuwagen zum Preis von 36 000 € nach 10 Jahren?

d) Gilt hier die Aussage: „doppelte Zeit – doppelter Wertverlust"?

7. Bergsteiger und Bergwanderer benutzen oft einen Höhenmesser, der den Luftdruck misst und daraus die erreichte Höhe berechnet und anzeigt. Die Grafik zeigt für p(0) = 1 013,25 hPa (Hektopascal) Luftdruck in Meereshöhe die Zuordnung Höhe h (m) ⟶ Luftdruck p(h) (hPa).

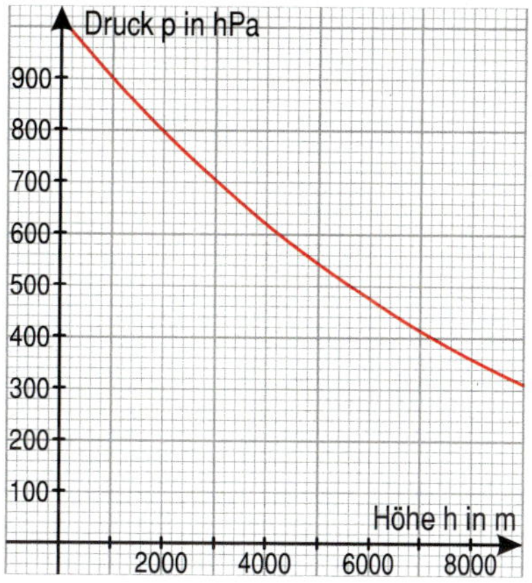

a) Lies die Werte ab für Höhen in ganzen tausend Metern und trage die Werte in eine Tabelle ein.

b) Zeige, dass der Luftdruck mit zunehmender Höhe ungefähr exponentiell abnimmt. Bestimme den Abnahmefaktor pro 1 000 m.

c) Manfred übernachtet in einer Berghütte in 2 964 m Höhe und stellt den Höhenmesser auf diese Höhe ein. Am Morgen zeigt er 3 164 m an. Wie ist das zu erklären?

8. Ein Topf mit 75° heißem Pudding wird zum Abkühlen auf den Balkon gestellt. Die Außentemperatur beträgt 0° C. Angenommen, die Temperatur des Puddings verringert sich um 12 % stündlich. Nach wie viel Stunden ist er dann auf 20° C oder weniger abgekühlt?

9. In Annas Tasse mit 80° heißem Tee nimmt die Differenz $D_0 = 80 - 20$ zur Zimmertemperatur von 20° C exponentiell ab, ungefähr um 3 % pro Minute. Anna trinkt erst, wenn der Tee nicht heißer als 50° C ist. Wie lange muss sie warten? Stelle deinen Lösungsweg ausführlich dar.

LVL **10.** Karin liest in einer Mathematikaufgabe, die Höhe von Bierschaum nehme exponentiell ab mit 15 % pro Minute. Sie will sich von der Richtigkeit dieser Behauptung selbst überzeugen. Sie nimmt eine Flasche Malzbier und leert sie in ein großes Glas, so dass viel Schaum entsteht. Überlegt in Gruppenarbeit, wie Karin dann weiter vorgehen kann.

11. Die Strahlung radioaktiver Elemente nimmt exponentiell mit der Zeit ab. Die Halbwertszeit ist die Zeitspanne, in der die Strahlung auf die Hälfte abnimmt. Für medizinische Untersuchungen wird radioaktives Jod 131 mit einer Halbwertszeit von 8 Tagen verwendet.

$$G_0 \cdot q^{\text{Halbwertszeit}} = \frac{1}{2} G_0$$
$$q^{\text{Halbwertszeit}} = \frac{1}{2}$$

a) Bestimme für Jod 131 den Abnahmefaktor q pro Tag und die prozentuale Abnahme p % pro Tag.

b) Nach wie vielen Tagen ist die Strahlung geringer als 1 % des Anfangswerts?

12. Zur Feststellung von Schilddrüsenerkrankungen wird radioaktives Technetium 99 verwendet, das im Körper mit 6,9 % pro Minute abgebaut wird.

a) Um 8.00 Uhr werden 100 Einheiten gespritzt. Wie viele Einheiten sind nach 1, 2, ..., 12 Minuten noch im Körper? Erstelle eine Tabelle.

b) Lies in der Tabelle die Halbwertszeit ab, kontrolliere den abgelesenen Wert durch Rechnung.

c) Bei einer Knochenuntersuchung werden 800 Einheiten Technetium 99 gespritzt. Nach welcher Zeit sind nur noch 50 Einheiten im Körper?

LVL **13.** Im Atommüll von Kernkraftwerken ist unter anderem radioaktives Plutonium 239 mit einer Halbwertszeit von 24100 Jahren. Wie lange muss man eine absolut sichere Endlagerung garantieren können, bis eine eingelagerte Anfangsmenge von 60 kg auf 1 kg oder weniger abgenommen hat? Vergleiche mit entsprechend weit zurückliegenden Zeiten der Geschichte.

14. Als biologische Halbwertszeit bezeichnet man die Zeit, in der eine Substanz im Körper auf die Hälfte abnimmt. Das Schwermetall Cadmium hat 19 Jahre als biologische Halbwertzeit. Um wie viel Prozent pro Jahr nimmt eine mit Nahrung aufgenommene Cadmiummenge im Körper ab?

LVL **Altersbestimmung mit der C14-Methode**

Die Radiocarbon-Methode oder C14-Methode:
Jeder lebende Organismus wie Mensch oder Pflanze enthält radioaktive Kohlenstoffatome (C14), die er aus der Atmosphäre bzw. über die Nahrungskette aufnimmt. Nach dem Tod wird kein C14 mehr aufgenommen. Der Anteil C14 halbiert sich dann innerhalb von 5 730 Jahren (Halbwertszeit). Recherchiere im Internet mit den Stichworten „C14-Methode“ und „Altersbestimmung“.

1. 1940 entdeckte man in Lascaux (Frankreich) Höhlen mit Bildern von Wildpferden, Urrindern, Wisenten und Menschen. Die C14-Atome im dort gefundenen verkohlten Holz hatten noch eine Aktivität von ca. 13 %.

a) Mit der Halbwertszeit von ca. 6 000 Jahren kannst du grob abschätzen, nach wie vielen Jahren die C14-Aktivität des gefundenen Holzes nur noch ungefähr 13 % beträgt.

b) Aus der genauen Halbwertszeit von 5 730 Jahren kannst du den Abnahmefaktor q pro Jahr berechnen. Erkläre und berechne q (5 Stellen nach dem Komma) mit: $q^{5730} = (\frac{1}{2})$.

c) Berechne, wie lange das Holz schon „tot“ ist.

d) Die C14-Aktivität kann nie ganz genau bestimmt werden. Welches Alter der Höhlenmalereien von Lascaux ergibt sich mit einer Restradioaktivität von 12,5 % bzw. von 13,5 % im gefundenen Holz?

2. Wann lebte „Ötzi“?
In den Ötztaler Alpen wurde 1992 die Leiche von „Ötzi“ gefunden. Gletschereis hatte ihn über tausende von Jahren konserviert. Die C14-Atome hatten noch eine Aktivität von ca. 57 % (± 0,5 %).

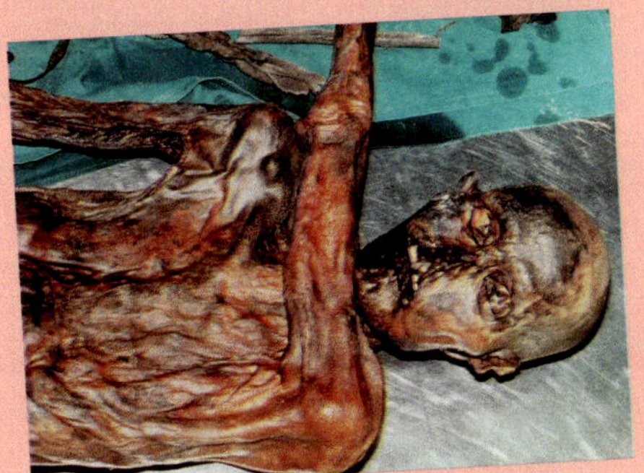

3. Tutanchamun regierte als König in Ägypten etwa von 1347 bis 1339 v. Chr. Im Jahr 1922 wurde sein Grab entdeckt. Man fand mehr als 5 000 wertvolle Grabbeigaben: Goldene Statuen, Vasen, wertvolle Gläser und Wagenräder. In einem vergoldeten Holzschrein fand man die Mumie des Tutanchamun.
Welches „Material“ war für die Altersbestimmung interessant? Enthielt das gefundene radioaktive Material bei der Ausgrabung noch mehr als 50 % des ursprünglichen C14-Anteils?
Berechne den Prozentanteil auf eine Stelle nach dem Komma genau.

1. Sandra hat zum Geburtstag einen Sparvertrag mit 250 € Anfangskapital und 3,5 % Zinssatz bekommen. Sie kann nach 5 Jahren über das Endkapital mit den gesamten Zinseszinsen verfügen. Wie viel Euro sind das?

2. Selim hat nach 6 Jahren bei 4 % Zinssatz ein Endkapital einschließlich Zinseszinsen von 2 530,64 € erhalten.
Wie groß war das Anfangskapital?

3. Bei welchem Zinssatz wachsen 3 800 € in 7 Jahren auf 5 000,54 € an?

4. In wie viel Jahren verdoppelt sich ein Anfangskapital von 1 000 € bei 3,5 % Zinssatz?

5. Die Einwohnerzahl einer Stadt wird in den nächsten 5 Jahren voraussichtlich um 2,5 % jährlich zunehmen. Heute hat die Stadt 240 000 Einwohner.

a) Wie viel Einwohner sind es in 5 Jahren?

b) Angenommen, dieses Wachstum dauert länger als 5 Jahre. Nach wie viel Jahren würde sich die Einwohnerzahl verdoppeln?

6. Die Einwohnerzahl einer strukturschwachen Region nimmt jährlich um 1,5 % ab. Heute leben in dieser Region 175 000 Menschen.
Wie viel Einwohner wird die Region bei dieser Abnahme in 5 Jahren haben?

7. In einem Jahr steigt der Wert einer Aktie von 1 200 € auf 1 284 €. Die beiden Graphen stellen zwei Annahmen über die weitere Wertentwicklung der Aktie dar.

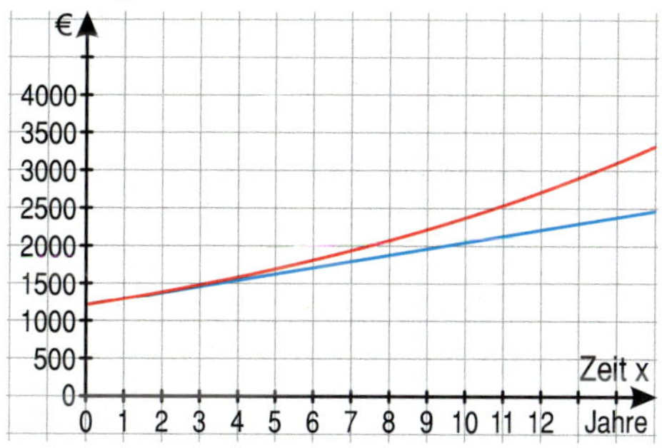

a) Wie hoch ist der Aktienwert nach 10 Jahren, wenn man von einem linearen Wachstum ausgeht?

b) Wie groß ist der Wachstumsfaktor, wenn man eine gleichbleibende jährliche Wachstumsrate annimmt?

Kapitalwachstum über mehrere Jahre

Wenn außer dem Kapital auch die Zinsen mit p% verzinst werden *(Zinseszins)*, wächst das Kapital in jedem Jahr mit demselben *Wachstumsfaktor* (Zinsfaktor) q.

$q = 1 + p\% = 1 + \frac{p}{100}$ $\qquad K_n = K_0 \cdot q^n$

$K_0 \xrightarrow{\cdot q} K_1 \xrightarrow{\cdot q} K_2 \cdots\cdots \xrightarrow{\cdot q} K_n$

Anfangskapital — *Endkapital nach n Jahren*

Verdoppelungsregel (bis p % ≈ 10 %)

Wenn sich ein Kapital beim Zinssatz p % in d Jahren verdoppelt , gilt

$$p \cdot d \approx 70$$

Exponentielles Wachstum

Eine Anfangsgröße G_0 wächst **exponentiell**, wenn sie in gleichen Abständen (Zeiteinheiten) immer um denselben *Wachstumsfaktor* q zunimmt. Der zugehörige Prozentsatz p% der Zunahme heißt *Wachstumsrate*.

$q = 1 + p\% = 1 + \frac{p}{100}$ $\qquad G_n = G_0 \cdot q^n$

$G_0 \xrightarrow{\cdot q} G_1 \xrightarrow{\cdot q} G_2 \cdots\cdots \xrightarrow{\cdot q} G_n$

Anfangsgröße — *Endgröße nach n Zeiteinheiten*

Bei *exponentieller Abnahme* ist die Wachstumsrate negativ (−p%) und q < 1.

$q = 1 - p\% = 1 - \frac{p}{100}$

Lineares Wachstum

Eine Anfangsgröße G_0 wächst **linear**, wenn sie in gleichen Abständen immer um den gleichen Betrag a > 0 zunimmt.

$G_n = G_0 + n \cdot a$

$G_0 \xrightarrow{+a} G_1 \xrightarrow{+a} G_2 \cdots\cdots \xrightarrow{+a} G_n$

Anfangsgröße — *Endgröße nach n Zeiteinheiten*

Bei *linearer Abnahme* nimmt eine Größe in gleichen Abständen um den gleichen Betrag ab. $G_n = G_0 - n \cdot a$

DIAGNOSETEST

1. Peter legt 800 € zu einem gleichbleibenden Zinssatz von 4,5 % an. Wie hoch ist sein Endkapital nach 4 Jahren?

2. Bei welchem Zinssatz wachsen 1 000 € in 5 Jahren auf 1 187,67 € an?

3. Frau Schmidt hat nach 10 Jahren bei einem Zinssatz von 5 % ein Endkapital einschließlich Zinseszinsen von 4 072,24 € erhalten. Wie groß war das Anfangskapital?

4. Herr John will 7 500 € für 8 Jahre fest anlegen. Ihm liegen zwei Angebote vor.

a) Bei welchem wächst das Kapital linear?

b) Welches Angebot ist das günstigere?

5. Bei radioaktivem Jod-124 halbiert sich die radioaktive Strahlung in einer Zeit von 4 Tagen. Um wie viel Prozent verringert sich eine anfängliche Strahlung täglich?

Wähle weitere 5 Aufgaben aus.

1. a) Nach wie vielen Jahren sind 3 500 € bei 4 % Zinssatz auf mindestens 5 000 € gewachsen?

b) Nach wie vielen Jahren haben sich 3 000 € bei 5,5 % Zinssatz mindestens verdoppelt?

2. Jede Minute tropfen etwa 10 ml Wasser aus einem defekten Wasserhahn.

a) Wann ist ein darunter gestellter 15-Liter-Eimer gefüllt?

b) Beschreibe den Tropfvorgang mit einer Funktionsgleichung.

3. Zu Ronjas Geburt legt ihre Patin 500 € mit 4 % Zinssatz für 18 Jahre an, damit Ronja dann ein kleines Startkapital hat. Welches Kapital wird es sein?

4. Die *Inflationsrate* für den Lebensunterhalt gibt an, um wie viel Prozent „alles teurer" wird. In Deutschland betrug sie in den Jahren 2000–2004 durchschnittlich 1,6 %, wobei es 2 % im Jahr 2004 waren. Frau Schall gab 2004 für ihren Lebensunterhalt (Miete, Nahrung, Auto, ...) monatlich 2 500 € aus.

a) Welche Monatskosten hat sie bei unveränderten Lebensgewohnheiten in den nächsten 10 Jahren zu erwarten, wenn es bei 2 % Inflation bleibt? Erstelle eine Tabelle und eine Grafik.

b) Wie viel Jahre würde es bei dieser Zunahme dauern, bis der Lebensunterhalt doppelt so teuer ist?

5. Eine Hefekultur wird mit 10 mg Anfangsmenge angesetzt. In den ersten 10 Stunden wächst die Hefemenge exponentiell auf 1 100 mg. Um wie viel Prozent wächst sie stündlich?

6. Sabrina hat schon 650,– € für die Führerscheinprüfung gespart. Ihre Mutter bietet ihr für das kommende Jahr einen Zuschuss an:
Entweder ① jeden Monat 5 % Zuwachs oder ② jeden Monat 40,– €.

7. Beim Kauf von Bundesschatzbriefen vom Typ B wird das Anfangskapital für 7 Jahre angelegt. Die Zinsen werden am Jahresende gutgeschrieben und im nächsten Jahr zusammen mit dem Kapital mitverzinst. Nach 7 Jahren wird das Endkapital ausgezahlt. Wie hoch ist das Endkapital, wenn man für 1 000 € Bundesschatzbriefe kauft?

Bundesschatzbriefe Typ B (Stand: Januar 2006)

1. Jahr	2. Jahr	3. Jahr	4. Jahr	5. Jahr	6. Jahr	7. Jahr
2,00%	2,25%	2,75%	3,00%	3,5%	4,00%	4,00%

Körper

6

LVL

Pyramiden zeichnen und bauen

1.

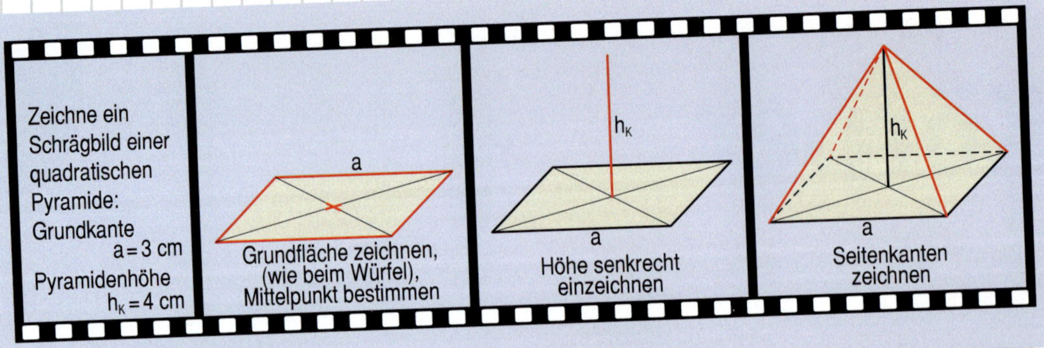

2. Fertige ein Pyramidenmodell nach folgender Bauanleitung an.

a) Übertrage das Netz auf festes Papier.

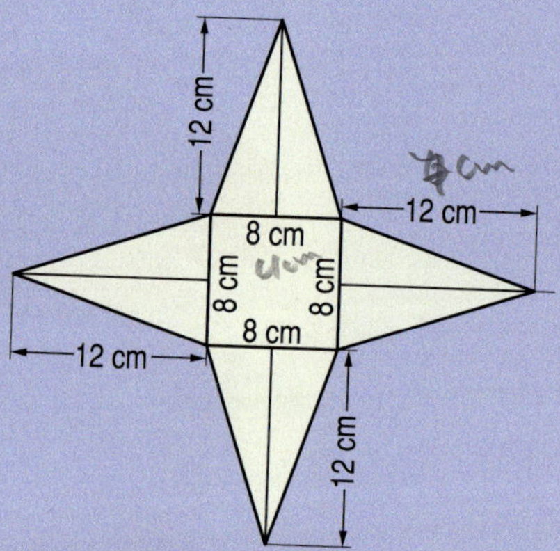

b) An den Dreiecken des Mantels 4 Klebelaschen einzeichnen.

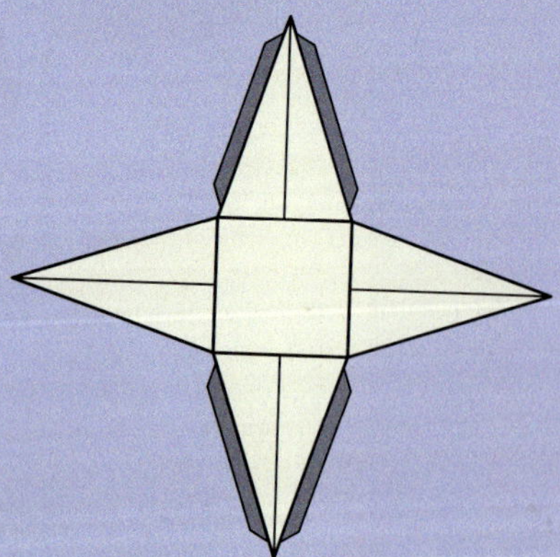

Ausschneiden, an den Faltlinien knicken und zum Pyramidenmodell zusammenkleben.

3. Fertige ein Kantenmodell einer Pyramide an.

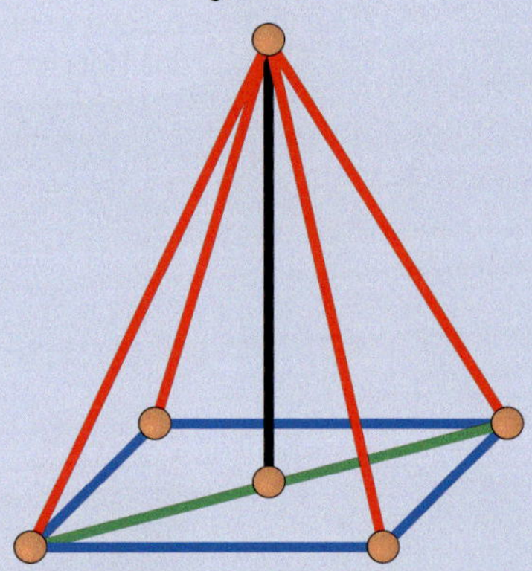

Verwende für die Kanten Trinkhalme
4 mit Länge 8 cm (im Bild blau)
4 mit Länge 10 cm (im Bild rot)
1 mit Länge 11,3 cm (grün)
1 mit Länge 8,2 cm (schwarz)

Verwende zum Verbinden der Trinkhalme Knete (oder Klebstoff):

- 6 kleine Knetkugeln formen
- Trinkhalme in die Knetkugeln drücken und zum Pyramiden-Kantenmodell verbinden

Rechtwinklige Dreiecke in Pyramiden

LVL

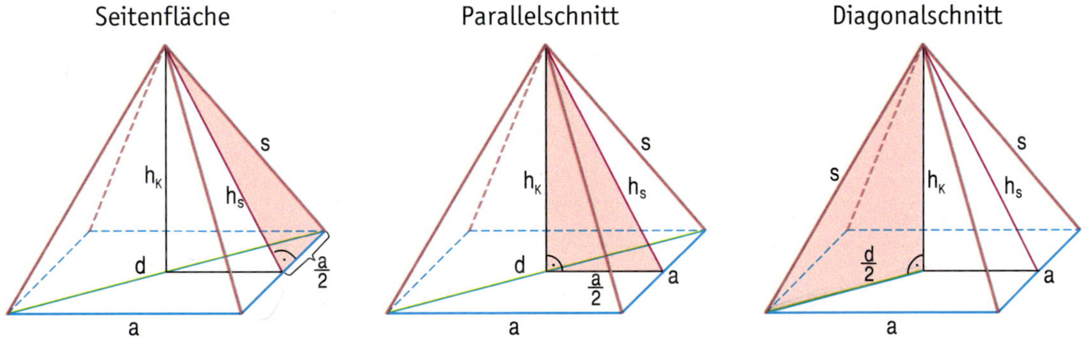

a: Grundkante **s: Seitenkante** **h_K: Pyramidenhöhe** **h_s = Höhe der Seitenfläche** **d: Diagonale**

Bearbeitet die Aufgaben in Partnerarbeit.

1.
Zeichne zu dem Pyramiden-Kantenmodell aus Aufgabe 3 der vorigen Seite
- die Seitenfläche
- den Parallelschnitt,
- den Diagonalschnitt.

2.
Seitenfläche, Parallelschnitt oder Diagonalschnitt?
Bei welchem rechtwinkligen Dreieck kann man den Satz des Pythagoras anwenden, wenn folgende Stücke gegeben sind?

a | h_K h_s | s a | s h_K | s
h_s | a d | s h_s | h_K

3.
h_s = ■

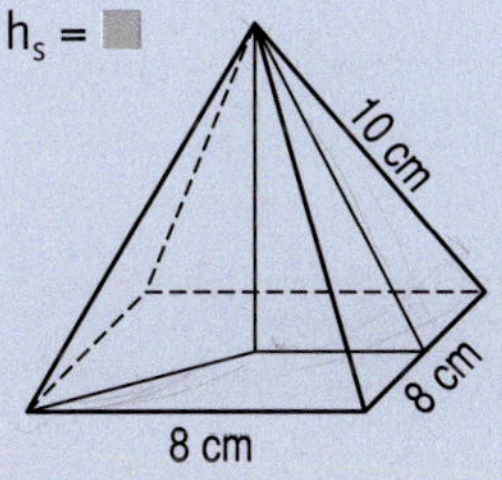

4.
h_s = ■

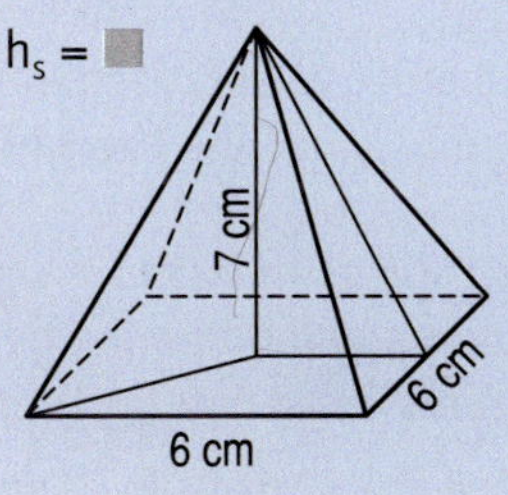

5.
a = ■

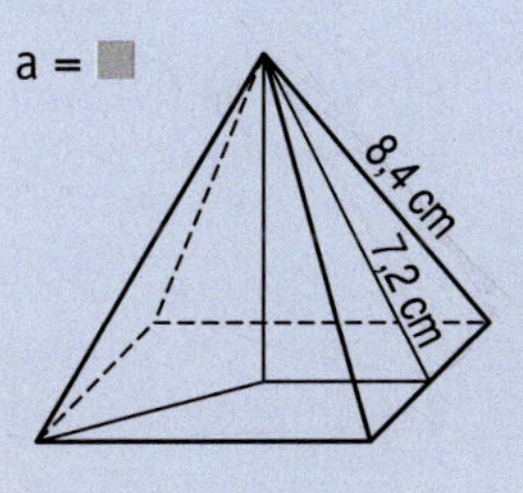

6.
a = ■

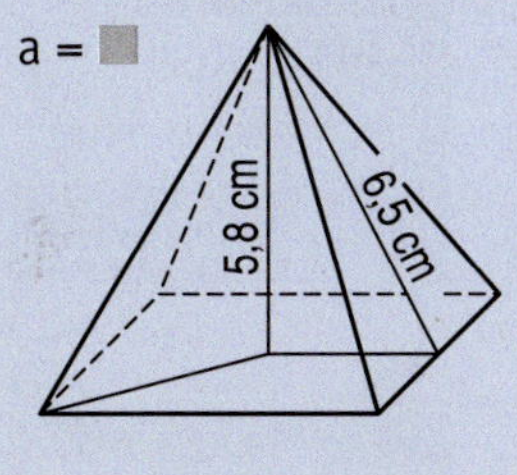

7.
h_K = ■

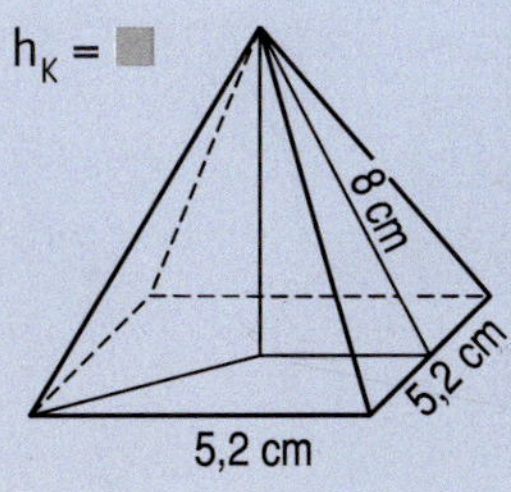

8.
h_K = ■

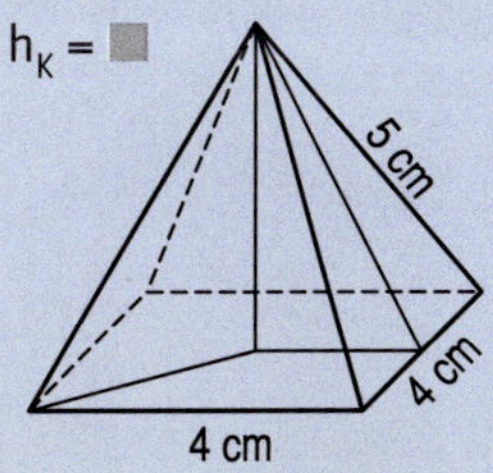

Oberfläche der Pyramide

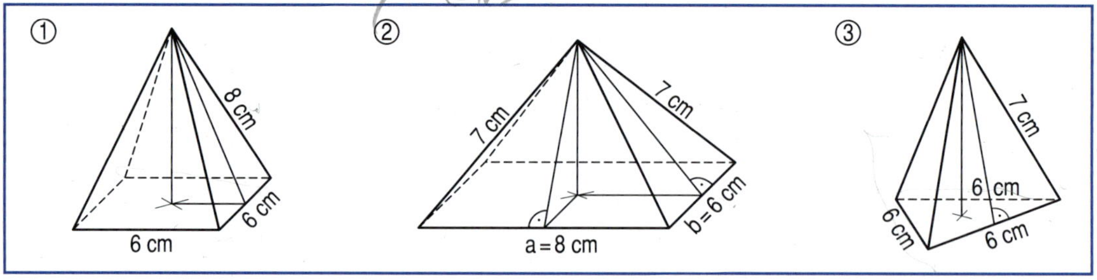

LVL **1.** *Gruppenarbeit:* Bildet Gruppen zu 3–4 Schülern und wählt eine der drei Pyramiden.
a) Skizziert das Netz der Pyramide und tragt die gegebenen Maße in die Skizze ein.
b) Berechnet die Oberfläche der Pyramide und tragt euren Lösungsweg der Klasse vor.

2. a) Notiert eine Formel für die Oberfläche jeder beliebigen Pyramide.
b) Erklärt damit die speziellen Formeln für eine quadratische Pyramide.

Quadratische Pyramide

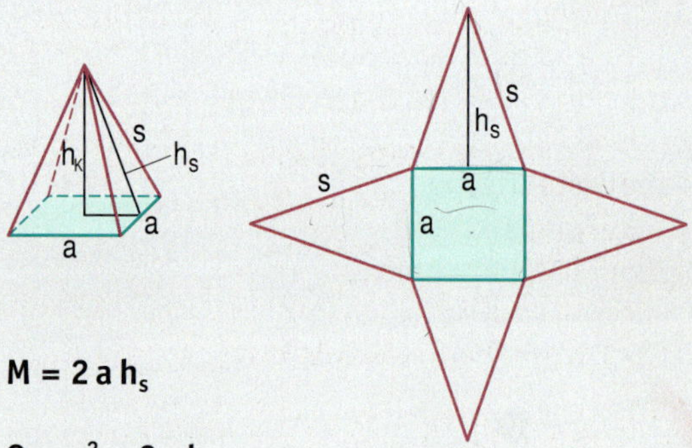

$M = 2\,a\,h_s$

$O = a^2 + 2\,a\,h_s$

3. Eine quadratische Pyramide hat die Grundkante a = 3 cm und die Seitenhöhe h_s = 4 cm. Zeichne das Netz und berechne den Mantel und die Oberfläche der Pyramide.

4. Berechne die Oberfläche der quadratischen Pyramide.
a) a = 5 cm $\quad h_s$ = 6 cm
b) a = 8,4 cm $\quad h_s$ = 9,2 cm

5. Zeichne das Netz und das Schrägbild einer quadratischen Pyramide mit a = 6 cm, h_K = 4 cm und h_s = 5 cm. Beschrifte a, s, h_K und h_s und berechne Mantelfläche und Oberfläche der Pyramide.

6. Von einer quadratischen Pyramide ist die Grundkante a sowie die Körperhöhe h_K gegeben. Skizziere ein Schrägbild der Pyramide und markiere die gegebenen Stücke mit Farbe. Berechne die Seitenhöhe h_s (Pythagoras), den Mantel M und die Oberfläche O der Pyramide.
a) a = 12 cm $\quad h_K$ = 4 cm
b) a = 4 cm $\quad h_K$ = 7 cm
c) a = 5,6 cm $\quad h_K$ = 3,7 cm

7. Das Foto zeigt eine quadratische Pyramide. Überlege, ob es sinnvoll ist, die Mantelfläche oder die Oberfläche zu berechnen. Entscheide dich und berechne.

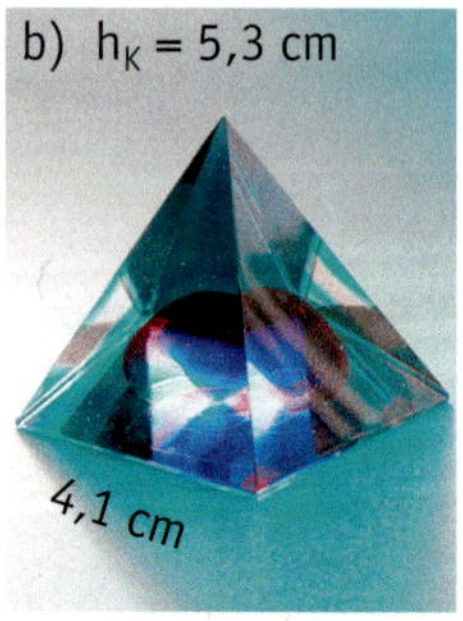

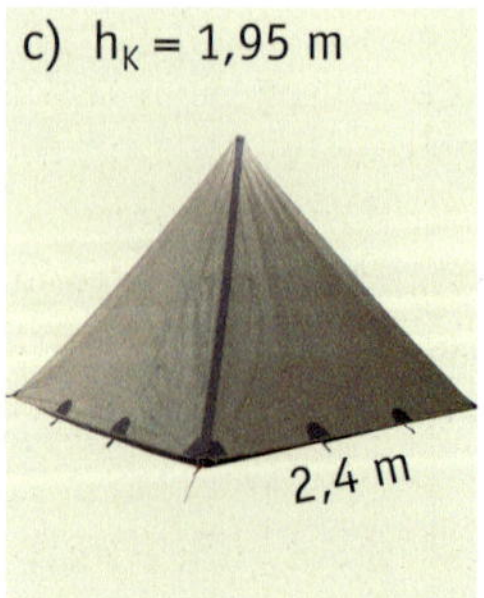

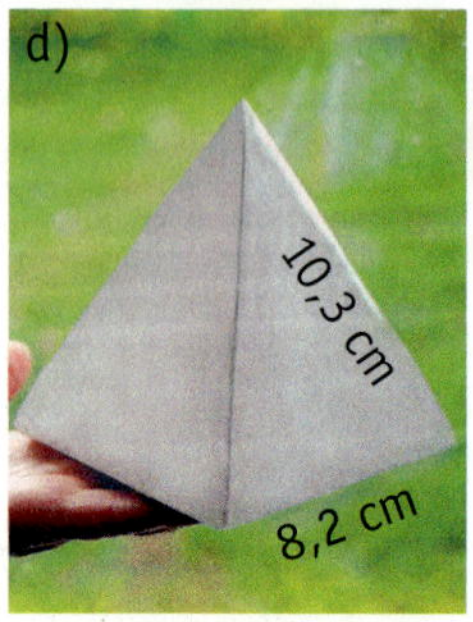

Oberfläche des Kegels

LVL **1.** *Partnerarbeit:*

a) Bastelt mit Papier und Schere einen Kegelmantel wie im Bild mit vielen „Tortenstucken“.

b) Begründet, warum bei sehr vielen Stücken die neue Fläche fast ein Rechteck ist.

c) Erklärt euch gegenseitig die Formeln im Merkkasten.

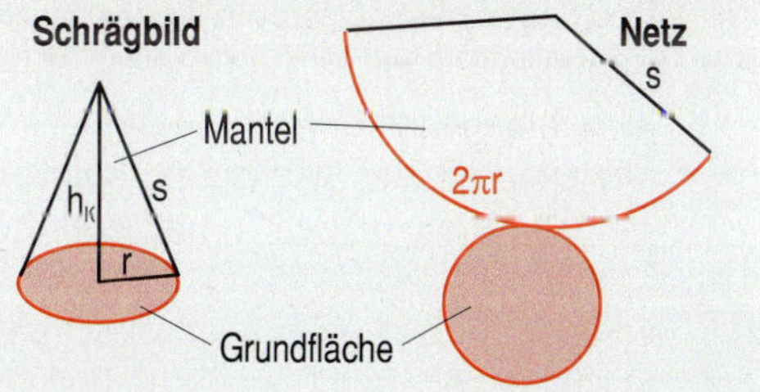

$O = G + M$
$M = \pi rs$
$O = \pi r^2 + \pi rs$

Oberfläche gleich Grundfläche plus Mantel

2. Berechne die Mantelfläche M und die Oberfläche O des Kegels.

a) $r = 2$ cm $s = 3$ cm

b) $r = 4{,}5$ cm $s = 6{,}2$ cm

c) $d = 3{,}0$ m $s = 3{,}5$ m

3. Alte Turmdächer sind häufig mit historischen Schindeln bedeckt. Wie viel m^2 wurden gebraucht?

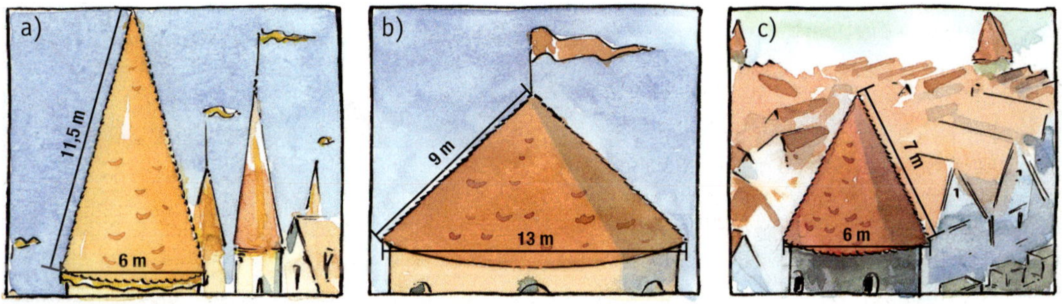

4. Berechne die Oberfläche des Kegels. Berechne die fehlende Größe mit dem Satz des Pythagoras.

a) $r = 12$ cm $h_K = 28$ cm   b) $d = 6{,}4$ cm $h_K = 9{,}1$ cm   c) $s = 7{,}4$ m $h_K = 4{,}2$ m

5. a) Zeichne das Netz eines Kegelmantels mit $\alpha = 120°$ und $s = 4$ cm. Schneide den Kegelmantel aus und überlege dir, wie der Radius der Grundfläche bestimmt werden kann. Zeichne die Grundfläche und schneide sie ebenfalls aus. Passe den Kegelmantel an die Grundfläche an. Überprüfe so deine Berechnungen.

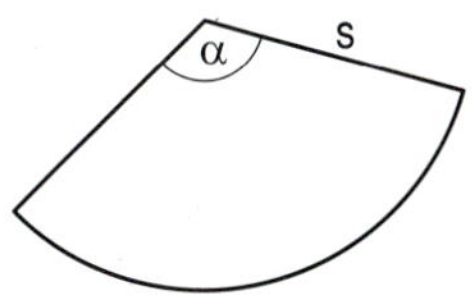

b) Baue ein Kegelmodell mit eigenen Maßen für α und s.

LVL **6.** *Partnerarbeit:* Wie ändert sich die Oberfläche eines Kegels, wenn man alle Längen verdoppelt? Überlegt und überprüft euer Ergebnis an einem Zahlenbeispiel.

Vermischte Aufgaben

1. Berechne die Mantel- und die Oberfläche der Pyramide.

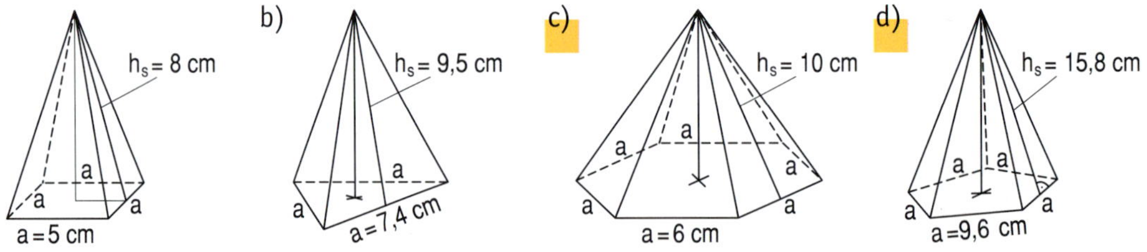

2. Die beiden Kirchturmspitzen einer alten Kirche haben die Form von quadratischen Pyramiden. Sie sollen ein neues Kupferdach bekommen. Jede Turmspitze hat eine Grundkantenlänge von 9,2 m und eine Pyramidenhöhe von 15,2 m. Wie viel m^2 Kupferblech werden für die beiden Turmspitzen benötigt?

3. Von den Größen einer quadratischen Pyramide Grundkante a, Seitenhöhe h_s, Mantelfläche M, Grundfläche G und Oberfläche O sind zwei gegeben. Berechne daraus die restlichen Größen.

a) a = 4 cm h_s = 7 cm b) a = 5,6 cm M = 78,4 cm^2 c) h_s = 12,3 cm M = 209,1 cm^2
d) a = 9,4 m O = 291,4 m^2 e) G = 21,16 dm^2 O = 69,0 dm^2 f) M = 434 cm^2 O = 783 cm^2

4. Das pyramidenförmige Turmdach soll mit Schindeln gedeckt werden.

a) Wie groß ist die Dachfläche?

b) Wie teuer werden die Dacharbeiten, wenn für 1 m^2 Kosten von 108 € berechnet werden?

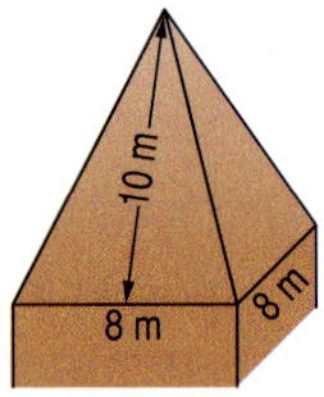

5. Berechne die Oberfläche des Kegels.

a) r = 7,0 cm, s = 8,4 cm b) r = 4,72 m, s = 6,15 m c) d = 22 mm, s = 18 mm

LVL **6.** Für welche Werte von r und s wird die Kegeloberfläche 100 cm^2 groß? Probiere mit einer Tabellenkalkulation und gib drei Möglichkeiten an.

	A	B	C	D	E
1	Radius r (cm)	2,0	4,0		
2	Mantellinie s (cm)	4,0	12,0	=PI()*C1^2+PI()*C1*C	
3	Oberfläche O (cm²)	37,7	201,1		
4					

LVL **7.** *Partnerarbeit:* Nennt Gegenstände, die annähernd ein Kegel oder eine Pyramide sind. Skizziert sie und gebt sinnvolle Maße für sie an. Präsentiert eure Lösung in der Klasse.

8. Ein Werkstück aus Blech besteht aus zwei Kegeln. An der Naht der gemeinsamen Grundfläche ist der Umfang 1,20 m groß.

a) Wie viel Blech benötigt man für die Herstellung des Werkstücks?

b) Wie viel wiegt das Werkstück aus 2-mm-dickem Eisenblech?

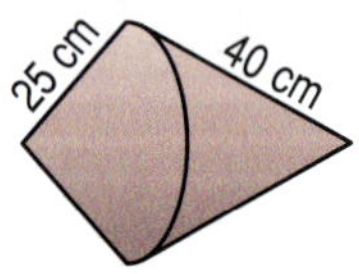

9. Stelle die Formel nach der roten Größe um. a) $M = \pi rs$ b) $M = \pi rs$ c) $O = \pi r^2 + \pi rs$

10. Bei einem Kegel ist der Radius r = 4 cm und die Körperhöhe h = 8 cm.

a) Berechne den Öffnungswinkel β an der Spitze des Kegels.

b) Wie groß ist der Neigungswinkel α zwischen der Mantellinie und der Grundfläche?

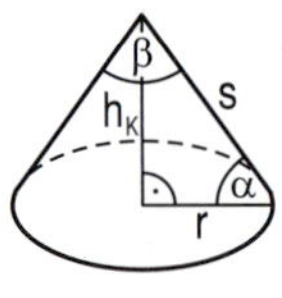

Bleib FIT!

Die Ergebnisse der Aufgaben 1 bis 8 ergeben drei Namen bekannter Raumfahrzeuge

1. Löse das Gleichungssystem.

a)

I	$y = -2x + 4$
II	$y = 3x + 9$

$x =$ ■ $y =$ ■

b)

I	$2x + y = -2$
II	$3x + y = 24$

$x =$ ■ $y =$ ■

2. a) 3500 cm = ■ m b) 400 g = ■ kg
c) 4,5 m^2 = ■ dm^2 d) 1,4 h = ■ min
e) 3 500 cm^3 = ■ l f) 3,5 ha = ■ m^2

3. Ein Rechteck hat einen Umfang von 18 cm. Die eine Seite ist 3 cm länger als die andere. Berechne den Flächeninhalt A in cm^2.

4. Es wird mit einem Spielwürfel gewürfelt. Gib die Wahrscheinlichkeit in vollen Prozenten an.
a) Die Augenzahl ist größer als 2. p = ■ %
b) Die Augenzahl ist teilbar durch 3. p = ■ %

5. Berechne die gesuchten Größen beim Kreis. Runde auf eine Stelle nach dem Komma.
a) r = 2,4 m A = ■ m^2, u = ■ m
b) u = 22 cm d = ■ cm, A = ■ cm^2

6. Ein Darlehen von 3 000 € wird mit 11 % verzinst. Nach 10 Monaten wird es zurückgezahlt. Wie viel Euro müssen zurückgezahlt werden?

7. Eine Taxifahrt kostet je km 1,35 €. Der Grundpreis beträgt 2,40 €.
Welche Gleichung gibt die Gesamtkosten y (in Euro) bei einer Fahrstrecke von x km an?

$y = 2{,}4x + 1{,}35$	(40)	$y = x\,(2{,}4 + 1{,}35)$	(55)
$y = 1{,}35x + 2{,}4$	(45)	$y = \frac{1{,}35}{x} + 2{,}4$	(65)

8. Eine zylindrische Stahlachse ist 1,18 m lang und hat einen Durchmesser von 3,6 cm. (Dichte von Stahl: $\varrho = 7{,}9\ \frac{g}{cm^3}$)
Wie schwer ist die Achse? Runde auf 100 g.
m = ■ kg

–54	U
–45	O
–1	C
0,4	B
3,5	L
6	O
7	A
15,1	L
9,5	S
18,1	T
18	N
26	L
33	A
35	M
40	B
38,5	N
45	I
55	K
65	W
67	A
84	A
3275	T
450	I
35 000	U

LVL

Cavalieri

Cavalieri, Francesco Bonaventura, italienischer Mathematiker und Astronom, *1598 Mailand, †30. 11. 1647 Bologna; Jesuit; entdeckte das nach ihm benannte ***Prinzip des Cavalieri.*** Erst lange nach seiner Zeit wurde dieses Prinzip als Satz bewiesen.

Prinzip (Satz) des Cavalieri:
Zwei Körper haben gleiches Volumen, wenn gilt:
(1) Ihre Grundflächen und ihre Höhen sind gleich groß.
(2) Alle zu den Grundflächen parallelen Schnitte in gleicher Höhe erzeugen bei beiden Körpern Schnittflächen mit gleichem Flächeninhalt.

1. Formuliere das Prinzip des Cavalieri mit eigenen Worten.

$G = 25\ cm^2$	$G = 25\ cm^2$	$G = 25\ cm^2$	$G = 25\ cm^2$
$h_K = 8$ cm	$h_K = 8$ cm	$h_K = 8$ cm	$h_K = 8$ cm
1 000 Zettel	1 000 Zettel	1 000 Zettel	1 000 Zettel

2. Begründe, warum alle abgebildeten Zettelstapel gleiches Volumen haben.

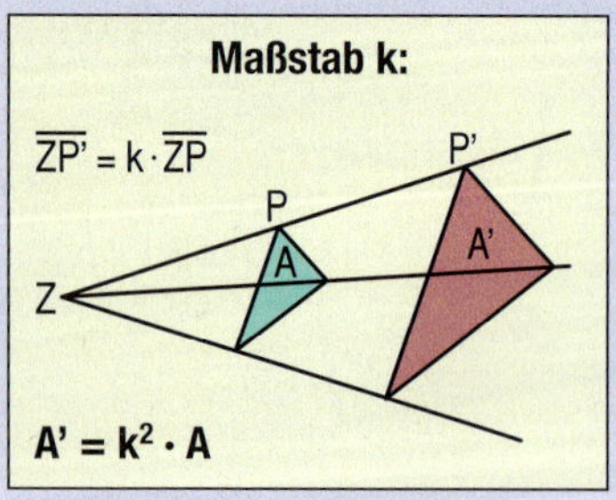

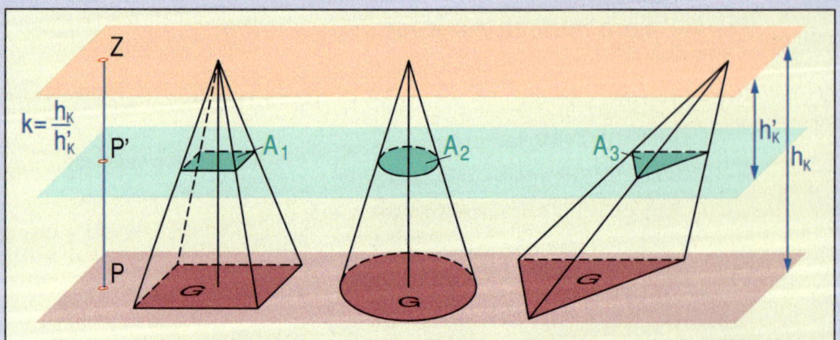

Alle 3 Spitzkörper haben gleich große Grundflächen und gleiche Höhe.

3. Begründe: Alle Pyramiden und Kegel mit gleich großer Grundfläche und gleicher Höhe haben gleiches Volumen.

Volumen von Pyramide und Kegel

LVL **1.** *Partnerarbeit:* Begründet das Vorgehen der drei Schülergruppen zum Ermitteln des Pyramidenvolumens. Wie würdet ihr vorgehen, um das Volumen einer Pyramide zu bestimmen? Welches Verfahren ließe sich entsprechend auch beim Kegel anwenden?

Quadratische Pyramide

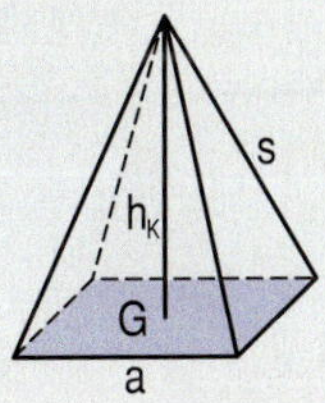

$$V = \frac{1}{3}a^2h_K$$

Für **alle** Pyramiden und Kegel gilt:

$$V = \frac{1}{3}G \cdot h_K$$

Kegel

$$V = \frac{1}{3}\pi r^2 h_K$$

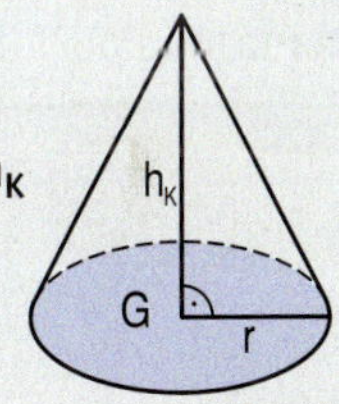

2. Berechne das Volumen des Körpers.

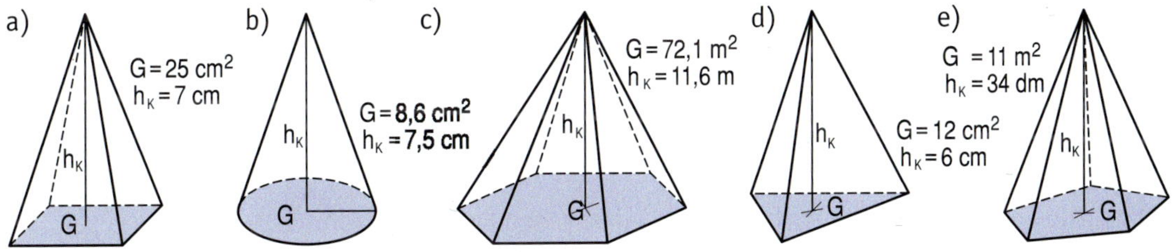

3. Berechne das Volumen des Körpers (Maße in cm).

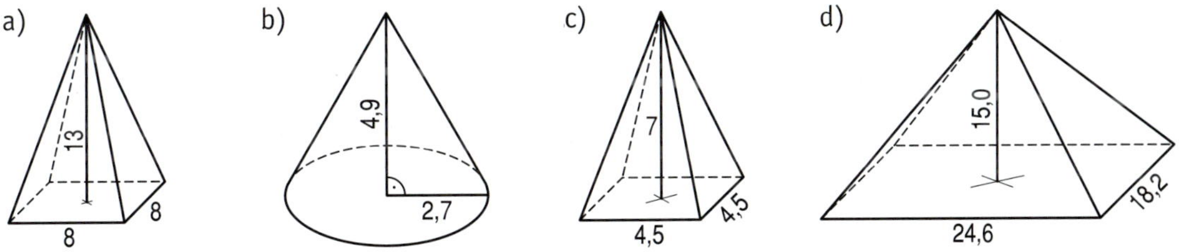

4. Berechne das Volumen der Pyramide mit der Körperhöhe 6,5 cm und der gegebenen Grundfläche.

a) quadratische Grundfläche mit a = 3,2 cm
b) rechteckige Grundfläche mit a = 4 cm; b = 7 cm
c) gleichseitiges Dreieck mit a = 5,8 cm
d) regelmäßiges Sechseck mit a = 4,6 cm

5. Berechne das Volumen des Kegels.

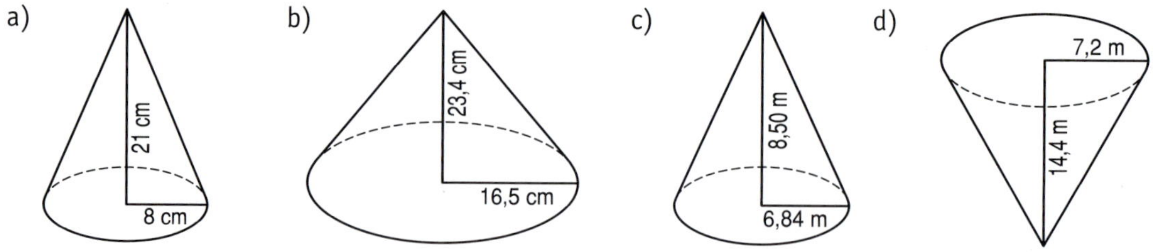

6. Löse die Volumenformel des Kegels auf a) nach h_K, b) nach r.

7. Berechne für einen Kegel von Radius r, Höhe h_K, Grundfläche G, Volumen V die fehlenden Größen.

a) $r = 8{,}3$ cm, $h_K = 7{,}4$ cm b) $r = 4{,}2$ cm, $V = 85{,}1$ cm³ c) $h_K = 5{,}6$ cm, $V = 67{,}8$ cm³
d) $h_K = 6{,}42$ m, $G = 46{,}75$ m² e) $G = 12{,}3$ dm², $V = 24{,}2$ dm³ f) $h_K = 72$ mm, $V = 299{,}1$ cm³

8. Löse die Volumenformel für die quadratische Pyramide auf a) nach h_K; b) nach a.

9. Berechne für eine quadratische Pyramide mit Grundkante a, Pyramidenhöhe h, Grundfläche G, Volumen V die fehlenden Größen.

a) $a = 3{,}5$ cm; $h_K = 7{,}4$ cm b) $h_K = 6{,}9$ mm; $V = 135{,}7$ mm³ c) $a = 4{,}2$ cm; $V = 76{,}5$ cm³
d) $G = 50{,}4$ cm²; $V = 94{,}1$ cm³ e) $G = 56{,}25$ cm²; $V = 101{,}25$ cm³ f) $a = 8{,}3$ cm; $V = 137{,}1$ cm³

10. Berechne das Volumen des abgebildeten Körpers.

11. Wie ändert sich das Volumen eines Kegels, wenn man

a) den Radius verdoppelt; b) den Radius verdreifacht; c) die Höhe verdoppelt?

12. Wie ändert sich das Volumen einer quadratischen Pyramide, wenn man

a) die Grundkante halbiert; b) die Grundfläche verdoppelt; c) die Höhe verdreifacht?

13. Liegen bei den Aufgaben 11 und 12 proportionale Zuordnungen vor?

LVL **14.** Ein Würfel und eine quadratische Pyramide haben beide ein Volumen von 1000 cm³ und beide haben dieselbe Grundkantenlänge. Wie hoch ist die Pyramide?

15. Berechne das Volumen einer quadratischen Pyramide mit der Grundkante a. Dafür musst du zuerst die Pyramidenhöhe h_K mit dem Satz des Pythagoras berechnen.

a) $a = 6{,}0$ cm, Seitenhöhe $h_s = 5{,}0$ cm b) $a = 12{,}3$ cm, Seitenhöhe $h_s = 7{,}5$ cm

16. Berechne das Volumen eines Kegels. Berechne erst die Höhe h mit dem Satz des Pythagoras.

a) Radius $r = 6{,}0$ cm, Seitenlinie $s = 10{,}0$ cm b) Radius $r = 8{,}5$ cm, Seitenlinie $s = 25{,}0$ cm

17. Über ein Förderband wird Sand abgeladen. Dabei entsteht ein fast kegelförmiger Haufen.

a) Welches Volumen hat ein 4 m hoher Sandhaufen mit einem Umfang von 38,7 m?

b) Es werden 681,9 m^3 Sand 6,50 m hoch aufgeschüttet. Welche Bodenfläche wird bedeckt?

c) Bei feuchtem Sand ist der Winkel $\alpha = 33°$. Wie viel m^3 enthält ein 5 m hoher Kegel?

18. Ein Lot (Senkblei) hat die Form eines Kegels, ist 8 cm hoch und hat einen Durchmesser von 3 cm. Wie schwer ist das Lot?
(Blei hat die Dichte $\varrho = 11{,}3\ \frac{g}{cm^3}$.)

LVL **19.** *Partnerarbeit:* Ein kegelförmiges Glas ist bis zur halben Höhe gefüllt. Ist es halb voll oder ...?

20. Die Chefren-Pyramide ist nach der Cheops-Pyramide das zweitgrößte Steingebäude der Welt. Sie hat heute eine Grundkantenlänge von 210 m und eine Höhe von 136,5 m.

a) Berechne das Volumen der Chefren-Pyramide.

b) Berechne die Masse der Chefren-Pyramide. 1 m^3 der Steinblöcke wiegt 2,7 t.

c) Ursprünglich war die Chefren-Pyramide 143,5 m hoch und hatte eine Grundkantenlänge von 215 m. Um wie viel m^3 hat sich das Volumen verringert?

LVL **21.** *Partnerarbeit:* Eine „Doppelpyramide" mit 8 gleichseitigen Dreiecken als Seitenflächen bezeichnet man als „Oktaeder". Berechnet das Volumen eines Oktaeders mit der Seitenkante s = 4 cm. Präsentiert euer Ergebnis.

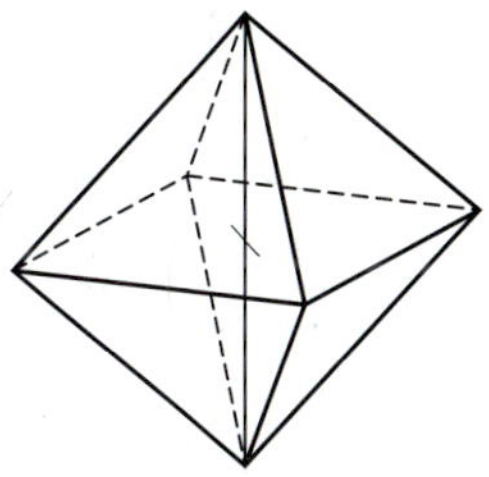

22. Aus einem Holzwürfel mit 8 cm Kantenlänge soll der größtmögliche Kegel gedrechselt werden.

a) Berechne das Volumen des Kegels. b) Wie viel cm^3 Abfall entsteht?

23. a) Ein kegelförmiges Glas fasst 0,2 *l* und ist 10 cm tief. Berechne den Durchmesser des Glasrands.

b) Wie hoch muss ein kegelförmiges Trinkglas sein, das 120 ml fasst und am oberen Rand 4,5 cm Durchmesser hat?

24. Eine Firma stellt Werkstücke aus Stahl her, die die Form eines Doppelkegels haben. Der Durchmesser d des Werkstücks beträgt 46 mm, die Mantellinie s ist 64 mm lang.
Wie schwer ist das Werkstück, wenn Stahl die Dichte $8{,}3\ \frac{g}{cm^3}$ hat?

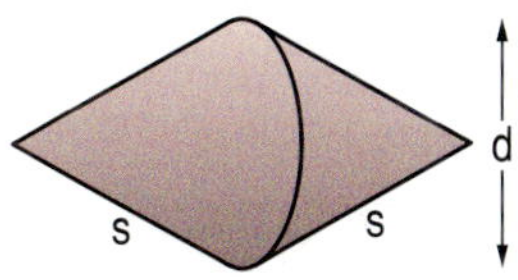

25. Aus einer quadratischen Pyramide aus Holz mit $a = h_K = 5$ cm soll ein größtmöglicher Kegel gefertigt werden. Berechne das Volumen von Pyramide und Kegel und gib an, um wie viel Prozent das Kegelvolumen unter dem Pyramidenvolumen liegt.

26. Jonah meint: „Wenn eine quadratische Pyramide mit der Grundkante a dasselbe Volumen hat wie ein Kegel mit dem Durchmesser a, dann muss sie etwa 80 % der Kegelhöhe haben." Stimmt das?

LVL

Die Cheops-Pyramide in Ägypten

Gruppenarbeit

1. a) Informiert euch im Lexikon oder im Internet (zum Beispiel unter www.wikipedia.de) über die Cheops-Pyramide, wo sie liegt, wann und warum sie gebaut wurde, wie groß sie ist, und und ...
b) Bei eurer Recherche solltet ihr entdeckt haben, dass die *ursprünglichen* Maße (Höhe, Grundkante) größer waren als die *heutigen*. Wie ist dieser Unterschied zu erklären?

2. Zeichnet ein Schrägbild der Cheops-Pyramide mit den *ursprünglichen* Maßen im Maßstab 1:5000.

(Name des Königs in Hieroglyphen)

3. Bastelt ein Pappmodell der Cheops-Pyramide ausgehend von den ursprünglichen Maßen. Für ein Modell im Maßstab 1:1000 benötigt ihr 6 DIN-A4-Bogen festes Papier oder dünnen Karton, von denen ihr 2 Bogen zusammenkleben müsst. Um die Seitenflächen zu zeichnen, benötigt ihr deren Höhe oder deren Kantenlänge; wenn ihr sie nicht im Internet gefunden habt, müsst ihr sie mit dem Satz des Pythagoras berechnen.

4. a) Berechnet das Volumen der Pyramide sowohl mit den ursprünglichen als auch mit den heutigen Maßen.
b) Um wie viel Kubikmeter hat sich das Volumen bis heute verringert? Wie viel Prozent sind das?

5. Für den Bau der Pyramide wurden vorwiegend quaderförmige Kalksteinblöcke mit einer Dichte von etwa $2{,}5\ \frac{g}{cm^3}$ verwendet. Wie viel Lkws mit 25 t Nutzlast wären zum Transport der Gesteinmasse notwendig? Veranschaulicht die Länge dieser Lkw-Schlange.

6. Nach Schätzungen besteht die Cheops-Pyramide aus etwa 2,5 Mio. Kalksteinblöcken. Kann dies stimmen? Welche Maße könnten dann die Steinquader haben, wenn sie alle gleich wären?

LVL

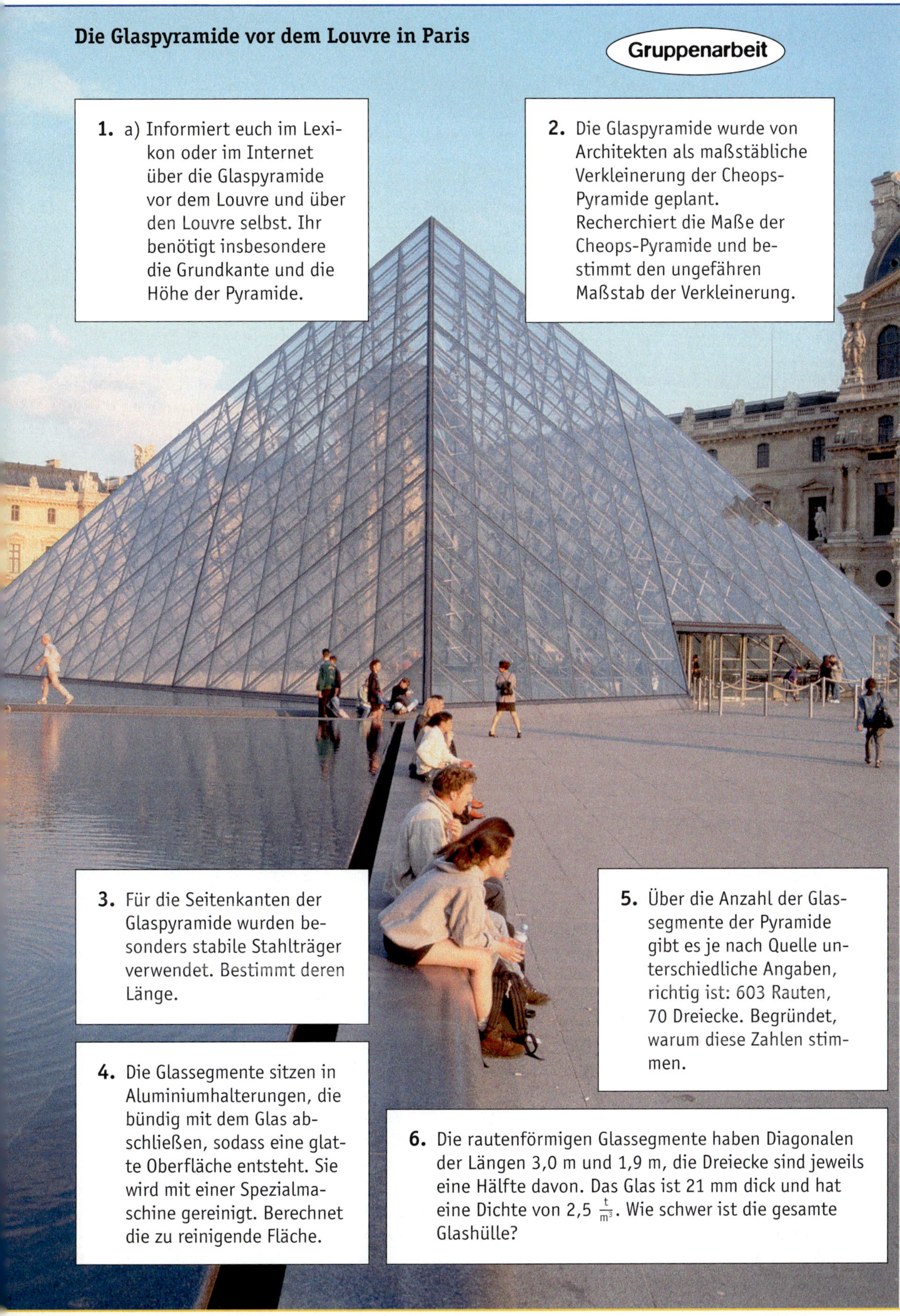

Die Glaspyramide vor dem Louvre in Paris

Gruppenarbeit

1. a) Informiert euch im Lexikon oder im Internet über die Glaspyramide vor dem Louvre und über den Louvre selbst. Ihr benötigt insbesondere die Grundkante und die Höhe der Pyramide.

2. Die Glaspyramide wurde von Architekten als maßstäbliche Verkleinerung der Cheops-Pyramide geplant. Recherchiert die Maße der Cheops-Pyramide und bestimmt den ungefähren Maßstab der Verkleinerung.

3. Für die Seitenkanten der Glaspyramide wurden besonders stabile Stahlträger verwendet. Bestimmt deren Länge.

4. Die Glassegmente sitzen in Aluminiumhalterungen, die bündig mit dem Glas abschließen, sodass eine glatte Oberfläche entsteht. Sie wird mit einer Spezialmaschine gereinigt. Berechnet die zu reinigende Fläche.

5. Über die Anzahl der Glassegmente der Pyramide gibt es je nach Quelle unterschiedliche Angaben, richtig ist: 603 Rauten, 70 Dreiecke. Begründet, warum diese Zahlen stimmen.

6. Die rautenförmigen Glassegmente haben Diagonalen der Längen 3,0 m und 1,9 m, die Dreiecke sind jeweils eine Hälfte davon. Das Glas ist 21 mm dick und hat eine Dichte von 2,5 $\frac{t}{m^3}$. Wie schwer ist die gesamte Glashülle?

Vermischte Aufgaben

1. Berechne das Volumen und die Oberfläche des Körpers (Längenangaben in cm).

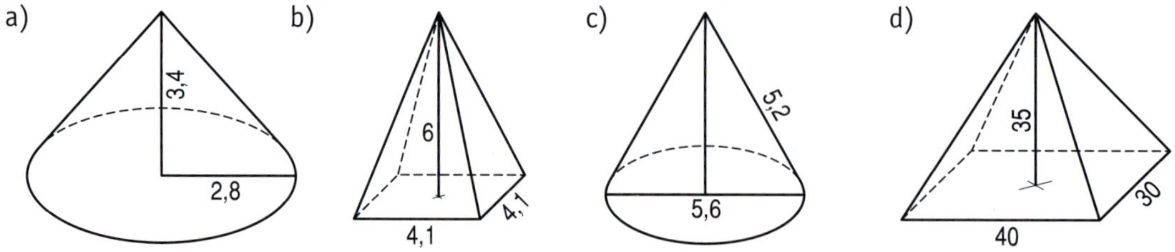

2. Berechne Volumen und Oberfläche des Kegels. Fertige zuerst eine Skizze des Kegels an.

a) $r = 3$ cm; $h_K = 4$ cm b) $r = 5{,}8$ cm; $s = 8{,}2$ cm c) $d = 12{,}4$ mm; $h_K = 9{,}1$ mm

3. Berechne Oberfläche und Volumen der quadratischen Pyramide. Fertige zuerst eine Planskizze an.

a) $a = 4{,}2$ cm; $h_K = 5{,}6$ cm b) $a = 6{,}4$ cm; $s = 4{,}8$ cm c) $a = 5{,}25$ m; $h_s = 4{,}50$ m

4. Berechne Oberfläche und Volumen des Körpers.

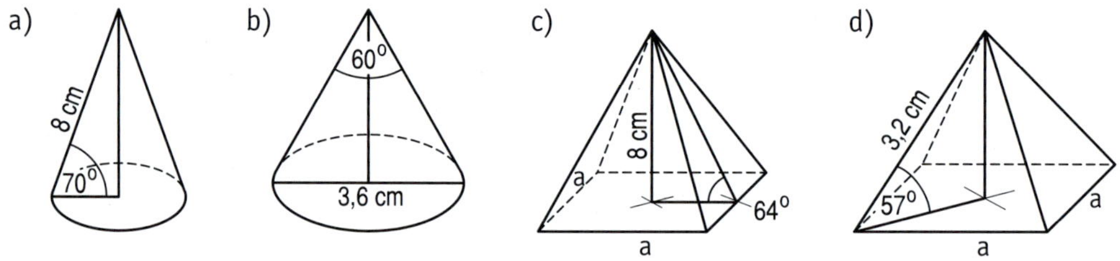

5. Welche Masse hat ein Briefbeschwerer aus Edelstahl in der Form einer quadratischen Pyramide mit der Grundkantenlänge 5 cm und der Höhe 4 cm? (Dichte von Edelstahl: $8{,}4\ \frac{g}{cm^3}$)

6. Eine Pfadfindergruppe will ein Zelt in der Form einer quadratischen Pyramide bauen. Es soll 2,80 m hoch sein und eine Grundkantenlänge von 3,60 m haben. Wie viel Stoff wird benötigt?

7. Berechne das Volumen des abgebildeten Körpers (alle Maße in cm).

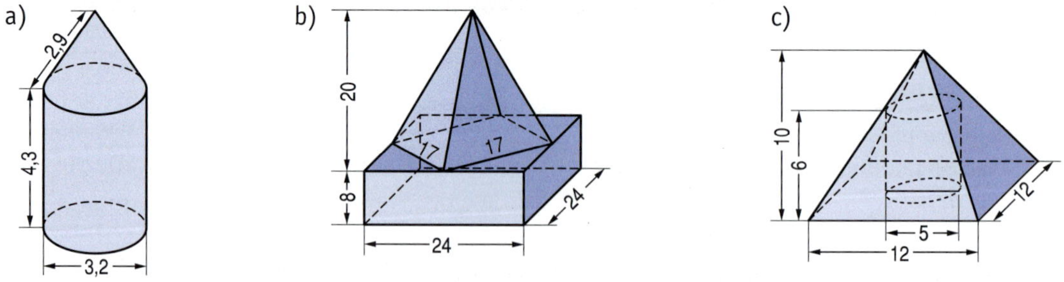

8. Berechne die Oberfläche des Körpers mit den angegebenen Maßen (Längen in cm).

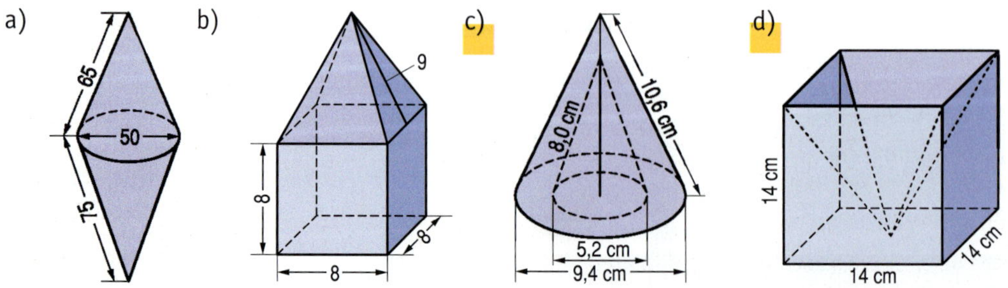

Volumen der Kugel

LVL **1.** *Gruppenarbeit:* Wählt einen der beiden Comics und leitet mit seiner Darstellung die Formel für das Volumen der Kugel her und präsentiert euer Ergebnis der Klasse.

> Das Volumen der Kugel mit dem Radius r beträgt
>
> $V = \frac{4}{3}\pi r^3$
>
> 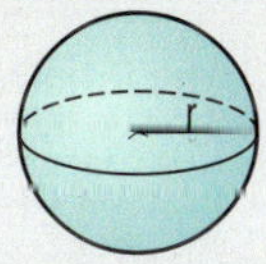
>

2. Berechne das Volumen der Kugel. a) r = 14 cm b) r = 7,2 cm c) d = 8 cm d) d = 12,4 cm

3. Berechne das Volumen des kugelförmigen Gegenstandes.

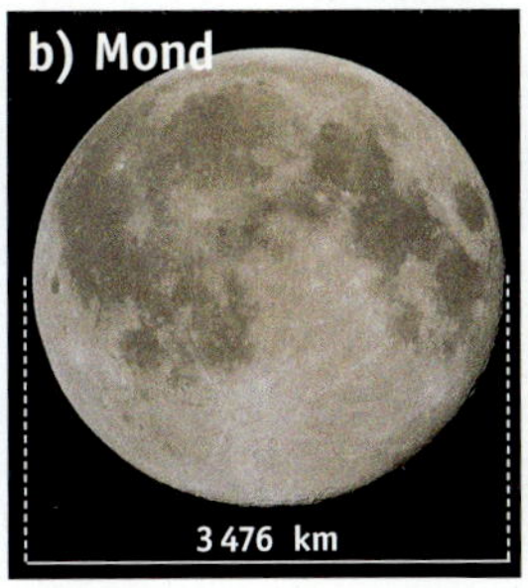

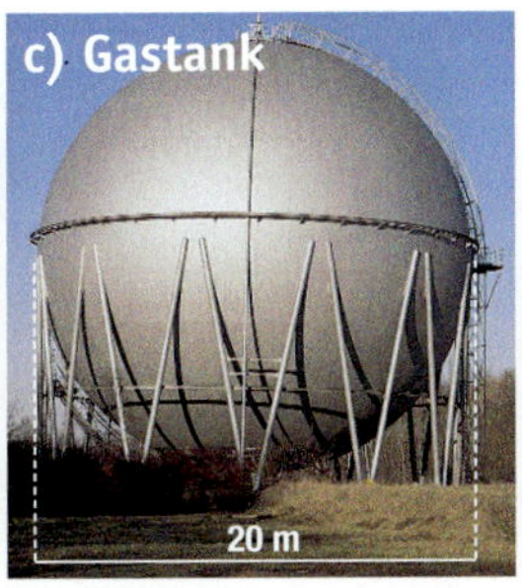

4. Planeten, Monde und Sonnen haben annähernd Kugelform. Berechne das Volumen.
a) Erde: r = 6 371 km b) Venus: r = 6 052 km c) Mars: d = 6 800 km d) Jupiter: r = 71 400 km

5. Gegeben ist das Volumen einer Kugel. Bestimme den Radius.
a) V = 216 cm^3 b) V = 2 744 m^3 c) V = 13,8 cm^3 d) V = 45 *l*

> $\frac{4}{3}\pi r^3 = V \quad | \cdot 3$
>
> $4\pi r^3 = 3V \quad | : (4\pi)$
>
> $r^3 = \ldots$

6. Wie ist der Kugelradius zu ändern, damit sich das Volumen halbiert?

7. Bestimme die Masse der Stoßkugel (Dichte $\varrho = 7{,}86\ \frac{g}{cm^3}$).
a) d = 10,7 cm (männliche Jugendliche)
b) d = 9,9 cm (weibliche Jugendliche)

8. Eine Kugelstoß-Wettkampfkugel für Männer ist 7,26 kg schwer. Berechne den Durchmesser. Die Dichte beträgt 7,86 $\frac{g}{cm^3}$.

9. Eine Kugel hat den Radius 3 cm. Welchen Radius hat eine Kugel mit doppeltem (achtfachem) Volumen?

Oberfläche der Kugel

LVL **1.** a) *Partnerarbeit:* Erklärt euch gegenseitig die Überlegungen von Jörg und Sabine.

b) Arbeitet mit Sabines Schlussfolgerung weiter, setzt die Volumenformel ein und leitet die Oberflächenformel für die Kugel her.

> Für die Oberfläche der Kugel mit dem Radius r gilt:
>
> $$\mathbf{O = 4\pi r^2}$$

2. Berechne die Oberfläche der Kugel.

a) r = 4 cm b) r = 27 mm c) r = 5,9 cm d) r = 2,48 m e) d = 6,4 dm f) d = 7 cm g) d = 8,3 m

3. Berechne die Oberfläche des Balles.

d = 40 mm

d = 65 mm

d = 16 cm

d = 19 cm

d = 24 cm

4. Gegeben ist die Oberfläche einer Kugel. Berechne den zugehörigen Radius.

a) O = 38,2 cm^2 b) O = 6,94 m^2 c) O = 1357 dm^2 d) O = 18,5 mm^2 e) O = 261 mm^2

5. Der Kuppelbau eines Rundum-Kinos für 3D-Filme hat die Form einer Halbkugel. Die Innenwand des Kuppelbaus soll neu gestrichen werden. Wie groß ist die zu streichende Fläche, wenn der Innendurchmesser 15 m beträgt?

6. Planeten, Monde und Sonne haben annähernd Kugelform. Berechne die Oberfläche.

a) Erde: r = 6 371 km b) Mond: r = 1738 km c) Mars: d = 6 800 km d) Jupiter: r = 71 400 km

LVL **7.** *Partnerarbeit:* Wie verändert sich die Oberfläche einer Kugel, wenn man den Radius

① verdoppelt; ② verdreifacht; ③ halbiert; ④ verneunfacht?

Überlegt euch das an eigenen Beispielen und präsentiert der Klasse euer Ergebnis.

8. Ein kugelförmiger Luftballon wird so aufgeblasen, dass sich die Oberfläche verdoppelt. Wie verändert sich dadurch das Volumen des Ballons?

9. Der Mensch besitzt ungefähr 400 Millionen Lungenbläschen für den Gasaustausch zwischen Sauerstoff und Kohlendioxid. Sie sind annähernd kugelförmig mit ca. 0,2 mm Durchmesser.

a) Berechne die Gesamtoberfläche aller Lungenbläschen eines Menschen.

b) Welchen Radius hätte eine einzige Kugel mit dem gleichen Oberflächeninhalt?

LVL

Unsere Erde

Die Erde ist annähernd eine Kugel, an den beiden Polen ist sie jedoch etwas abgeflacht und am Äquator etwas breiter.
Erdumfang am Äquator: 40 075 km

1. Berechne den Erdradius am Äquator und damit das Volumen und die Oberfläche der Erde.

Überprüfe deine Berechnungen mit einem Lexikon, deinem Atlas oder im Internet.

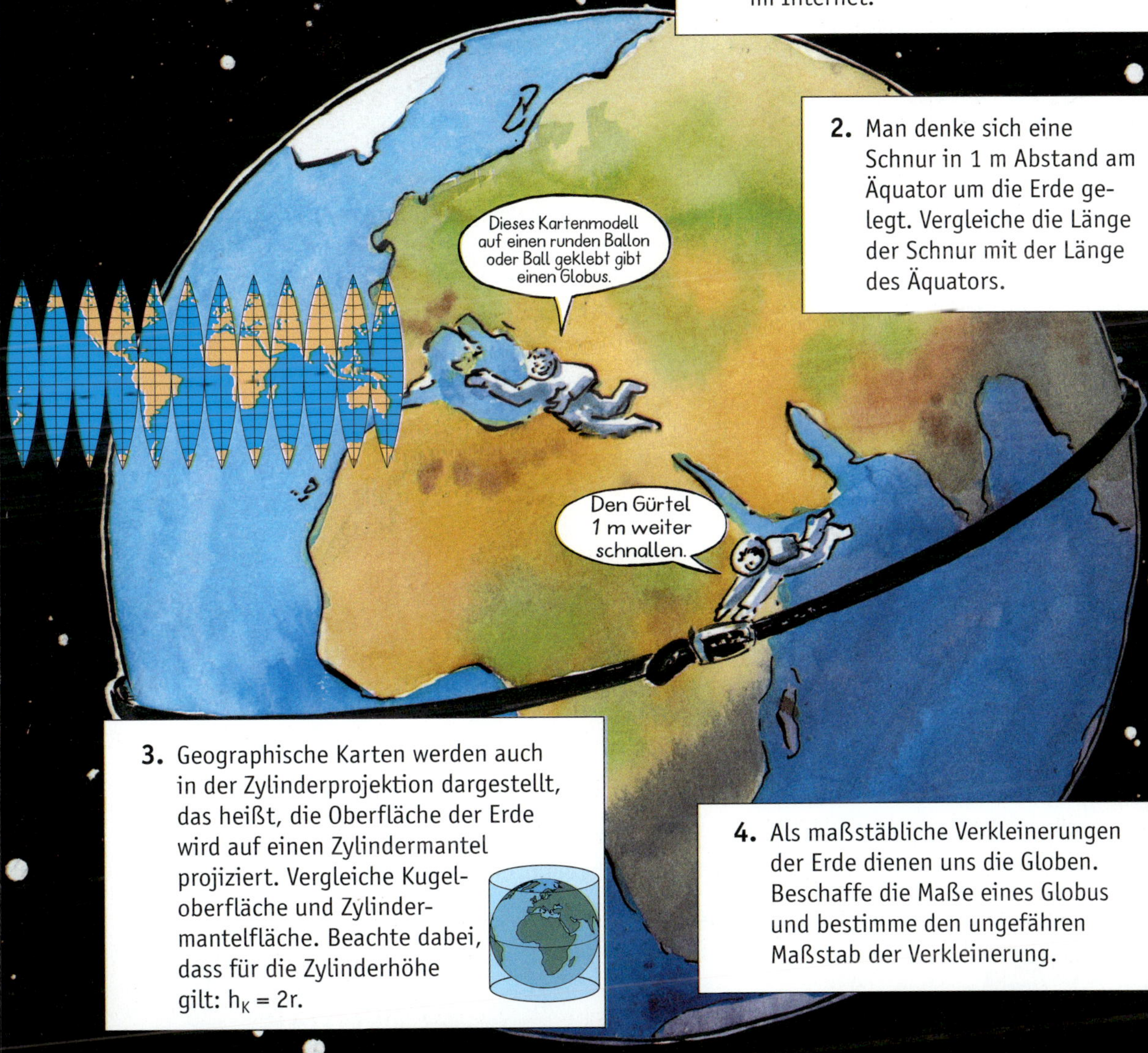

2. Man denke sich eine Schnur in 1 m Abstand am Äquator um die Erde gelegt. Vergleiche die Länge der Schnur mit der Länge des Äquators.

3. Geographische Karten werden auch in der Zylinderprojektion dargestellt, das heißt, die Oberfläche der Erde wird auf einen Zylindermantel projiziert. Vergleiche Kugeloberfläche und Zylindermantelfläche. Beachte dabei, dass für die Zylinderhöhe gilt: $h_K = 2r$.

4. Als maßstäbliche Verkleinerungen der Erde dienen uns die Globen. Beschaffe die Maße eines Globus und bestimme den ungefähren Maßstab der Verkleinerung.

Von der Gesamtoberfläche sind:
Wasserfläche: 71%
Landfläche: 29%

Recherchiere weitere Informationen für Aufgabe 5 im Internet.

5. a) Wie viel km² der Erdoberfläche sind mit Wasser bedeckt, wie viel mit Land?

b) Wie viel m² Land stünde jedem Menschen bei gleichmäßiger Verteilung zur Verfügung?

Zusammengesetzte und ausgehöhlte Körper

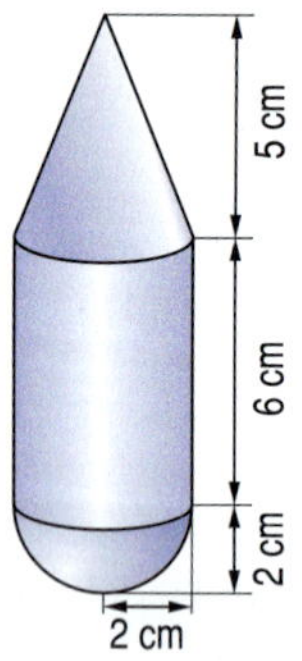

Berechne Volumen und Oberfläche des Körpers.

$V = V_{Ke} + V_{Zy} + V_{Hku}$

$O = M_{Ke} + M_{Zy} + M_{Hku}$

Eine ausgehöhlte Halbkugel hat den Außendurchmesser 1,80 m und die Wandstärke 5 cm.
Berechne Volumen und Oberfläche.

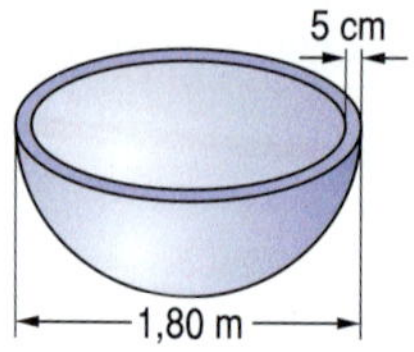

$V = V_{außen} - V_{innen}$

$O = M_{außen} + M_{innen} + A_{Ring}$

LVL 1. *Gruppenarbeit:* Berechnet Volumen und Oberfläche der beiden Körper im Einstiegskasten oben, erklärt die dort stehenden Formeln für V und O, und präsentiert eure Lösung der Klasse.

2. Berechne Volumen und Oberfläche des ausgehöhlten Körpers (alle Maße in cm).

a)
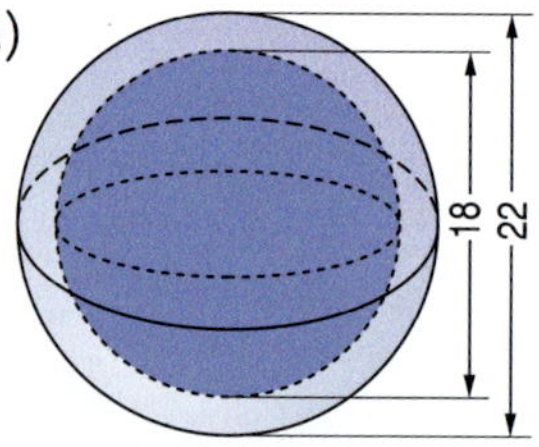

b)
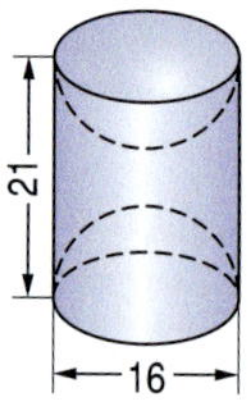

c)
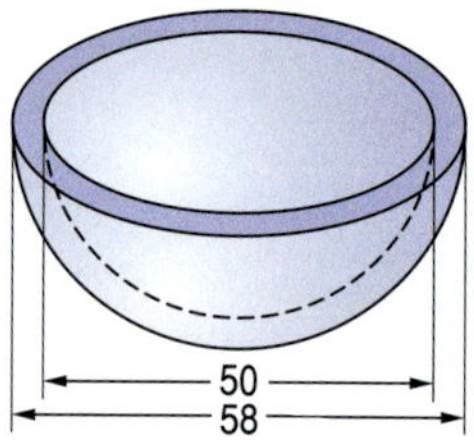

d)
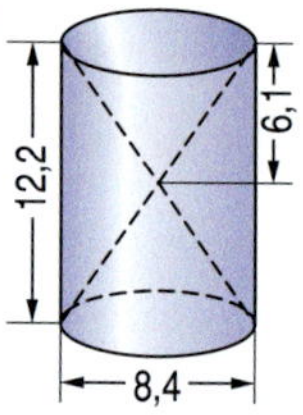

LVL 3. Wähle zwei der drei Körper und skizziere damit einen zusammengesetzten Körper. Berechne das Volumen und die Oberfläche des zusammengesetzten Körpers.

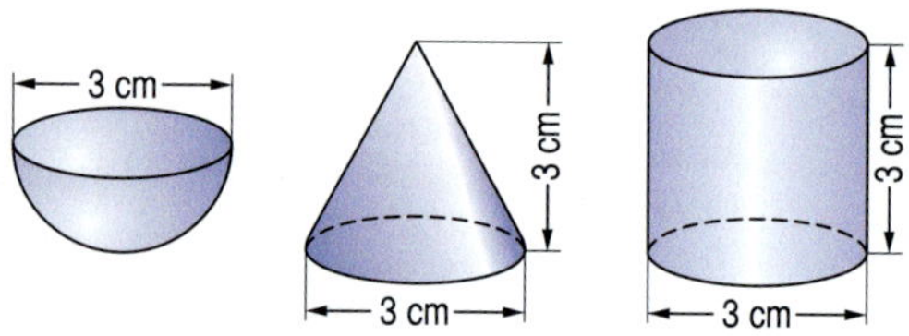

4. Aus einem Würfel mit der Kantenlänge 12 cm soll der größtmögliche Kegel herausgebohrt werden. Berechne Volumen und Oberfläche des verbliebenen Restkörpers.

5. Berechne das Volumen und die Oberfläche des zusammengesetzten Körpers (Längen in cm). Fehlende Stücke lassen sich mit dem Satz des Pythagoras berechnen.

a)
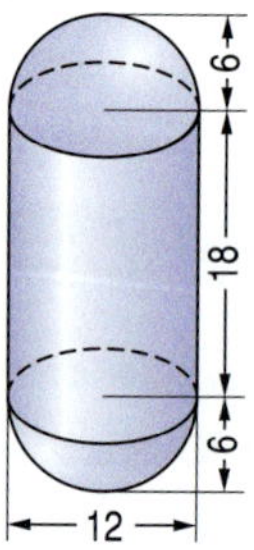

b)
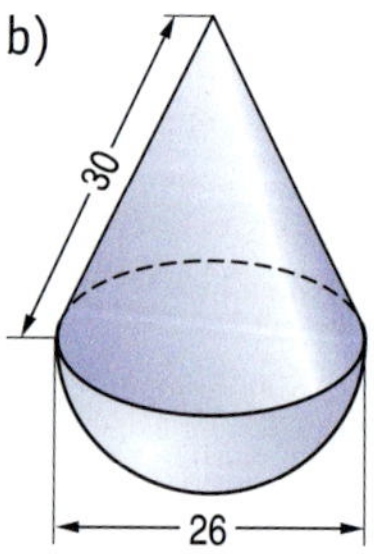

c)
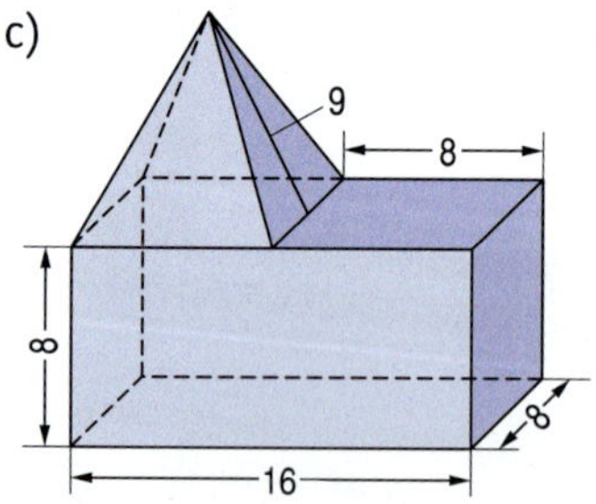

d)
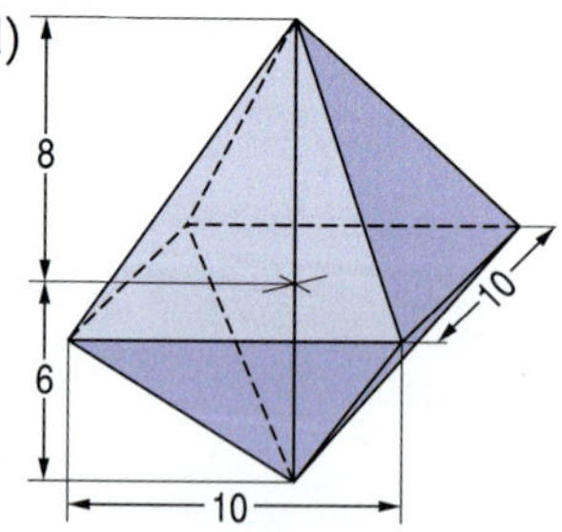

6. Ein Lehrling bekommt die Aufgabe, aus Aluminiumwürfeln mit der Kantenlänge 6 cm verschiedene andere geometrische Körper herzustellen, und zwar so groß wie möglich. Berechne jeweils den Abfall in cm^3 und in Prozent. ① Kugel ② Kegel ③ Zylinder ④ Pyramide

LVL 7. Was passt zu einem Luftballon: „Kugel", „Halbkugel mit Kegel", „Zylinder", oder ...?

Schrägbilder zusammengesetzter Körper

1.

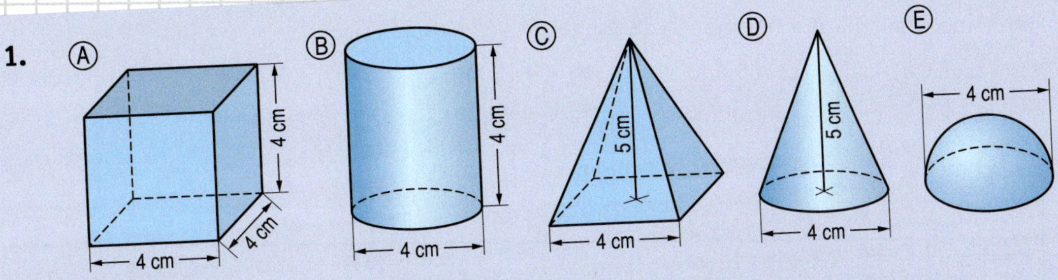

Gruppenarbeit:

a) Zeichnet zu den abgebildeten Körpern jeweils ein Schrägbild und notiert dazu die Vorgehensweise. Die Grundfläche beim Kegel und bei der Halbkugel wird wie die Grundfläche des Zylinders gezeichnet. Teilt euch die anfallenden Arbeiten geschickt auf und kontrolliert anschließend gegenseitig die Schrägbilder.

b) Zeichnet nun einen zusammengesetzten Körper im Schrägbild. Kombiniert dazu zwei der abgebildeten Körper nach eurer Wahl und vergleicht eure Resultate miteinander.

2.

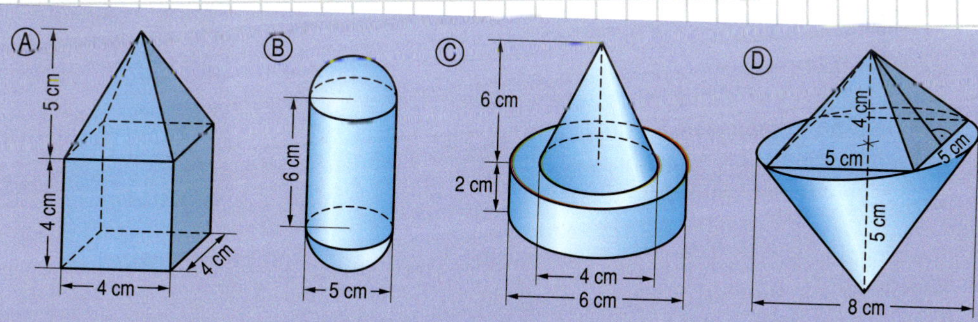

Zeichne zwei Körper im Schrägbild mit den angegebenen Maßen in dein Heft und skizziere die übrigen freihändig, d. h. ohne Lineal und ohne genaue Maße.

3. Skizziere den beschriebenen Körper.

a) Würfel mit durchgehender zylindrischer Bohrung

b) Zylinder mit aufgesetzter Halbkugel

c) Würfel mit ausgefrästem Kegel

d) Doppelpyramide aus zwei aneinandergesetzten Pyramiden mit gleichseitigen Dreiecken als Seitenflächen

4.

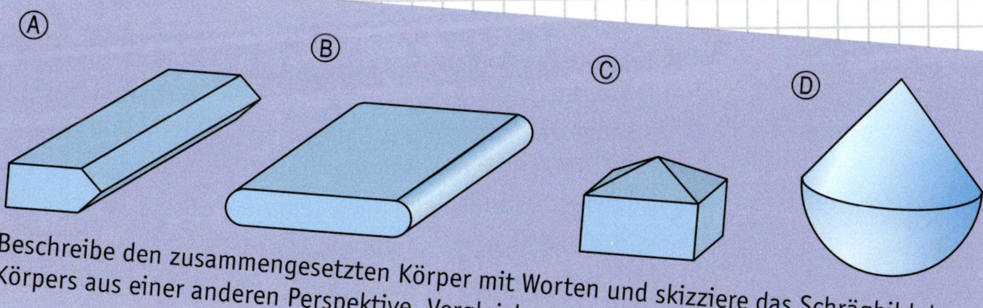

Beschreibe den zusammengesetzten Körper mit Worten und skizziere das Schrägbild des Körpers aus einer anderen Perspektive. Vergleiche mit anderen.

Vermischte Aufgaben

1. Berechne Volumen und Oberfläche der Kugel.

a) r = 2,7 cm b) r = 8 dm c) r = 45 mm d) r = 3,25 m e) r = 0,7 cm
f) d = 12 mm g) d = 3,7 cm h) d = 0,8 m i) d = 1,45 m j) d = 3476 km

2. Berechne die fehlenden Größen der Kugel.

	a)	b)	c)	d)	e)	f)	g)
Radius r	5,7 cm					21,5 m	
Volumen V		39,5 cm^3	321,9 cm^3				4,6 l
Oberfläche O				18,3 cm^2	212,5 cm^2		

3. Über der Tanzfläche der Disco soll eine neue Spiegelkugel angebracht werden. Sie soll einen Durchmesser von 40 cm und auf der Oberfläche kleine quadratische Spiegel haben.

a) Wie viele kleine Spiegelstücke mit 1 cm^2 Flächeninhalt passen auf die Kugeloberfläche?

b) Welches Volumen hat die Kugel?

4. Bleikugeln mit dem Radius 1 cm sollen geschmolzen werden. Aus der geschmolzenen Bleimasse soll eine Einzelkugel mit dem Radius 10 cm hergestellt werden. Wie viele der kleinen Kugeln werden benötigt?

5. Aus einem quaderförmigen Stück Ton mit den Kantenlängen 10 cm, 12 cm und 15 cm sollen Tonkugeln mit d = 3 mm geformt werden. Wie viele Kugeln erhält man?

6. Eine Einzelkugel mit Durchmesser 60 cm soll geschmolzen werden. Aus der Schmelzmasse sollen 1000 kleine Kugeln hergestellt werden. Berechne den Durchmesser der kleinen Kugeln.

7. Die Größe von Handbällen gibt man mit dem Umfang u an.

a) Wie groß ist die Oberfläche bei einem Jugendhandball mit u = 54 cm?

b) Wie viel Leder wird für die Herstellung eines Jugendhandballs benötigt, wenn mit 20 % Verschnitt gerechnet wird?

c) Für einen Männerhandball wurde einschließlich 20 % Verschnitt 1330 cm^2 Leder verarbeitet.
Welchen Umfang hat ein Männerhandball?

LVL **8.** Besorgt euch verschiedene kugelförmige Gegenstände und bestimmt mit einem Maßband den Umfang. Berechnet nacheinander Radius, Oberfläche und Volumen.

9. In einer Holzkiste mit 24 cm Länge und 16 cm Breite sollen 6 Metallkugeln und 2 kleinere Holzkugeln untergebracht werden.

a) Welchen Durchmesser dürfen die 6 Metallkugeln höchstens haben?

b) Welches ist der größtmögliche Durchmesser für die Holzkugeln?

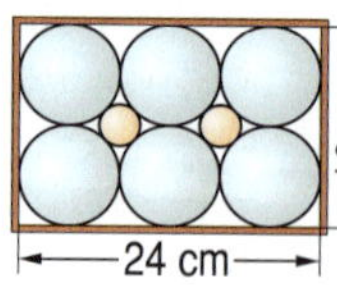

10. Eine Hohlkugel aus Glas hat einen äußeren Durchmesser von 7 cm und eine Wandstärke von 2 mm. Wie schwer ist die Hohlkugel? (Dichte von Glas 2,5 $\frac{g}{cm^3}$)

11. Berechne die Masse des kugelförmigen Körpers.

a) Erde: $r = 6371$ km, 1 m^3 der Erde wiegt durchschnittlich 5,5 t

b) Schneekugel zum Bauen eines Schneemanns: $d = 80$ cm, Dichte des Schnees $0{,}2\ \frac{g}{cm^3}$

c) Boulekugel aus Metall: $d = 7{,}34$ cm, Dichte des Metalls $3{,}4\ \frac{g}{cm^3}$

d) Kunststoffkugel zum Kegeln: $d = 16$ cm, Dichte des Kunststoffs $1{,}3\ \frac{g}{cm^3}$

e) Murmel aus Glas: $r = 12$ mm, Dichte von Glas $2{,}5\ \frac{g}{cm^3}$

12. Ein Vater hinterlässt seinen beiden Kindern Gold, das er in Kugelform gegossen hat. Das eine Kind soll eine Kugel mit Radius 4 cm erhalten, das andere Kind zwei Kugeln mit jeweils Radius 3 cm. Wofür würdest du dich entscheiden? Kontrolliere durch Rechnung.

13. Die St. Paul's Kathedrale in London hat eine der größten Kuppeln der Welt. Die Halbkugelkuppel hat einen inneren Durchmesser von 48 m. Berechne die innere Oberfläche.

14. Zur Herstellung von Käse wird ein halbkugelförmiger Kupferkessel mit $d = 1{,}35$ m verwendet.

a) Wie groß ist die Innenfläche des Kessels?

b) Welches Volumen fasst der Kessel?

15. Für ein Klassenfest wurden 3 Packungen Eis mit jeweils 1 *l* Inhalt besorgt. Das Eis soll mit einem kugelförmigen Eisportionierer, Innendurchmesser 5 cm, ausgegeben werden. Wie viele (gleich große) Eisportionen mit jeweils einer Kugel können verteilt werden?

LVL **16.** Bearbeitet in Partnerarbeit und präsentiert euer Ergebnis der Klasse.
Bei den abgebildeten Gläsern sind Durchmesser und Höhe gleich. Es gilt: $h_K = \frac{1}{2}d$.

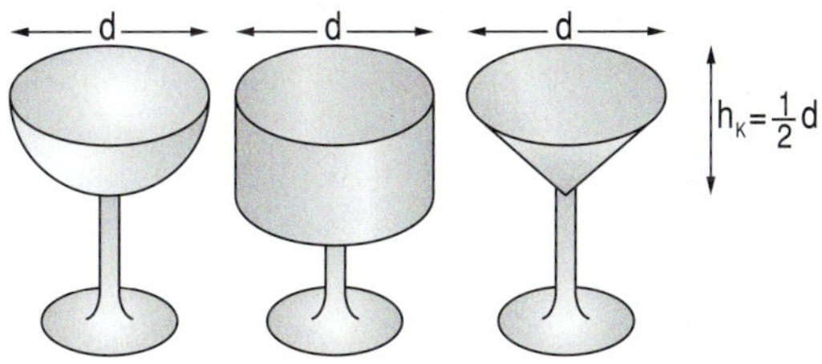

a) Vergleicht das Volumen der 3 Gläser.

b) Berechnet das Volumen der Gläser für $d = 10$ cm.

17. Der Messzylinder zeigt eine Wassermenge von 58 cm^3 an. Drei Kugeln mit den Radien 1 cm; 1,5 cm und 2 cm werden in den Messzylinder getaucht.

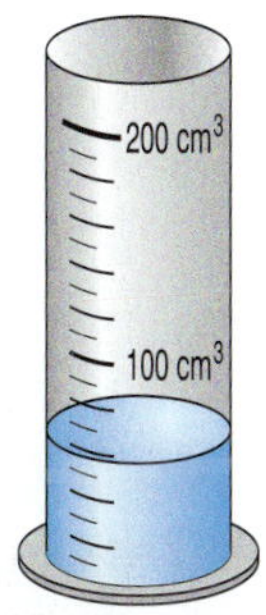

a) Welche „scheinbare" Wassermenge zeigt er jetzt an?

b) Der Messzylinder kann maximal 200 cm^3 anzeigen. Wie viele Kugeln mit $r = 1{,}5$ cm könnte man bis zu dieser Anzeige noch in das Wasser tauchen?

18. Ein Öltropfen mit $d = 4$ mm fällt in eine große Pfütze und bildet dort einen kreisförmigen Ölfilm mit 2,40 m Durchmesser. Wie dick ist die Ölschicht auf der Pfütze?

LVL **19.** *Partnerarbeit:* Das Foto zeigt zwei etwa gleich große Sandhaufen. Das Auto ist 1,45 m hoch. Wie viel m^3 Sand sind ungefähr vorrätig?
Schreibe auf, wie du schätzt und bei der Rechnung vorgehst.

20. Berechne Volumen und Oberfläche des zusammengesetzten Körpers. Berechne fehlende Stücke mit dem Satz des Pythagoras.

a)
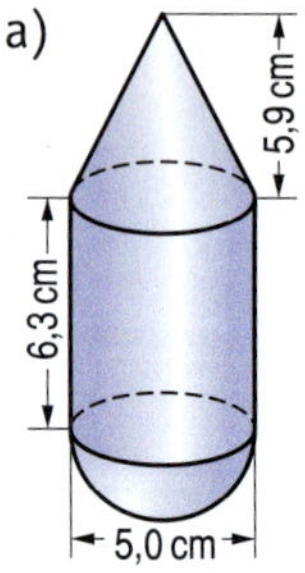

b)
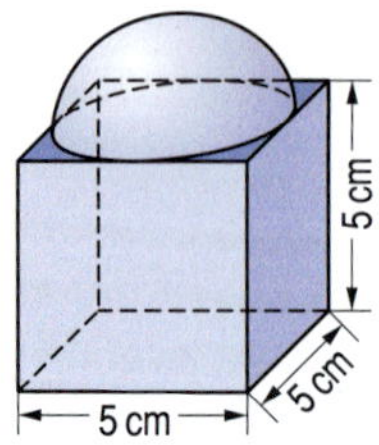

c)
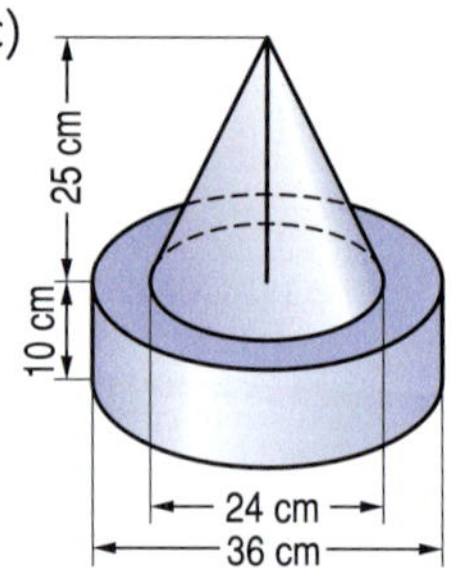

d)
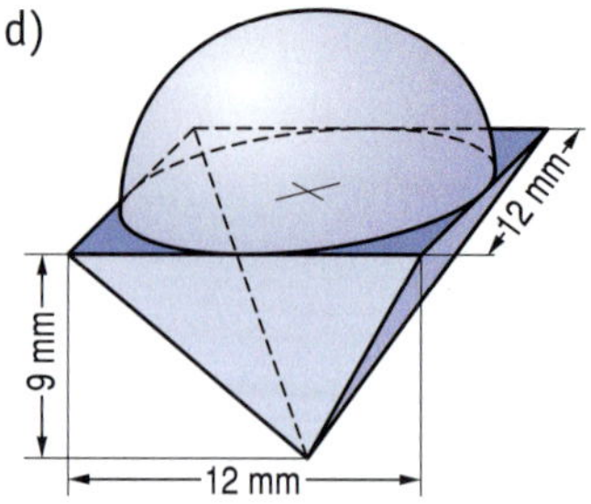

21. Berechne Volumen und Oberfläche des ausgehöhlten Körpers.

a)
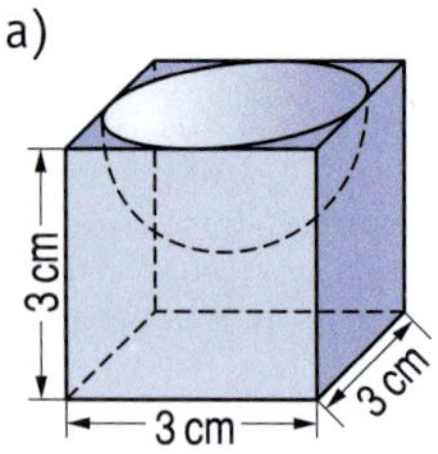

b)
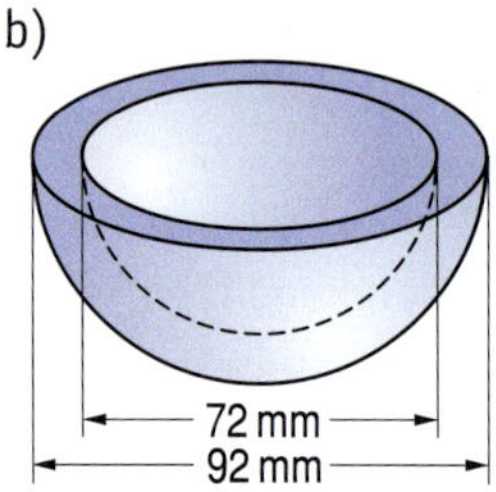

c)
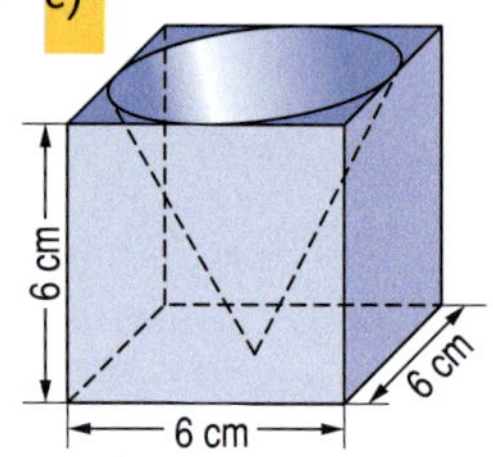

22. Berechne den Neigungswinkel α zwischen Grundfläche und Mantellinie des Kegels.

a)
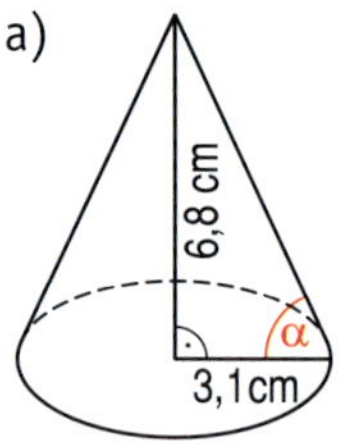

b)
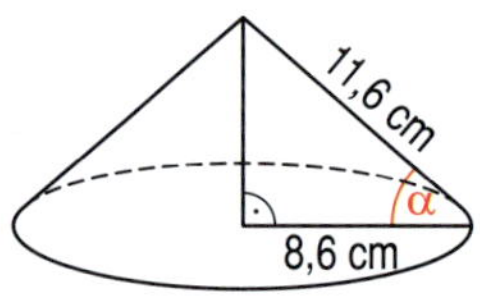

c)
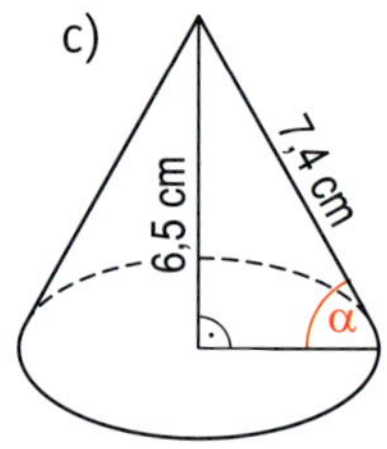

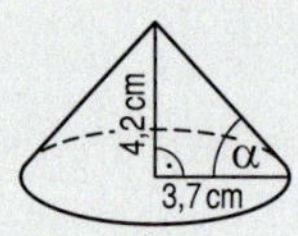

$\tan\alpha = \frac{4,2}{3,7}$

$\tan\alpha = 1,135$

$\alpha = 48,6°$

23. Berechne den Winkel α der Pyramide und beschreibe in Worten, wie der Winkel liegt.

a)
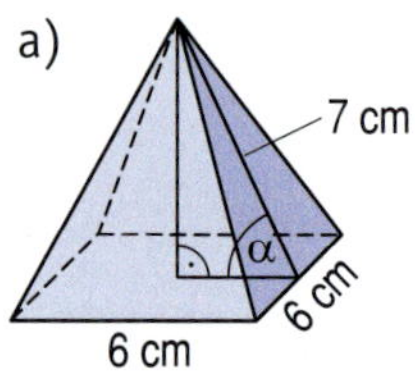

b)
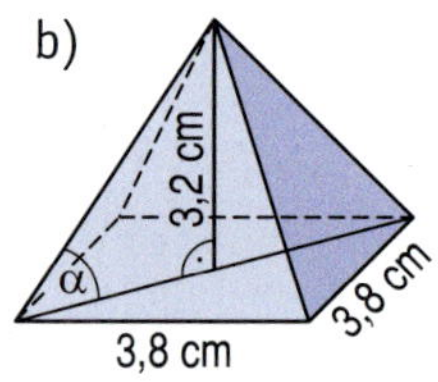

c)
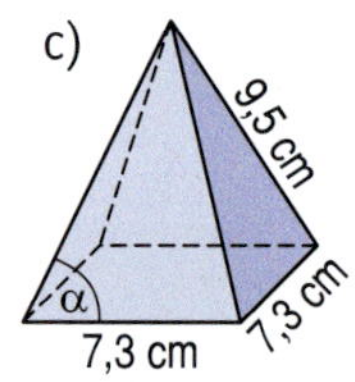

d)
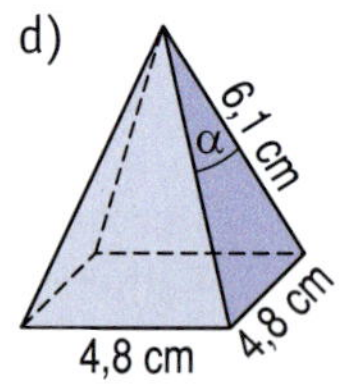

LVL **24.** Schätze Breite und Höhe des Körpers und berechne Mantelfläche und Volumen.

a)

b)

c)

Pyramidenstumpf und Kegelstumpf

LVL

Bildet Gruppen mit jeweils 3–4 Schülern und bearbeitet die Aufgaben.

1. Berechnet die Oberfläche des Pyramidenstumpfes mit $a_1 = 10$ cm, $a_2 = 6$ cm, $h_s = 5$ cm

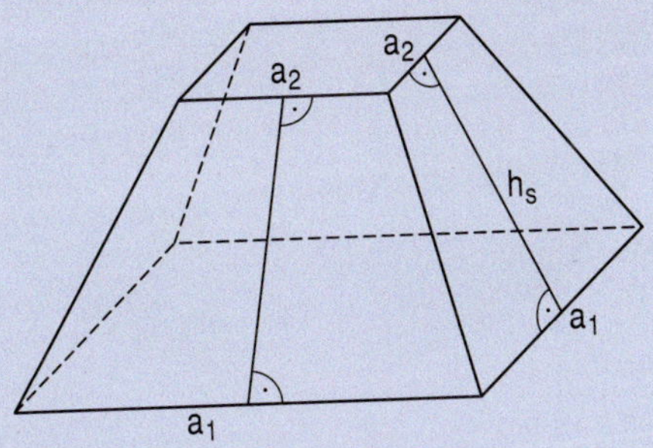

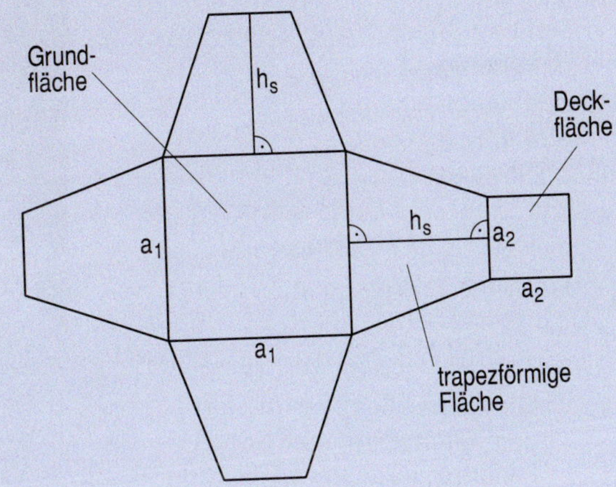

2. Berechnet die Oberfläche eines Kegelstumpfes mit $r_1 = 7{,}0$ cm, $r_2 = 4{,}0$ cm und $s = 8{,}5$ cm

Für die Mantelfläche des Kegelstumpfes findet man in Formelsammlungen die Formel
$M = \pi s\,(r_1 + r_2)$

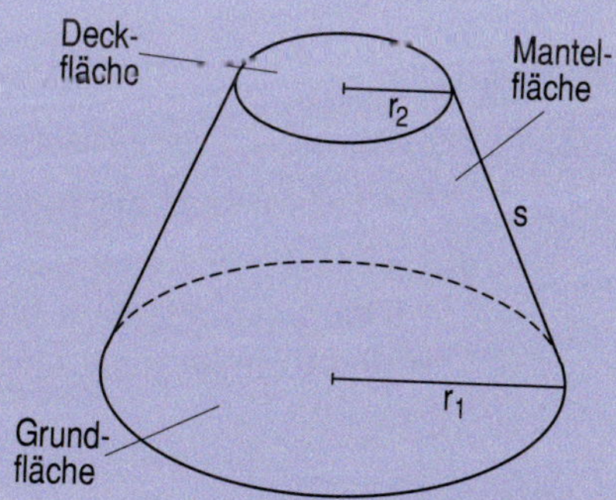

3. Für Stümpfe findet man in Formelsammlungen die allgemeine Volumenformel
$V = \frac{h_K}{3}\,(G_1 + \sqrt{G_1 G_2} + G_2)$

G_1 ist der Inhalt der Grundfläche
G_2 ist der Inhalt der Deckfläche

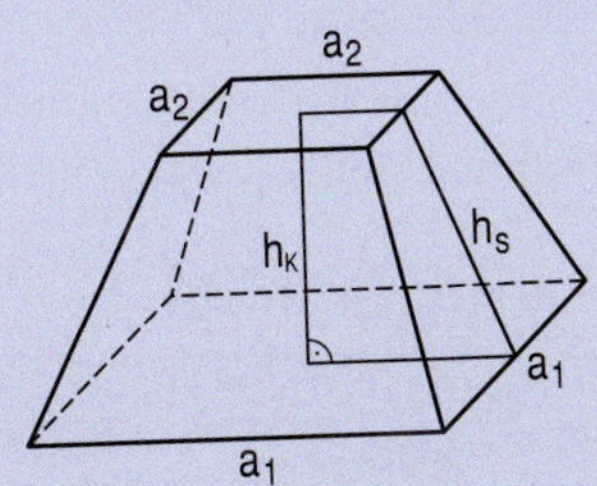

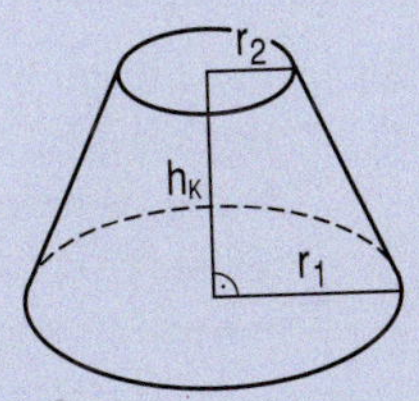

Entwickelt mit dieser allgemeinen Formel die speziellen Volumenformeln des Pyramidenstumpfes und des Kegelstumpfes. Vergleicht eure Ergebnisse mit den Volumenformeln in der Formelsammlung und notiert die Formeln im Heft.

4. Berechnet das Volumen und die Oberfläche der beiden Stümpfe.

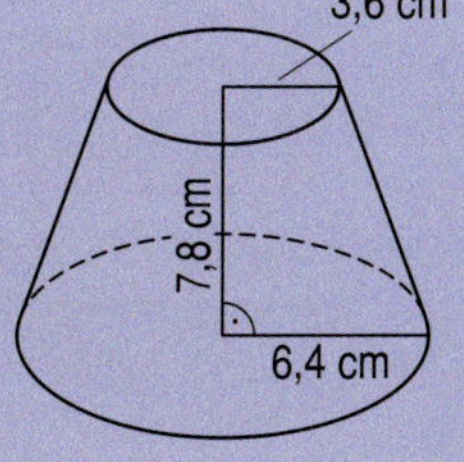

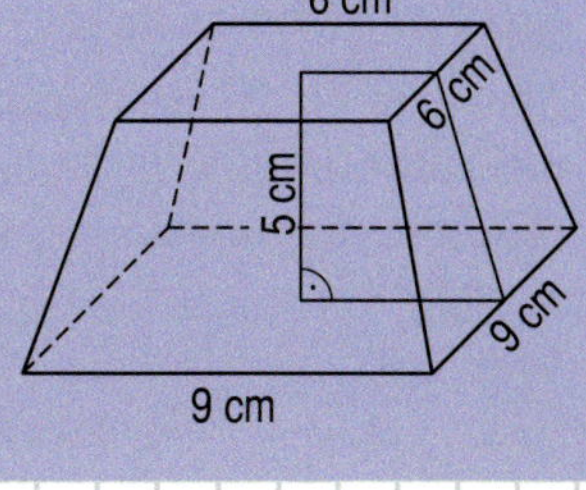

LVL

Wassertürme

Das Foto zeigt den Wasserturm von Rottweil, einer Stadt zwischen Stuttgart und dem Bodensee.
Er besteht aus einem 33 m hohen Sockel, ungefähr in der Form eines Zylinders mit einem Durchmesser von ca. 5 m.
Auf den Sockel aufgesetzt ist ein Wasserbehälter. Der obere Außendurchmesser ist 27 m, die äußere Mantellinie 16 m lang.

1. Wie viel m^3 Beton wurde für den zylinderförmigen Sockel benötigt, wenn die Wandstärke 25 cm beträgt?

2. Der Wasserbehälter hat eine Wandstärke von 25 cm.
a) Wie viel m^3 kann der Wasserbehälter fassen?
b) Ein Familienhaushalt benötigt durchschnittlich 13 000 Liter Wasser im Monat. Wie viele Familien könnten einen Monat lang mit Wasser versorgt werden?

3. Wie viel m^3 Beton wurde für den Bau des Wasserbehälters allein benötigt?

4. Der Sockel wurde mit einer weißen Acrylfarbe, der Wasserbehälter mit einer farblosen Schutzfarbe gestrichen.
Wie viel m^2 waren jeweils zu streichen?

5. Eine Nachbargemeinde hat einen Wasserturm mit einer eckigen Form. Der Sockel besteht aus einem regelmäßigen achteckigen Prisma mit einer Höhe von ca. 15 m. Der aufgesetzte Wasserbehälter hat die Form eines achtseitigen Pyramidenstumpfes.

Berechne die Mantelfläche des Sockels und des aufgesetzten Wasserbehälters. Schätze dazu die Längen der notwendigen Stücke.

1. Berechne Volumen und Oberfläche des Zylinders.

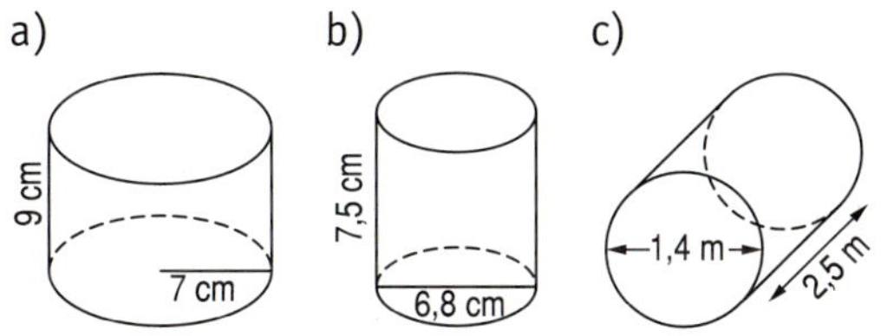

2. Berechne die gesuchte Größe des Zylinders

a) $O = 72\ cm^2$, $r = 2{,}5\ cm$ $\quad h_K = ■$

b) $V = 45{,}1\ m^3$, $h_K = 4{,}2\ m$ $\quad r = ■$

3. Berechne Volumen und Oberfläche des Kegels.

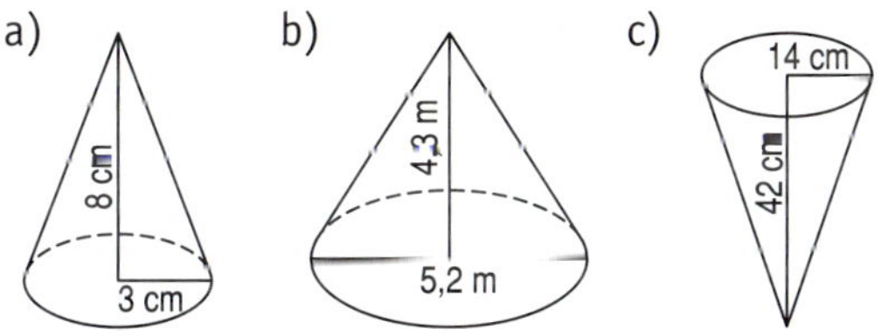

4. Berechne das Volumen der Pyramide.

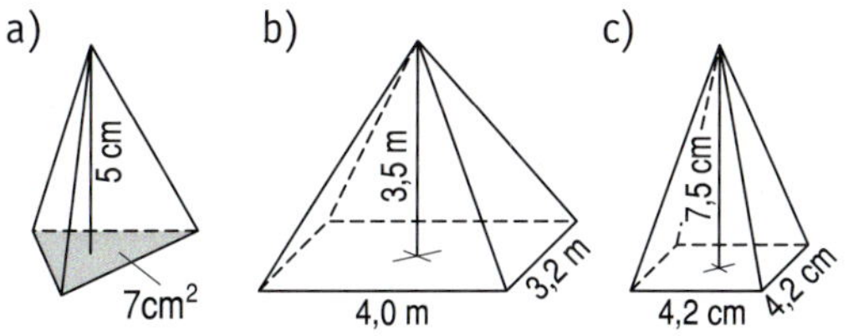

5. Berechne Mantel und Oberfläche der quadratischen Pyramide.

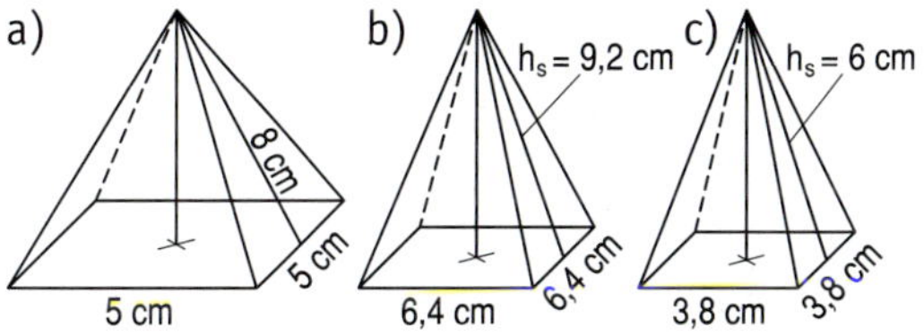

6. Berechne die gesuchte Größe der quadratischen Pyramide.

a) $V = 24{,}6\ cm^3$ $\quad h_K = 5\ cm$ $\quad a = ■$

b) $O = 85{,}2\ cm^2$ $\quad a = 6\ cm$ $\quad h_s = ■$

7. Berechne Volumen und Oberfläche der Kugel.

a) $r = 3\ cm$ $\quad$ b) $r = 5{,}6\ m$ $\quad$ c) $d = 3{,}6\ m$

8. Berechne den Radius der Kugel.

a) $O = 56{,}7\ cm^2$ b) $V = 89{,}4\ cm^3$ c) $O = 9{,}9\ m^2$

9. Eine Billardkugel hat einen Durchmesser von 6,2 cm. Der Kunststoff hat die Dichte $1{,}7\ \frac{g}{cm^3}$. Berechne die Masse einer Billardkugel.

Zylinder

Oberfläche

$O = 2G + M$

$O = 2\pi r^2 + 2\pi r h_K$

$M = 2\pi r h_K$

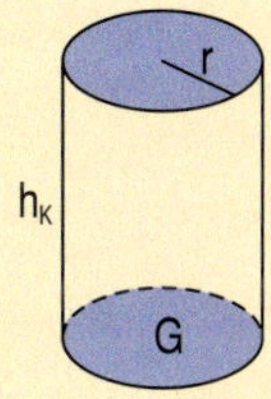

Volumen

$V = G \cdot h_K$

$V = \pi r^2 h_K$

Kegel

Oberfläche

$O = G + M$

$\mathbf{O = \pi r^2 + \pi r s}$

$M = \pi r s$

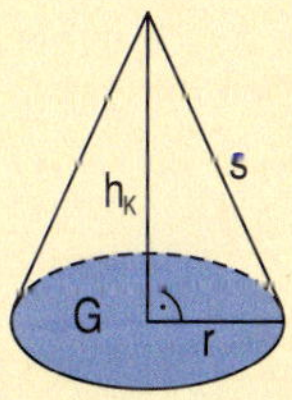

Volumen

$V = \frac{1}{3} G \cdot h_K$

$\mathbf{V = \frac{1}{3} \pi r^2 h_K}$

Pyramide

Oberfläche

$\mathbf{O = G + M}$

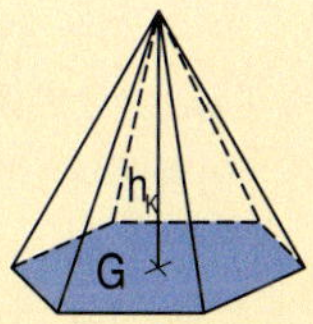

Volumen

$\mathbf{V = \frac{1}{3} G \cdot h_K}$

Speziell: quadratische Pyramide

$O = a^2 + 2\,a\,h_s$

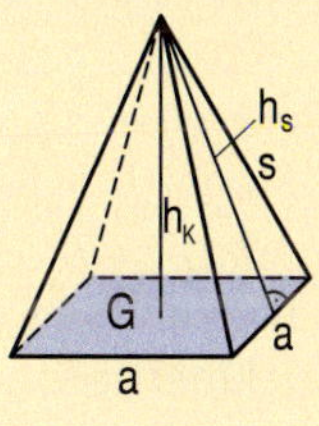

$V = \frac{1}{3} a^2 h_K$

Kugel

Oberfläche

$\mathbf{O = 4 \pi r^2}$

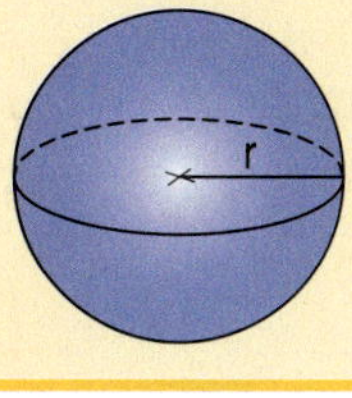

Volumen

$\mathbf{V = \frac{4}{3} \pi r^3}$

DIAGNOSETEST

1. Zeichne ein Schrägbild der Pyramide und berechne ihr Volumen.

2. Zeichne ein Schrägbild des Kegels und berechne seine Oberfläche.

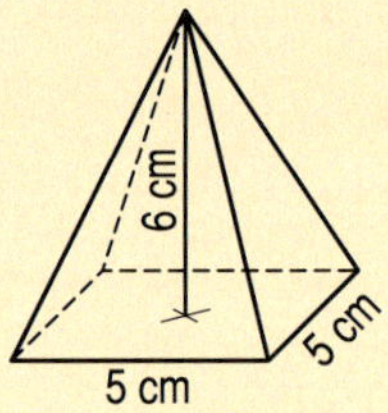

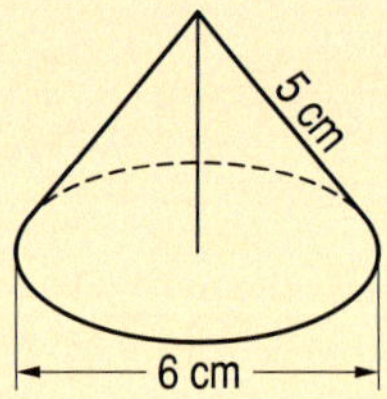

3. Berechne die Höhe der Seitenfläche h_s und die Körperhöhe h_K der quadratischen Pyramide.

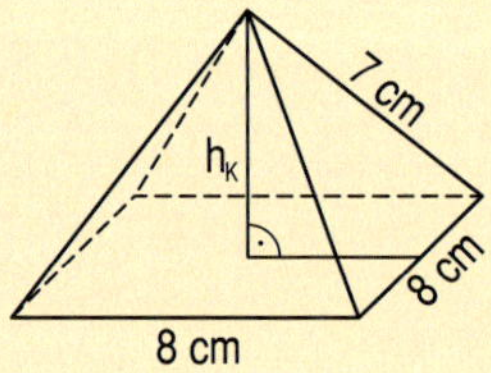

4. Berechne Volumen und Oberfläche der quadratischen Pyramide mit der Grundkante a = 8,0 cm, der Pyramidenhöhe h_K = 3,0 cm und der Höhe einer Seitenfläche h_s = 5,0 cm.

5. Berechne Volumen und Oberfläche eines Balles mit einem Durchmesser von d = 8,4 cm.

Wähle 5 Aufgaben aus

1. Ein Karnevalshütchen ist 8 cm hoch und hat einen Umfang von 44 cm. Berechne den Materialverbrauch. Die Klebelasche bleibt unberücksichtigt.

2. Ein Kegel hat das Volumen 64,2 cm^3 und die Höhe 2,4 cm. Berechne den Radius.

3. Aus einem Holzwürfel mit der Kantenlänge 4 cm soll ein größtmöglicher Kegel hergestellt werden. Berechne das Volumen des Holzabfalls.

4. Berechne die Oberfläche der quadratischen Pyramide.

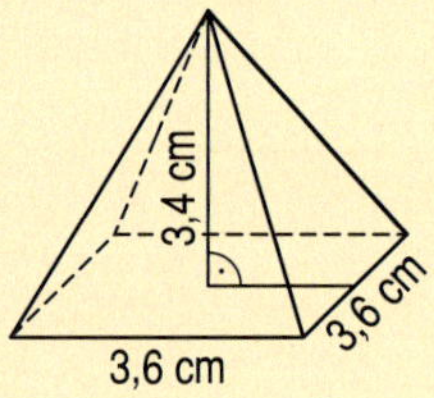

5. Eine quadratische Pyramide hat ein Volumen von 78,5 cm^3 und eine Höhe von 7,5 cm. Wie lang ist die Grundkante a?

6. Die Oberfläche einer Kugel ist 124,8 cm^2 groß. Berechne das Volumen der Kugel.

7. Eine Stahlkugel mit einem Durchmesser von 6 cm wird in zwei gleich große Halbkugeln geteilt. Berechne die Oberfläche einer Halbkugel.

8. Eine Metallkugel mit 60 mm Durchmesser soll geschmolzen werden. Aus der Schmelzmasse sollen kleine Metallkugeln mit 10 mm Durchmesser hergestellt werden. Wie viel kleine Kugeln erhält man?

9. Berechne die Oberfläche des zusammengesetzten Körpers.

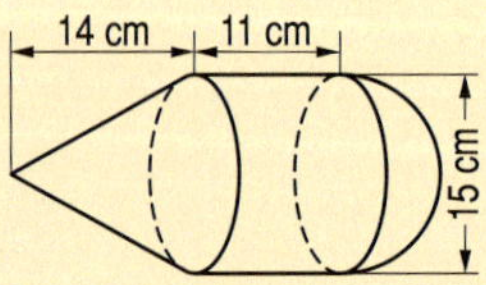

10. Berechne das Volumen des ausgehöhlten Körpers.

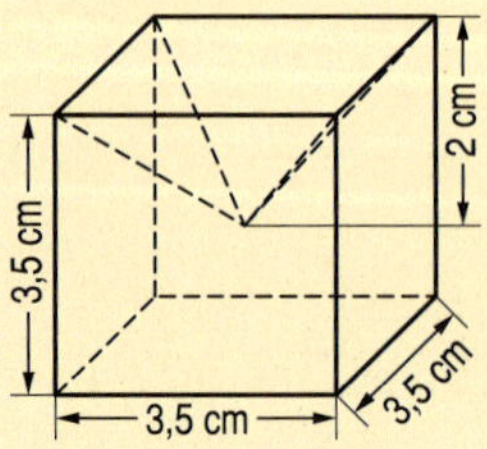

Daten und Zufall

7

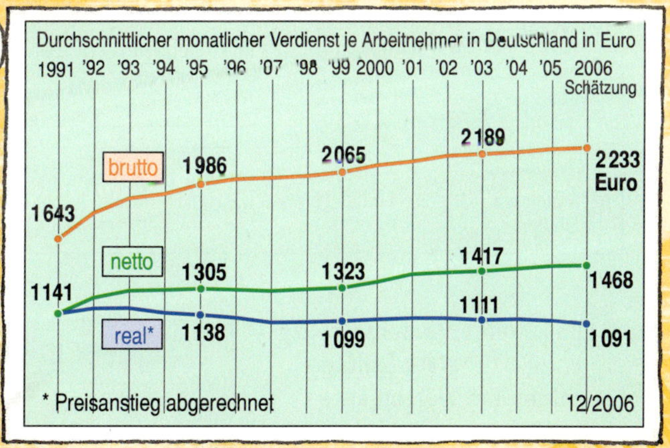

LVL

Grafische Darstellungen

Partnerarbeit

1. Beurteilt die Aussagen über die Menschen der neuen Bundesländer mit ①, ② oder ③ und begründet.

① informativ und richtig ② richtig, aber zu einseitig ③ völlig falsch

Ⓐ Die Anzahl der Zufriedenen erhöhte sich bis 2006 um 6 % der Bevölkerung.

Ⓑ Der Anteil der Zufriedenen erhöhte sich bis 2006 um fast 20 %.

Ⓒ Die Zufriedenheit erhöhte sich bis 2006 um fast 6 %.

Ⓓ Die Zahl der Zufriedenen hat sich nach 1990 fast verdoppelt.

Ⓔ Die Zahl der Zufriedenen stieg zunächst, hielt sich mehrere Jahre auf über 50 % und sank dann wieder fast auf den Anfangswert.

Ⓕ In den letzten Jahren nahm die Unzufriedenheit stark zu.

Ⓖ Rund zwei Drittel sind unzufrieden.

Ⓗ Die Zahl der Zufriedenen schwankte ständig hin und her.

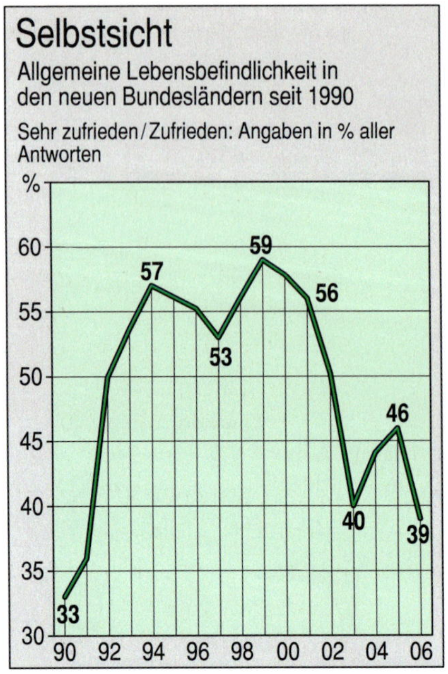

2. a) Beschreibt die dargestellte Entwicklung der Schülerzahlen mit Worten kurz und genau.

b) Beurteilt die Grafik, ob sie die Zahlen richtig *darstellt*, ob sie den Verlauf über- oder untertreibt.

c) Angenommen, ihr wollt anderen klar machen, die voraussichtliche Abnahme der Schülerzahlen sei so gering, dass sie bedeutungslos sei. Wie würdet ihr mit dieser Absicht die Zahlen darstellen, ohne zu lügen?

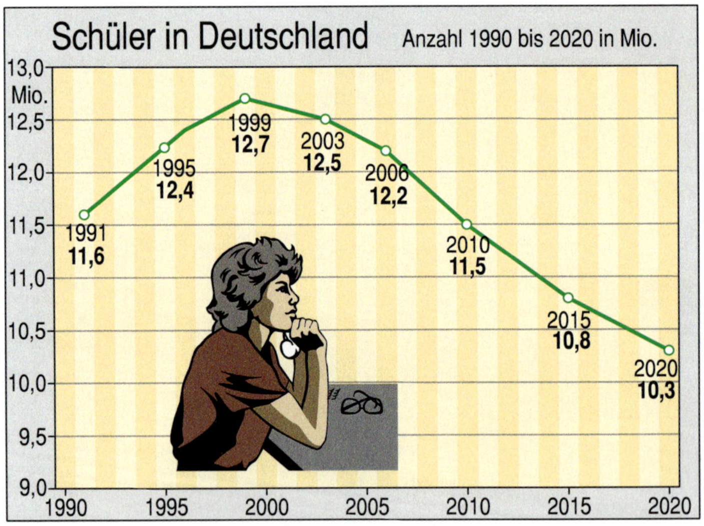

3. a) Die Grafik hatte in der Zeitung die Überschrift „Mehr Raser“. Passen Grafik und Überschrift gut zusammen, oder findet ihr eine bessere Überschrift?

b) Welche Aussagen sind richtig?
① In 5 Jahren 50 % mehr Einträge
② In 5 Jahren anderthalb mal so viele Einträge
③ Jährlich 170-tausend Einträge mehr
④ Jährlich 90-tausend Einträge mehr

c) Angenommen, ihr wollt die Zunahme der Einträge als dramatisch darstellen, wie würdet ihr das machen?

d) Angenommen, ihr wollt die Zunahme verharmlosen, wie würdet ihr dann die Zahlen darstellen?

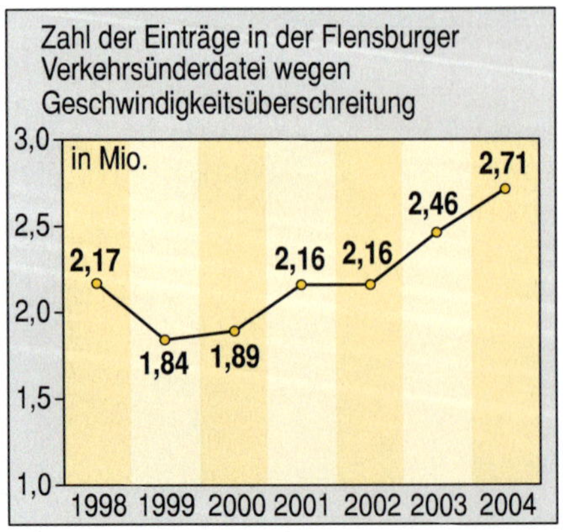

LVL

4. a) Erklärt die Bedeutung von „im 4. Quartal verkaufte Auflage".

b) Verteilt folgende beiden Rollen unter euch und erstellt dazu geeignete Grafiken.
Rolle 1: Du willst den Rückgang der Zahlen als geringfügig erscheinen lassen.
Rolle 2: Du willst den Eindruck erwecken, der Rückgang der Auflage sei dramatisch.

c) Die Tabelle enthält die entsprechenden Zahlen der Bildzeitung. Fertigt dazu drei Grafiken, eine „faire", eine verharmlosende und eine übertreibende.

d) Ist der Auflagenrückgang bei beiden Zeitungen etwa gleich?

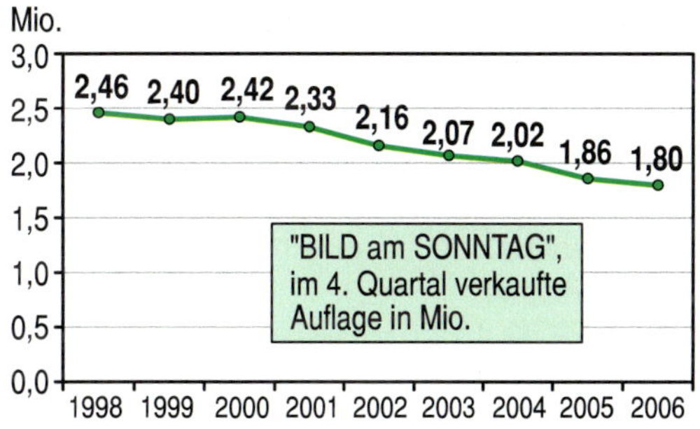

„BILD": im 4. Quartal verkaufte Auflage in Mio.									
Jahr	1998	1999	2000	2001	2002	2003	2004	2005	2006
Mio.	4,41	4,26	4,26	4,25	3,96	3,81	3,47	3,61	3,44

5. a) Beurteilt den linken Teil der Grafik: Sind die Zahlen angemessen oder übertrieben dargestellt? Würdet ihr die Zahlen anders darstellen, wenn ja, wie und warum?

b) Fertigt zu den Angaben der rechten Grafik eine Tabelle mit den prozentualen Anteilen der einzelnen Gewaltarten an der Gesamtzahl der Fälle im Schuljahr 2005/06.

c) Stellt die prozentualen Anteile grafisch dar und beurteilt, ob diese Darstellung aussagekräftiger ist als die Grafik in der Zeitung.

d) Sucht im Internet nach der Gewaltentwicklung an Schulen in Niedersachsen in den letzten Jahren.

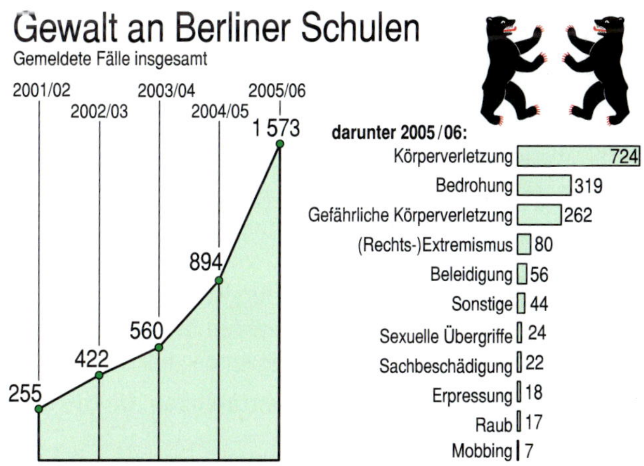

6. a) Die Abbildung des Robert-Koch-Instituts zeigt die Verbreitung von Aids (HIV). Was bedeuten vermutlich die klein gedruckten Zahlen in Klammern?

b) Überlegt euch eine andere, bessere Darstellung der Verbreitung von Aids in den Erdteilen.

Schätzung über Erwachsene und Kinder, die 2006 mit HIV lebten

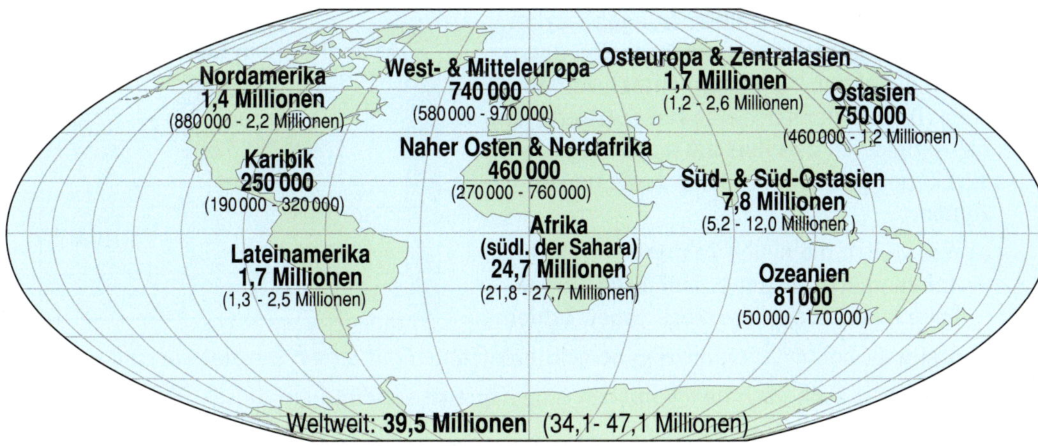

LVL

Mittelwert, Median, Spannweite und Boxplot

1. *Gruppenarbeit:* Erstellt ein Lernplakat zu den angegebenen Begriffen der Statistik. Erklärt die Begriffe am Beispiel der Daten in der Tabelle oder an einem selbst gewählten Beispiel.

arithmetisches Mittel | Boxplot | empfindlich / unempflindlich gegen Ausreißer | Maximum / Minimum | Median | Mittelwert | oberes / unteres Quartil | repräsentativ | Spannweite | Stichprobe | Zentralwert

Übernachtung mit Frühstück für 2 Personen im Doppelzimmer, Preise in Euro, Hotels in A-Stadt und im umliegenden Landkreis

Stadt								
86	99	118	72	59	225	131	92	144
62	195	69	169	125	80	165	125	72
Landkreis								
74	100	68	90	80	92	73	64	75
65	79	139	67	79	59	82	99	71

2. Die Tabelle enthält die Ergebnisse eines Abschlusstests.

a) Berechne Spannweite und Mittelwert.

b) Sortiere die Daten der Größe nach, bestimme den Median sowie unteres und oberes Quartil und zeichne einen Boxplot.

c) Ute meint: „Wenn nur ein Ergebnis besser gewesen wäre, wäre der Mittelwert größer als der Median." Was meinst du dazu?

Testergebnisse (maximal möglich: 100 Punkte)									
34	52	52	38	66	56	78	45	72	41
50	18	40	62	58	53	35	58	53	78
69	56	78	27	57	55	29	51	42	25
53	44	56	50	80	25	74	56	56	59
22	68	53	48	44	65	42	78	26	51
72	63	43	30	73	60	80	50	70	65
28	62	69	51	58	10	40	62	54	50

3. a) Zwei Gruppen von Personen wurden getestet, und die Ergebnisse wurden in zwei Boxplots dargestellt. Vergleiche die beiden Gruppen. Bestimme dabei alle der in der vorigen Aufgaben genannten Größen oder begründe, bei welchen dies nicht möglich ist.

b) Lässt sich den Boxplots entnehmen, ob die beiden Gruppen aus gleich viel Personen bestanden? Begründe.

c) Angenommen, beide Gruppen hätten aus je 12 Personen bestanden. Gib mögliche Testergebnisse an, die zu den beiden Boxplots führen.

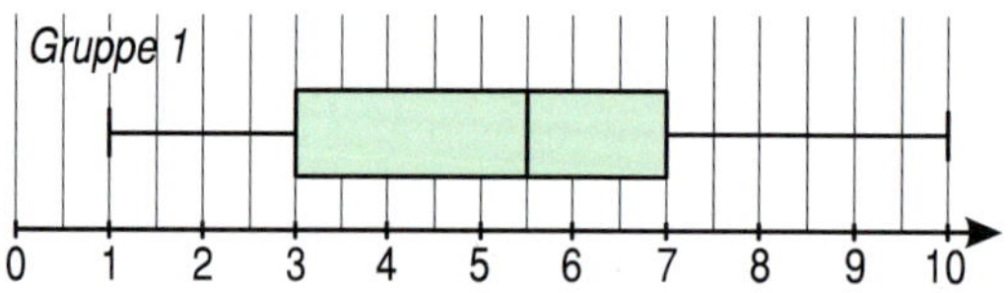

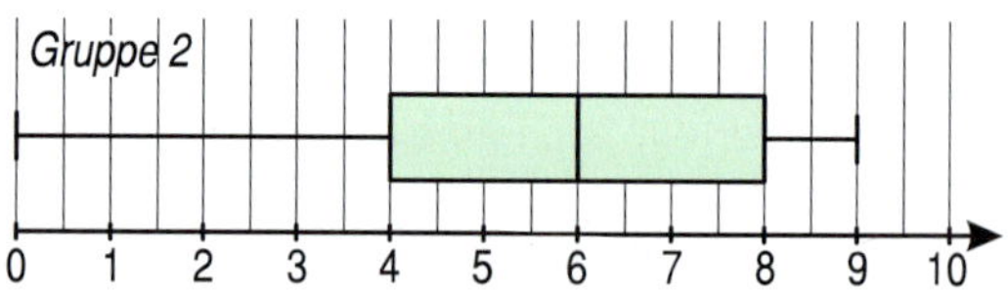

4. Dagobert will Geld in Aktien anlegen. Vorher notiert er Aktienkurse in einer Tabelle. Jetzt will er die Aktien der beiden Firmen vergleichen. Dazu dividiert er erst alle Kurswerte einer Aktie durch den Kurs am ersten Tag, den 12.02. und betrachtet nur noch die neuen Zahlen.

a) Was stellen die neuen Zahlen dar in Bezug auf den Kurswert am 1. Tag? Lege eine Tabelle an und berechne diese neuen Zahlen.

	A	B	C	D
1	**Aktienkurse in EUR**			
3	**Tag**	**Bayer**	**Volkswagen**	
4	12.02.2007	44,61	85,31	
5	13.02.2007	45,23	85,66	
6	14.02.2007	45,56	88,27	
7	15.02.2007	45,15	88,40	
8	16.02.2007	44,69	87,53	
9	19.02.2007	44,27	88,05	
10	20.02.2007	44,13	93,58	
11	21.02.2007	44,62	94,82	
12	22.02.2007	44,73	95,02	
13	23.02.2007	44,52	95,00	

b) Stelle für beide Aktien die neu berechneten Zahlen mit einem Boxplot dar und vergleiche.

c) Warum ist auch nach dem Vergleich eine Kaufentscheidung mit diesen Daten riskant?

LVL

5. Frau Sieber arbeitet als Kellnerin. Außer ihrem festen Grundgehalt erhält sie Trinkgelder. Im vergangenen Jahr war 1 200 Euro der Mittelwert der monatlichen Trinkgelder, der Median war 900 Euro.

a) Kannst du aus einem der beiden Werte den Gesamtbetrag aller Trinkgelder im letzen Jahr berechnen?

b) Nenne 12 mögliche Beträge für die monatlichen Trinkgelder mit diesem Mittelwert und diesem Median. Vergleiche sie mit den Zahlen deines Nachbarn oder deiner Nachbarin.

c) Was bedeutet es für die Trinkgelder, dass der Mittelwert über dem Median liegt? Was würde es bedeuten, wenn der Mittelwert unter dem Median läge?

6. Mit Boxplots werden hier Einkommensverteilungen verglichen. Die unterschiedlichen Breiten der Boxen entsprechen den unterschiedlichen Bevölkerungszahlen von Ost- und Westdeutschland. Die Boxen repräsentieren wie üblich 50% der Gesamtheit, aber die Linien unter und über den Boxen reichen nur vom Minimum zum Maximum der mittleren 80% der Bevölkerung.

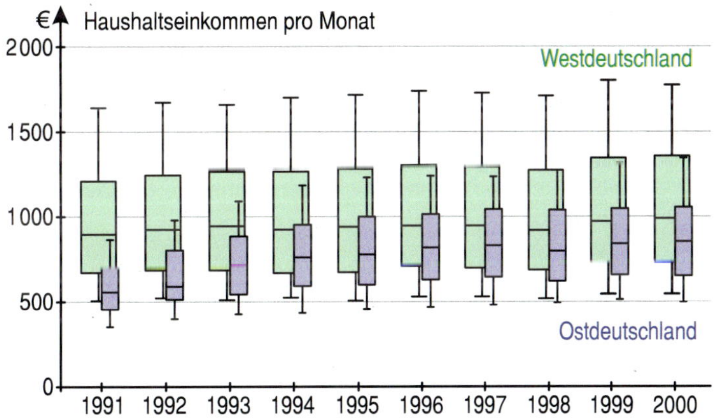

a) Warum ist es zweckmäßig oder sogar notwendig, für die Linien an den Boxen die ärmsten 10% und die reichsten 10% außer Acht zu lassen?

b) Beschreibe die Unterschiede der Einkommensverteilungen in Ost- und Westdeutschland, und wie sie sich im Laufe der Jahre verändert oder auch nicht verändert haben.

7. Die Tabelle stellt die Einkommensverteilung in Deutschland im Jahr 2004 dar.

a) Warum wird die Klassenbreite von anfangs 2 500 immer breiter?

b) Angenommen, die Klassenbreite bliebe bei 2 500 bis zur vorletzten Klasse. Wie breit würde dann ein Säulendiagramm bei 5mm Breite für jede Säule?

c) Bestimme den Median aller Daten sowie unteres und oberes Quartil für die Daten ohne die 10% Ärmsten und 10% Reichsten und zeichne damit einen Boxplot.

d) Wie viel Prozent des gesamten Einkommens entfallen jeweils ungefähr auf die einzelnen Viertel der Steuerpflichtigen?

e) Bestimme das durchschnittliche Einkommen und vergleiche es mit dem Median.

Jahreseinkommen in Euro		Anzahl	Einkommen
von	bis unter	Steuerpflichtige	Summe (Tsd. €)
0	2 500	2 526 063	3 115 552
2 500	5 000	2 307 834	8 562 147
5 000	7 500	2 048 475	12 739 421
7 500	10 000	1 991 392	17 415 824
10 000	12 500	2 022 244	22 756 029
12 500	15 000	2 054 267	28 243 520
15 000	20 000	4 139 013	72 522 231
20 000	25 000	4 561 098	102 711 875
25 000	30 000	4 163 762	114 012 753
30 000	37 500	3 828 847	127 604 890
37 500	50 000	2 889 705	123 506 097
50 000	75 000	1 666 248	98 889 955
75 000	100 000	443 668	37 902 156
100 000	125 000	187 815	20 851 738
125 000	175 000	151 359	22 056 090
175 000	250 000	80 698	16 634 074
250 000	500 000	63 543	21 414 755
500 000	1 Mio.	20 848	14 172 194
1 Mio.	und mehr	13 236	42 096 167
Statistisches Bundesamt, Statistisches Jahrbuch 2004			

Zweistufige Zufallsversuche

LVL **1.** a) *Partnerarbeit:* Bestimmt aus beiden Wegen die Wahrscheinlichkeit für „Augensumme 10".
b) Überlegt anschließend, wie groß die Wahrscheinlichkeit für „Augensumme 8" ist.
c) Für welche Zahlen hat „Augensumme Z" die Wahrscheinlichkeit Null?

*Ziehen **mit** Zurücklegen*
Nach dem 1. Zug wird die gezogene Kugel wieder in die Urne gelegt und untergemischt. Dann wird die 2. Kugel gezogen.

*Ziehen **ohne** Zurücklegen*
Die im 1. Zug gezogene Kugel bleibt außerhalb der Urne. Die 2. Kugel wird aus dem Rest in der Urne gezogen.

LVL **2.** a) Aus der Urne werden nacheinander zwei Kugeln gezogen. Bestimmt in Partnerarbeit die Wahrscheinlichkeit für das Ereignis „2 verschiedene Farben" für das Ziehen mit Zurücklegen und das Ziehen ohne Zurücklegen.
b) Anne meint: Zweimal eine Kugel aus der Urne ziehen ist doch dasselbe wie zwei Kugeln mit einem Griff zu ziehen. Überlegt in Partnerarbeit, ob das stimmt.

Pfadregeln:
Bei einem zweistufigen Zufallsversuch berechnet man im Baumdiagramm die Wahrscheinlichkeit
- eines Pfades, indem man die Wahrscheinlichkeiten längs des Pfades multipliziert,
- eines Ereignisses, indem man die Wahrscheinlichkeiten der zugehörigen Pfade addiert.

Beispiel: zweimaliges Ziehen ohne Zurücklegen:
Ereignis E: „beide Kugeln gleichfarbig"

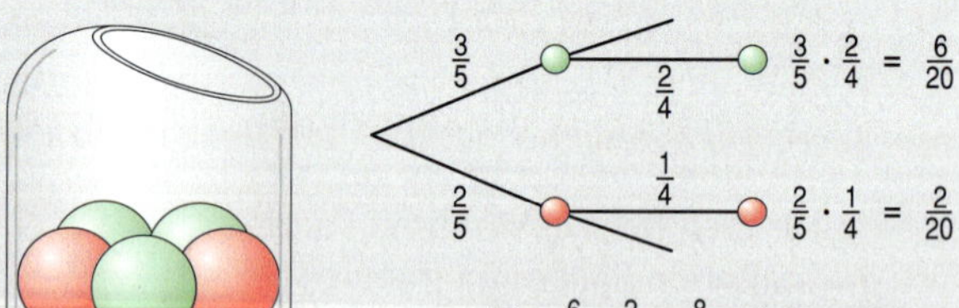

$p(E) = \frac{6}{20} + \frac{2}{20} = \frac{8}{20} = 0{,}40 = 40\%$

3. Im Beispiel des Merkkastens sind nur die Pfade im Baumdiagramm gezeichnet, die zum Ereignis „beide Kugeln gleichfarbig" gehören. Vervollständige das Baumdiagramm und bestimme die Wahrscheinlichkeit für das Ereignis „beide Kugeln verschiedenfarbig".

4. a) Eine Münze wird zweimal geworfen. Bestimme nun die Wahrscheinlichkeit von „Wappen-Wappen oder Zahl-Zahl".
b) Wie groß ist diese Wahrscheinlichkeit, wenn man zwei Münzen zugleich wirft?

LVL **5.** *Partnerarbeit:* Auf dem Tisch liegen verdeckt Karten eines Kartenspiels. Beim zweimaligen Ziehen einer Karte ohne Zurücklegen gilt $p\ (2\ \text{Asse}) = \frac{12}{110}$. Überlegt, welche Karten auf dem Tisch liegen könnten, und begründet euer Ergebnis in der Klasse.

6. In einer Urne sind 20 Lose, davon 4 Gewinnlose und 16 Nieten. Arno und Beate ziehen beide je ein Los. Mit welcher Wahrscheinlichkeit
a) ziehen beide einen Gewinn, b) zieht nur einer einen Gewinn, c) ziehen beide Nieten?

7. Aus der Urne werden zwei Kugeln ohne Zurücklegen gezogen. Bestimme die Wahrscheinlichkeit von
a) „zwei gleichfarbige Kugeln" b) „erste Kugel blau"
c) „zweite Kugel blau" d) „keine Kugel blau"

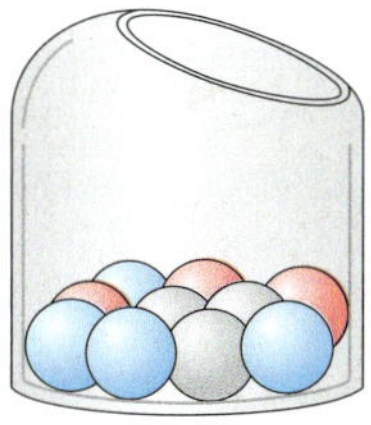

8. Bestimme dieselben Wahrscheinlichkeiten, wenn aus der Urne zwei Kugeln mit Zurücklegen gezogen werden.

9. Die vier Asse, Könige, Damen und Buben eines Skatspiels liegen gut gemischt und verdeckt auf dem Tisch. Zwei Karten werden ohne Zurücklegen gezogen. Bestimme die Wahrscheinlichkeit für:
a) „zweimal Herz" b) „zwei Könige" c) „zwei rote Buben"
d) „beide gehören zur selben ‚Farbe' (Kreuz, Pik, Herz, Karo)"

10. Es wird zweimal gewürfelt. Bestimme die Wahrscheinlichkeit für das Ereignis:
a) „zweite Augenzahl größer als die erste" b) „zwei benachbarte Augenzahlen"

11. In einer Urne sind sechs Tischtennisbälle mit den Nummern von 1 bis 6. Zwei werden gezogen ohne Zurücklegen. Bestimme die Wahrscheinlichkeit für:
a) „die zweite Zahl ist größer als die erste" b) „zwei benachbarte Zahlen"

LVL **12.** In einer Urne sind 10 Lose: ein Hauptgewinn und 9 Nieten. Boris und Claudia kaufen beide je ein Los. Sie streiten, wer von beiden zuerst ziehen darf. Ist die Reihenfolge wichtig? Begründe.

LVL **13.** In einer Urne sind 10 Kugeln: eine schwarze und neun weiße. Fanni und Luise ziehen abwechselnd jeweils eine Kugel ohne Zurücklegen, bis eine durch Ziehen der schwarzen Kugel gewinnt. Haben beide dieselben Gewinnchancen, oder kommt es darauf an, wer als erste zieht? Begründe.

LVL **14.** Fertigt in Partnerarbeit eine Präsentation für dreistufige Zufallsversuche am Beispiel des Ziehens von 3 Kugeln aus der Urne und selbst gewählten Ereignissen.
a) Ziehen ohne Zurücklegen b) Ziehen mit Zurücklegen
c) Vergleicht beides mit dem dreimaligen Würfeln.

LVL **15.** *Partnerarbeit:* Überlegt euch einen dreistufigen Zufallsversuch mit einem Ereignis, das mit der Wahrscheinlichkeit $p = \frac{125}{216}$ auftritt. Stellt diesen Zufallsversuch in der Klasse vor und erklärt und begründet eure Überlegungen.

16. Aus einer Urne mit 5 weißen und 5 schwarzen Kugeln werden drei ohne Zurücklegen gezogen. Mit welcher Wahrscheinlichkeit zieht man
a) nicht nur „weiß"; b) im 2. Zug etwas anderes als im 1. und 3. Zug?

17. Angenommen, bei der Geburt eines Kindes seien die freudigen Ereignisse „Junge" oder „Mädchen" gleich wahrscheinlich. Mit welcher Wahrscheinlichkeit sind dann in einer Familie mit 3 Kindern
a) nur Mädchen;
b) nicht nur Jungen;
c) 2 Mädchen oder 2 Jungen?

LVL Kombinieren

Partnerarbeit

Grundregel
Wenn es a Möglichkeiten für den „1. Platz" gibt und anschließend b Möglichkeiten für den „2. Platz", dann gibt es insgesamt $a \cdot b$ Möglichkeiten, um beide Plätze zu besetzen.

1. a) Wie viele verschiedene Touristenmenüs sind möglich?
b) Begründet die Grundregel mit einem Baumdiagramm am Beispiel $a = 3$, $b = 2$.
c) Wie lautet die Regel, wenn drei Plätze zu besetzen sind?
d) Wie viele Touristenmenüs wären möglich, wenn zusätzlich noch 2 Nachspeisen angeboten würden? Und wie viele wären es, wenn auch noch 3 Getränke zur Wahl stünden?

2. Hier sind die vier Daltons in der Reihenfolge (von links) Emmet, Bill, Grat, Bob abgebildet. Wie viele Reihenfolgen sind möglich, wenn sie die Plätze tauschen? Überlegt: wie viele Möglichkeiten für den ersten Platz, wie viele Möglichkeiten dann für den 2. Platz, ...

3. Fünfzehn Pferde sind am Start mit den Startnummern von 1 bis 15. Für ihre Wette muss Anne die Startnummern der ersten drei Pferde in Reihenfolge des Zieleinlaufs auf dem Wettschein eintragen. Wie viel solche Tipps gibt es?

4. Für den zweiten Gewinnrang müssen nur die Nummern der ersten drei Pferde stimmen, aber nicht die Reihenfolge. Wie viele solcher Tipps sind möglich? Überlegt, wie viele Tipps mit Reihenfolge jeweils zum selben Ergebnis ohne Reihenfolge führen.

5. Überlegt euch für die Auswahl von 4 aus 10 Personen (Dingen) ein Beispiel, wo die Reihenfolge der Auswahl wichtig ist, und eins, wo sie unwichtig ist.
Bestimmt jeweils die Anzahl der Möglichkeiten. Stellt eure Beispiele und Rechenwege übersichtlich dar.

Auswählen „4 aus 10" *mit* Reihenfolge

Auswählen „4 aus 10" *ohne* Reihenfolge

Vertauschen von 4 Personen

$4 \cdot 3 \cdot 2 \cdot 1 = 24$

$10 \cdot 9 \cdot 8 \cdot 7 = 5\,040$

$\frac{10 \cdot 9 \cdot 8 \cdot 7}{4 \cdot 3 \cdot 2 \cdot 1} = \frac{5\,040}{24} = 210$

6. Bestimmt die Anzahl der Möglichkeiten.

a) *Schokolade:* 2 Tafeln aus einem Karton mit 10 verschiedenen Tafeln.

b) *vierstellige PIN:* zu Beginn drei verschiedene Ziffern

c) *Damenwahl:* Fünf Damen fordern fünf Herren zum Tanz.

Vermischte Aufgaben

1. a) Auf der Menükarte eines Restaurants stehen 5 Vorspeisen, 4 Hauptgerichte und 6 Nachspeisen. Unter wie vielen verschiedenen 3-Gang-Menüs kann ein Gast wählen?

b) Das Mountain-Bike „Alpen-Hopper" gibt es in 7 Größen, jede in 4 Farben und alle mit oder ohne Federgabel. Wie viele verschiedene Räder sind es, wenn von jeder Art eines vorrätig ist?

LVL **2.** In der von Louis Braille erfundenen Blindenschrift besteht jedes Zeichen aus einem Muster von 6 Punkten, wobei jeder Punkt entweder mit den Fingern fühlbar hervorgehoben ist oder nicht.

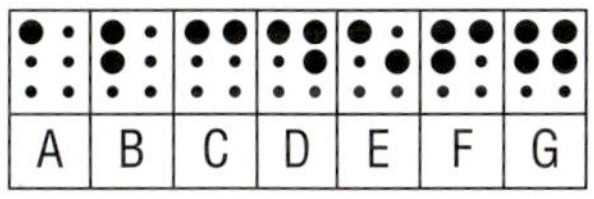

a) Informiere dich, wann und wo Louis Braille lebte.

b) Wie viele Blindenschriftzeichen sind möglich? Warum wäre ein 5er-Muster unzweckmäßig?

3. Das Restaurant „Opera" hat ein Buffet mit 20 Vorspeisen. Für den kleinen Teller darf der Gast 6 Vorspeisen auswählen, für den großen Teller 8 Vorspeisen. Wie viele verschiedene „kleine Teller" gibt es, wie viele „große Teller"?

4. Wie viele verschiedene Eisbecher sind möglich mit jeweils 4 verschiedenen Kugeln aus insgesamt 15 angebotenen Eissorten?

5. a) Ein neu gewählter Bundespräsident möchte im ersten Monat seiner Amtszeit drei der insgesamt 16 deutschen Bundesländer besuchen. Wie viele Möglichkeiten hat er dazu?

b) Klaus hat zum Thema „Meeresstrand" 25 Fotos gemacht, die ihm alle gleich gut gefallen. Für eine Ausstellung soll er 5 Fotos auswählen. Wie viele Möglichkeiten hat er dazu?

6. Aus einer Urne mit 12 nummerierten Kugeln werden nacheinander 4 Kugeln gezogen und notiert. Wie viele Möglichkeiten gibt es beim Ziehen a) ohne Zurücklegen, b) mit Zurücklegen?

7. Eine PIN (Persönliche Identifikations-Nummer) für das Bankkonto besteht aus 4 Ziffern, wobei die erste nicht die Null ist.

a) Wie viele PINs sind möglich?

b) Jan hat seine PIN vergessen, er erinnert sich, dass sie aus vier verschiedenen Ziffern besteht. Wie viele PINs müsste er durchprobieren?

c) Wie viele wären es, wenn er sich an die letzte Ziffer erinnert?

8. Im Eiskunstlauf gibt es die Sprünge: Axel, Lutz, Rittberger, Salchow und Toe-Loop. Wie viele Sprungkombinationen aus zwei verschiedenen dieser Sprünge gibt es?

9. Zwölf Personen treffen sich, jede gibt jeder die Hand. Wie viele dieser Begrüßungen sind es?

LVL **10.** Wau vaulu Guhuamsprechun sand mouglach elluan dirch Vurteischun dur Vokelu?

11. a) Auf wie viele Arten können sich 7 Personen für ein Foto in eine Reihe stellen?

b) Wie viele Aufstellungen gibt es, wenn sich die 3 Kleinsten in die vordere Reihe stellen?

12. Acht Artistengruppen treten auf. Es ist nur festgelegt, welche vier vor der Pause auftreten. Wie viel Reihenfolgen gibt es?

LVL

Lotto „6 aus 49"

Für ein **Spiel** werden in einem Feld 6 aus 49 Zahlen angekreuzt. Auf einem Schein sind maximal 12 Spiele möglich.

Jedes Spiel kostet 0,75 € **Einsatz.**

Außerdem zahlt man 0,25 € pro Schein an **Bearbeitungsgebühr.**
(unabhängig von der Anzahl der Spiele)

1. Wie viel muss man an Einsatz und Gebühr zahlen?
   a) für 12 Lottospiele auf 1 Schein, mit Super 6 und Spiel 77
   b) nur für 12 Lottospiele auf 1 Schein

Hier geht es nur um Lotto „6 aus 49". Die Teilnahme an „Super 6" oder „Spiel 77" kostet zusätzlichen Einsatz:
1,50 € für Spiel 77 und 1,25 € für Super 6.

Bei der Ziehung werden aus den Zahlen 1 bis 49 gezogen:
– die 6 **Gewinnzahlen**
– eine 7. Zahl als **Zusatzzahl**
und aus den Ziffern 0 bis 9:
– die **Superzahl**

Die Tabelle enthält die verschiedenen Gewinnklassen, ihre prozentualen Anteile am insgesamt ausgezahlten Gewinn und die durchschnittlichen Gewinne pro Spiel.

Klasse	Anzahl richtiger Vorhersagen	Anteil an der Gewinnsumme	Durchschnittliche Gewinnquote
Gewinnklasse I	6 Richtige + Superzahl	10 %	5 243 931,00 Euro
Gewinnklasse II	6 Richtige	8 %	466 127,20 Euro
Gewinnklasse III	5 Richtige + Zusatzzahl	5 %	43 699,40 Euro
Gewinnklasse IV	5 Richtige	13 %	2 705,20 Euro
Gewinnklasse V	4 Richtige + Zusatzzahl	2 %	166,40 Euro
Gewinnklasse VI	4 Richtige	10 %	40,60 Euro
Gewinnklasse VII	3 Richtige + Zusatzzahl	8 %	24,30 Euro
Gewinnklasse VIII	3 Richtige	44 %	10,00 Euro

2. Überlegt, wie ihr eine Lottoziehung in der Klasse nachspielen könnt.

3. Wer hätte am 03.03.2007 gewonnen, und wenn, in welcher Gewinnklasse?

Ziehung Samstag 03.03.07 (ohne Gewähr)

4 7 16 23 26 29 ZZ: 28 SZ: 9

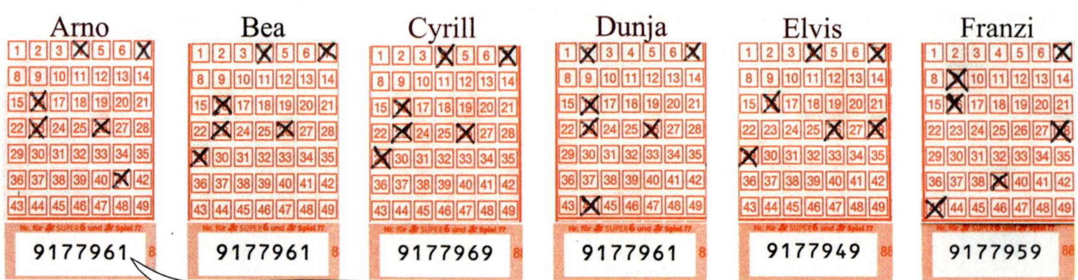

Die letzte Ziffer auf dem Lottoschein gilt als Tipp für die Superzahl.

LVL

4. Vergleicht die einzelnen Gewinne vom 03.03.2007 mit den durchschnittlichen aus der vorigen Tabelle.

Gewinnquoten für die Ziehung am 03.03.2007

Gewinnklasse I	6 Richtige + Superzahl	1 x	13 670 729,50 Euro
Gewinnklasse II	6 Richtige	6 x	474 622,90 Euro
Gewinnklasse III	5 Richtige + Zusatzzahl	41 x	43 410,60 Euro
Gewinnklasse IV	5 Richtige	1 996 x	2 318,40 Euro
Gewinnklasse V	4 Richtige + Zusatzzahl	4 449 x	160,00 Euro
Gewinnklasse VI	4 Richtige	94 734 x	37,50 Euro
Gewinnklasse VII	3 Richtige + Zusatzzahl	119 590 x	23,80 Euro
Gewinnklasse VIII	3 Richtige	1 648 591 x	9,50 Euro

5. Wie hoch war am 03.03.2007 die Gesamthöhe der ausgezahlen Gewinne? Wie viel Prozent entfielen auf die einzelnen Gewinnklassen? Vergleiche mit Prozentsätzen, die in der vorigen Tabelle angegeben sind, und suche Erklärungen für Abweichungen.

6. a) Die Lottozahlen wurden im Laufe der Zeit nicht alle gleich oft gezogen. Wie lässt sich das erklären?
b) Überlegt, ob einer der beiden seine Gewinnchancen verbessert.

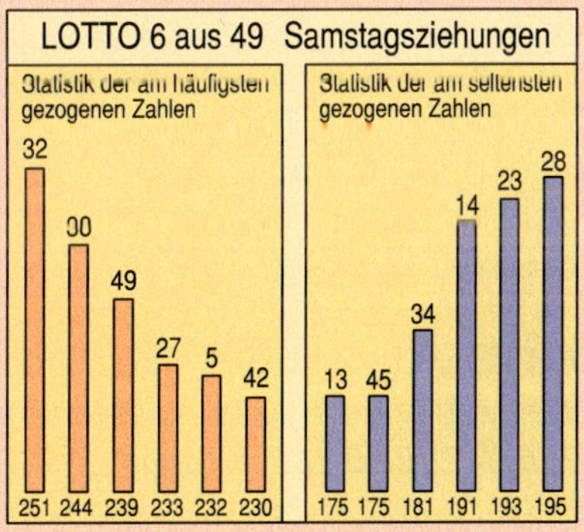

50 % der Einsätze werden beim Lotto als Gewinne ausgezahlt.

7. Wenn 50 % der Einsätze als Gewinne ausgezahlt werden, was bedeutet das im Normalfall für einen Lottospieler, der jahrelang Woche für Woche einen Lottoschein mit 12 Spielen bezahlt?

8. a) Wie groß ist die Wahrscheinlichkeit für „6 Richtige" im Lotto (*ohne* Superzahl)? Überlegt dazu: Wie viele Tipps „6 aus 49" sind möglich, und wie viele davon haben nach der Ziehung 6 Richtige?
b) Wie groß ist die Wahrscheinlichkeit für „6 Richtige mit Superzahl"? Überlegt, wie groß sie im Vergleich zu „6 Richtigen ohne Superzahl" ist.

p(6 Richtige)

$$p = \frac{\text{Anzahl richtiger Tipps}}{\text{Anzahl möglicher Tipps}}$$

p_s(6 Richtige mit Superzahl)

$$p_s = \frac{\text{p(6 Richtige)}}{\blacksquare}$$

9. Die Wahrscheinlichkeit, im Lotto 6 Richtige oder gar 6 Richtige mit Superzahl zu haben, ist „sehr gering". Wie erklärt es sich dann, dass fast jede Woche ein oder sogar mehrere Spieler einen solchen Tipp abgegeben haben?

Basiswissen

1. Rechne aus, dann ordne die Ergebnisse der Größe nach. Beginne mit der kleinsten Zahl.

a) $4 + 2 \cdot 3$ $(4 + 2) \cdot 3$ $-(4 - 2) \cdot 3$

b) $2^4 + (\frac{1}{2})^2$ $100 \cdot \sqrt{400}$ $40 \cdot \sqrt{4\,900}$ $\sqrt{16\,000\,000}$

c) 1 Mio. + 1,2 Mrd. 2 Mio. · 3 000 2,5 Mrd. : 5 Mio. $2{,}5 \cdot 10^9 \cdot 4 \cdot 10^3$

2. Schätze, ob die Größenangabe stimmen kann. Gib, wenn nötig, einen besseren Wert an.

a) Ein erwachsener Mann wiegt 0,8 t.

b) Ein Bleistift kostet 0,03 Cent.

c) Eine Zimmertür ist 2 000 mm hoch.

d) Eine Badewanne ist mit 90 *l* Wasser randvoll.

3. Anke fuhr mit dem Zug um 13.00 Uhr ab. Die Bahnhofsuhr zeigt an, wann Anke nach 150 km Bahnfahrt ihr Ziel erreicht.

a) Wie lange dauerte Ankes Bahnfahrt?

b) Insgesamt hatte der Zug 10 Minuten Aufenthalt. Fuhr der Zug durchschnittlich schneller als 100 $\frac{km}{h}$? Begründe deine Antwort.

c) Schätze zuerst, dann berechne die Winkel zwischen den 3 Uhrzeigern.

d) Welche Zeit zeigt die Uhr, wenn sich der große Zeiger um 450° weitergedreht hat?

4. Auf einer CD steht die Angabe „700 MB". Auf der Rückseite der Verpackung liest man: *Die Datenkapazität ist 700 MB (genau 736.970.752 Bytes im Format ISO 9660 Mode-1).*

a) Wie wurde die Datenkapazität von 736 970 752 Byte gerundet?

b) Der Text einer vollen Buchseite belegt auf einer CD etwa 5 000 Byte. Wie viele Buchseiten können auf einer CD gespeichert werden?

5. Das Grundstück mit 4 rechten Innenwinkeln ist nicht maßstabsgetreu skizziert.

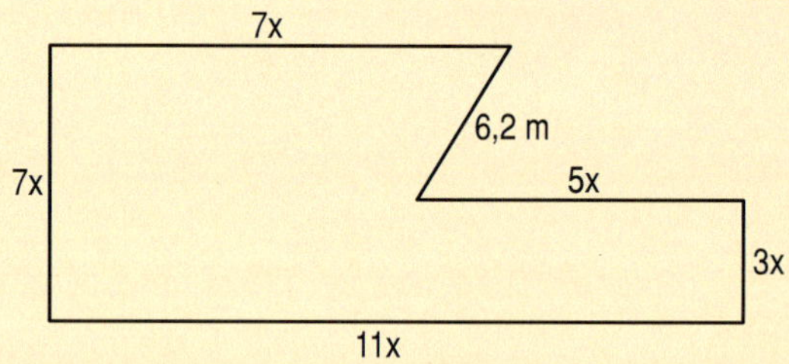

a) Gib eine Formel für seinen Umfang u an.

b) Wie lang ist ein Zaun rings um das Grundstück, wenn x = 1,50 m ist?

c) Schätze, dann berechne den Flächeninhalt für x = 1,50 m.

6. a) Der Umfang u einer Waldfläche lässt sich mit der Formel u = 2x + 6,5 km berechnen. Bestimme x, wenn der Umfang u den Wert 15,5 km hat.

b) Zeichne maßstäblich ein dreieckiges Grundstück mit den Seitenlängen 4,5 km, 7 km und 9,2 km. Gib auch den Maßstab deiner Zeichnung an.

7. Aus einem Würfel wurde ein zylindrisches Loch ausgebohrt (Maße in cm).

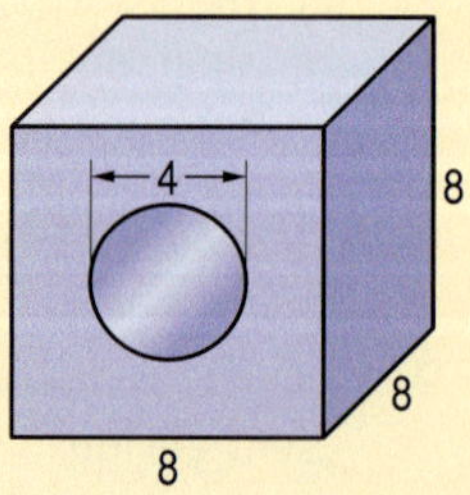

a) Welches Volumen hat dieser Körper? Runde auf cm³.

b) Der Körper wird außen farbig angestrichen. Das „Loch" wird nicht gefärbt. Berechne den Flächeninhalt der farbigen Oberfläche. Runde auf zehntel cm².

c) In das Loch wird eine Silberpapierfolie geklebt. Welche Maße muss diese Folie haben?

8. An der Anlegestelle einer Fähre steht diese Preistafel.

Einzelkarte	**1 Person**	**5,00 €**
Sammelkarte	**10 Personen**	**47,50 €**
Sammelkarte	**20 Personen**	**90,00 €**

a) Wie teuer ist für 34 Personen eine Überfahrt mit der Fähre?

b) Eine Gruppe zahlt 72,50 €. Wie viele Personen sind es?

c) Ist die Zuordnung *Anzahl der Personen → Gesamtpreis* proportional? Begründe.

9. Welche der fünf Zuordnungen (Funktionen) sind proportional, welche antiproportional? Welche sind weder proportional noch antiproportional?

① Anzahl Brötchen → Preis (bei gleichem Stückpreis)
② Flaschen in einem Kasten → Anzahl Kästen für insgesamt 1000 Flaschen
③ Entfernung auf einer Landkarte → wirkliche Entfernung
④ Alter eines Menschen → seine Körpergröße
⑤ Zinssatz → Zinsen für 1000 €

10. Eine Werbung verspricht: *„Alles mindestens 25 % billiger!"*

a) Sind die Fußbälle wirklich 25 % billiger geworden?

b) Die Inline-Skater kosten nun genau 25 % weniger. Wie teuer sind sie nun?

c) Eine Sportjacke wurde um 25,3 % billiger. Jetzt soll sie 59,– € kosten. Wie teuer war sie vorher?

11. Herr Adrian, Herr Kemaly und Frau Meis haben denselben Stundenlohn. Für eine Person wurde hier aber falsch gerechnet.

a) Welchen Stundenlohn hat Herr Adrian?

b) Bei wem wurde ein falscher Lohn berechnet? Begründe mit einer Rechnung.

c) Wie viel Lohn erhalten alle drei Personen zusammen, wenn jede 40 Stunden arbeitet?

12. Die Tabelle zeigt das Ergebnis einer Befragung unter Jugendlichen.

Meine liebste Freizeitbeschäftigung

Musik	Sport	Computer	Kino	Theater
100	130	104	48	18

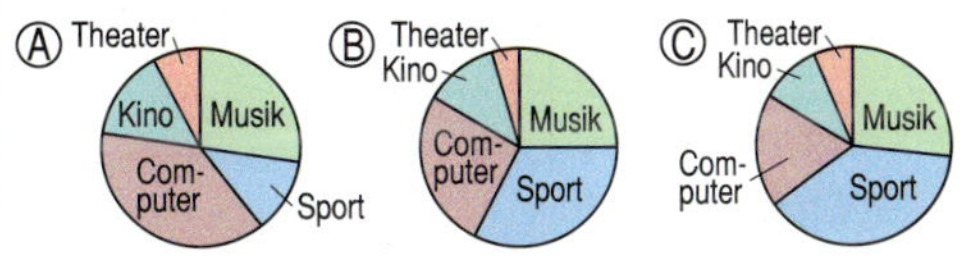

a) Welches Kreisdiagramm stellt die Umfrageergebnisse richtig dar? Begründe deine Antwort.

b) Stelle das Ergebnis der Umfrage dar. Zeichne dazu ein Streifendiagramm mit 10 cm Streifenlänge.

13. a) Wähle alle Terme aus, die genau **ein Viertel** einer beliebigen Zahl x angeben.

$\frac{x}{4}$ $\quad$ $x - 4$ $\quad$ $x : 4$ $\quad$ 25 % von x $\quad$ $4x$ $\quad$ $0{,}4x$ $\quad$ $x - \frac{3}{4}x$ $\quad$ $0{,}25x$

b) Gib zwei verschiedene Terme an für „drei Fünftel einer Zahl x".

c) in einer Schule nehmen 52 % aller Mädchen an einer Arbeitsgemeinschaft (AG) teil. Von diesen Mädchen ist jedes vierte in einer Theater-AG. Schreibe einen Term auf für den Anteil der Mädchen, die an einer Theater-AG teilnehmen.

DIAGNOSE

Komplexe Aufgaben

1. Kugel-Muster

Auf jeder Kante eines Würfels sind immer gleich viele Kugeln.
Davon ist eine Kugel in jeder Ecke.

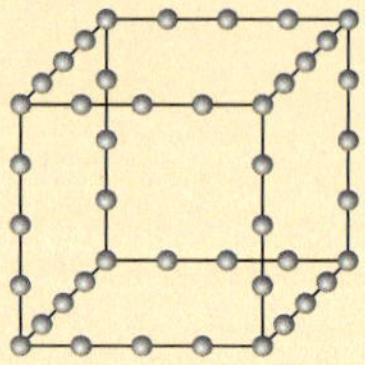

a) Wie viele Kugeln hat der abgebildete Würfel?
b) Wie viele Kugeln sind es bei 6 Kugeln je Kante?
c) Wie viele Kugeln sind es, wenn auf jeder Kante genau 100 Kugeln sind?

2. Ecken- und Seiten-Zahlen

An den Dreiecksseiten soll immer die Summe der beiden benachbarten Ecken-Zahlen stehen.

a) Bestimme die Seiten-Zahlen.

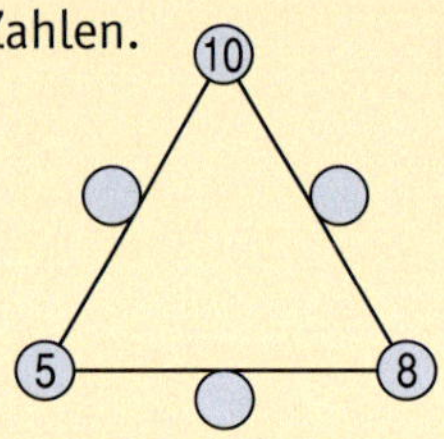

b) Bestimme die Ecken-Zahlen.

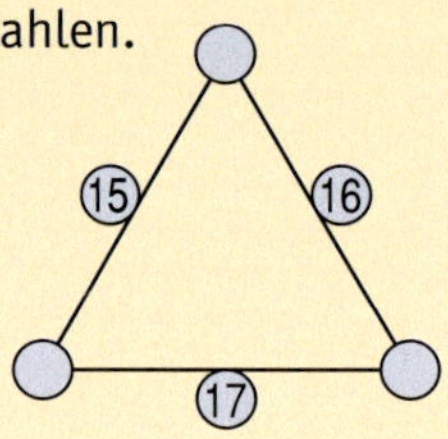

c) Gibt es hierzu ganze Ecken-Zahlen?

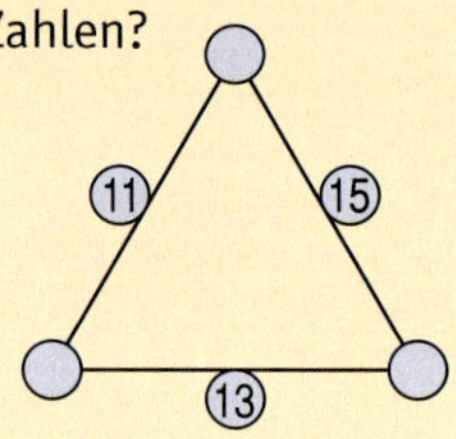

3. Richtig oder falsch?

Entscheide und begründe deine Antwort.

a) Die Zahl 123 456 999 · 1 000 001 ist **nicht** durch 3 teilbar.
b) Für jede natürliche Zahl n ist (n + 1) · (n −1) + 1 eine Quadratzahl.

4. Spielfeld

a) Prüfe: Die Anzahl aller Felder auf dem Spielfeld von Mensch-ärgere-dich-nicht ist 4 · 4 + 4 · 4 + 40.
b) Es sind jeweils 9 schwarze, rote, gelbe und grüne Punkte. Zusätzlich gibt es 4 mal 9 weiße Punkte. Schreibe einen Term hierzu auf, vereinfache ihn und rechne aus.

5. Spielen, nicht ärgern

Beim abgebildeten Spiel geht eine Runde vom Startpunkt A bis zum Zielpunkt rechts neben A.

a) Wie oft muss man für eine solche Runde mit 40 Feldern durchschnittlich würfeln, wenn man außer Acht lässt, dass man auch „geschlagen" werden kann?
b) Wie oft muss man durchschnittlich würfeln, um vom Startpunkt A ins „leere Haus" (auf a, b, c oder d) zu kommen? Lasse wieder außer Acht, dass man „geschlagen" werden kann.

6. Chancen

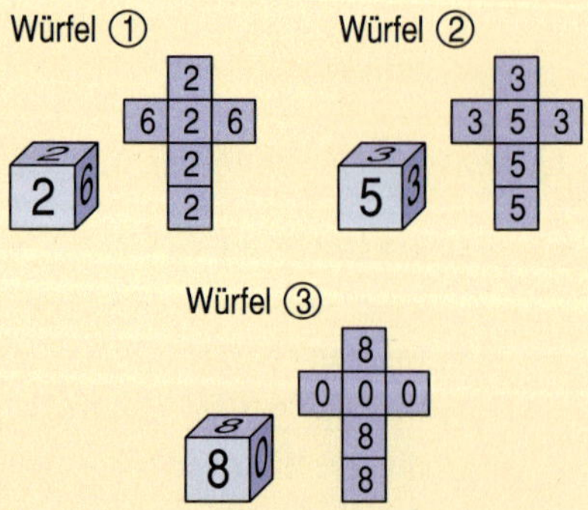

a) Mit Würfel ① wird 2-mal gewürfelt. Mit welcher Wahrscheinlichkeit erscheint beim 1. Wurf eine „2" und im 2. Wurf eine „6"?
b) Mit einem der 3 Würfel wurde 1 200-mal gewürfelt. 809-mal war die Augenzahl kleiner als 3. Welcher Würfel könnte das gewesen sein? Begründe.
c) Zwei Spieler A und B würfeln je 2-mal. Jeder mit einem anderen Würfel. Es gewinnt die höhere Augensumme. Welchen Würfel sollte A wählen?

7. See mit Rundweg

An dem See führen drei Wege entlang.

a) In welchem Maßstab wurde gezeichnet?

b) Schafft ein Wanderer den Rundweg A-B-C-A in 10 min, 20 min, 30 min oder in 40 min? Begründe deine Antwort.

c) Welcher Wert gibt die Fläche des Sees am besten wieder? Wähle aus und begründe.
$1{,}5\ km^2$ $1\ km^2$ $0{,}7\ km^2$ $\frac{1}{2}\ km^2$ $\frac{1}{4}\ km^2$
Der See ist durchschnittlich 2 m tief. Wie viel Kubikmeter Wasser sind etwa darin?

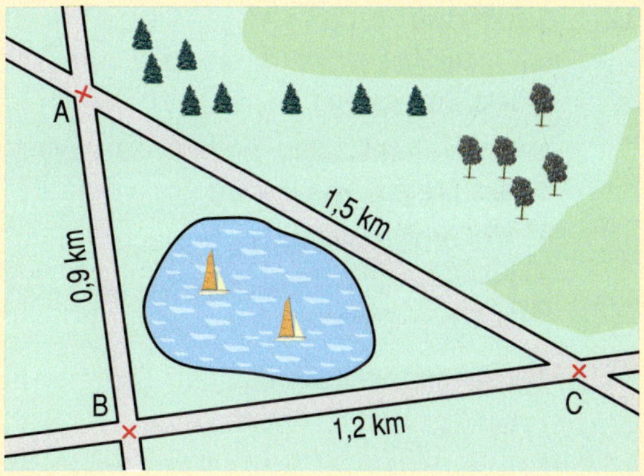

8. Prisma

Das Prisma hat eine symmetrische Vorderfläche.

a) Skizziere das Netz des Prismas. Schreibe die bekannten Maße an deine Skizze.

b) Berechne die Oberfläche des Prismas. Wo brauchst du dabei den Satz des Pythagoras?

c) Berechne das Volumen des Prismas.

d) Welche Maße (in cm) kann ein Quader haben, der das doppelte Volumen des Prismas hat? Gib dafür zwei Möglichkeiten an.

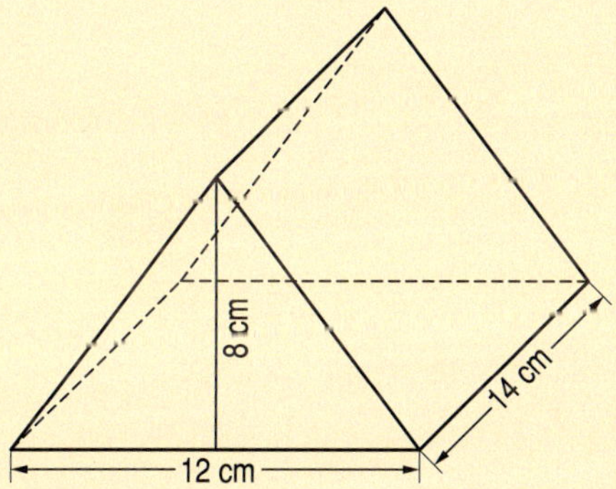

9. Werkstück aus Edelstahl

In einer Schlosserei wurde das abgebildete Werkstück hergestellt (Maße in cm).

a) Wie viel kg wiegt der Körper, wenn $1\ cm^3$ 7,8 g wiegt? Runde auf zehntel Kilogramm.

b) Welche Seitenlänge hat ein Würfel, der das gleiche Volumen hat? Rechne mit dem für a) berechneten Wert oder einem Schätzwert für das Körpervolumen.

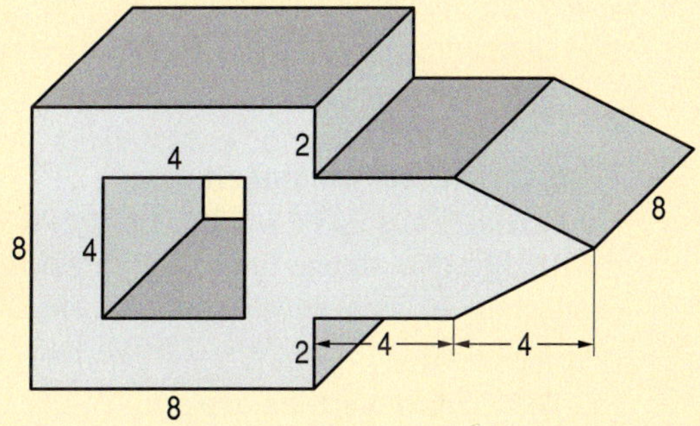

10. Winkel und Flächen

In der Zeichnung erkennst du ein Rechteck und ein gefärbtes Dreieck.

a) Bestimme α und β ohne zu messen.

b) Wie viel Prozent des Rechtecks sind gefärbt?

c) Zeichne ein neues Rechteck ABCD. Wähle einen Punkt P so, dass die Fläche des Dreiecks ABP 25 % der Rechteckfläche beträgt. Begründe deine Wahl von P.

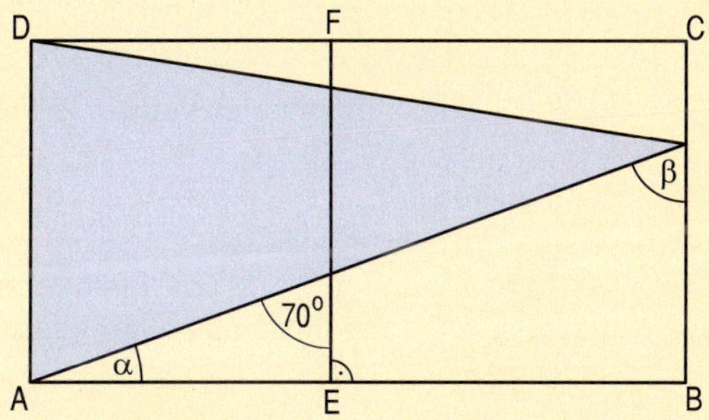

11. Eine Gleichung – viele Lösungen

Alexa und Galip diskutieren die Gleichung $3x + 2y = 10$.

a) Alexa meint: „Zu jeder beliebigen Zahl x gibt es eine passende Zahl y. Also hat die Gleichung ... Lösungen." Gib zwei Lösungen an und ergänze die Aussage von Alexa.

b) Gib alle Lösungen an, bei denen x eine ganze Zahl ist und zudem gilt $0 < x < 10$.

12. Schiffstau

Ein 4 cm dickes Schiffstau liegt zum Trocknen auf einem Bootssteg.

a) Anna meint: „Das Tau bedeckt etwa 1,5 mal 1,5 m^2 des Stegs." Wie kommt Anna darauf?

b) Wie groß schätzt du die Fläche? Begründe.

c) Schätze, wie schwer das Tau etwa ist (1 cm^3 wiegt ca. 2g).

d) Wie lang ist etwa das Tau? Schreibe auf, wie du schätzt und rechnest.

13. Aussagen prüfen

Prüfe bei jeder Aussage: Lässt sie sich mit der Grafik überprüfen, und wenn ja, ist sie wahr oder falsch? Korrigiere die falschen Aussagen wenn möglich.

① An der 19. Etappe nahmen 150 Fahrer teil.

② Der Höhenunterschied ist größer als 600 m.

③ Auf den ersten 10,5 km stieg die Strecke 305 m an.

④ Die Steigung zwischen Kilometer 4 und 10 ist ca. 45°.

⑤ Ab Fleurie ging es nur noch bergab.

⑥ In Chânes waren etwa 2 Drittel der Etappe geschafft.

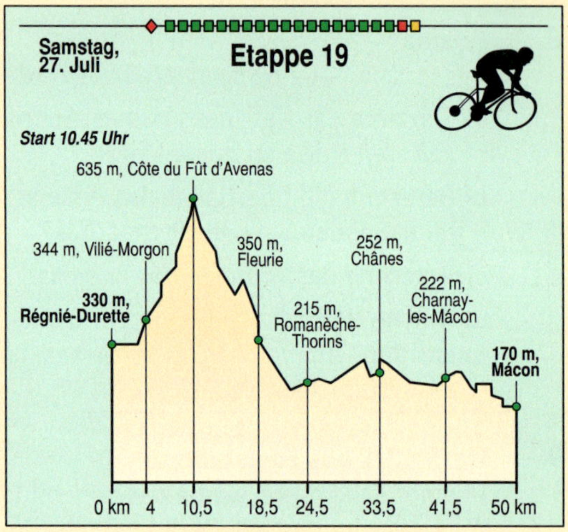

14. Zulässige Geschwindigkeit

Frau Winter aus Olsen will um 14.30 Uhr in Bude sein. Mit den Höchstgeschwindigkeiten – 120 $\frac{km}{h}$ auf Autobahn, 50 $\frac{km}{h}$ in Ortschaften, 30 $\frac{km}{h}$ in verkehrsberuhigten Zonen – wurde von einem Routenplaner der Weg-Zeit-Verlauf berechnet.

a) Wie lange dauert die geplante Fahrt?

b) Frau Winter plant die Abfahrt um 13.15 Uhr. Kann Frau Winter dann rechtzeitig in Bude sein?

c) Wie viel km führen durch verkehrsberuhigte Zonen?

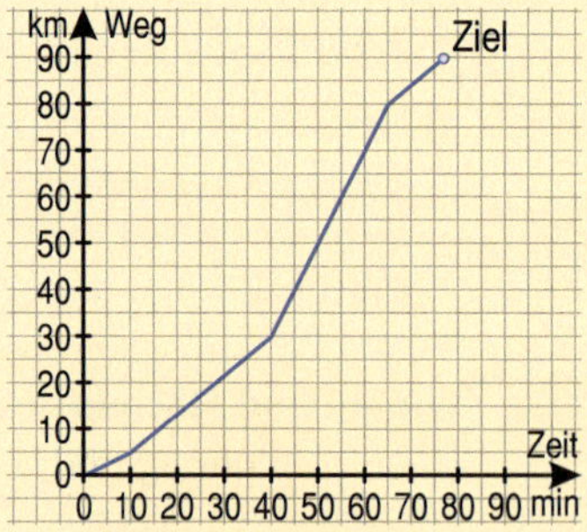

15. Vergleichen

In der Geschwister-Scholl-Schule wurde ein Test gleichzeitig in zwei Gruppen A und B geschrieben. Es konnten maximale 50 Punkte erreicht werden. Die Boxplots helfen, die Testergebnisse miteinander zu vergleichen.

a) In welcher Gruppe wurde die höchste, in welcher die niedrigste Punktzahl erreicht?

b) Welche Gruppe zeigte die größeren Leistungsunterschiede?

c) In welcher Gruppe wurde ein höherer Median erreicht? Wie groß war er?

d) In einer Gruppe erreichte die Hälfte aller Testteilnehmer mehr als 25 Punkte. Welche Gruppe war das?

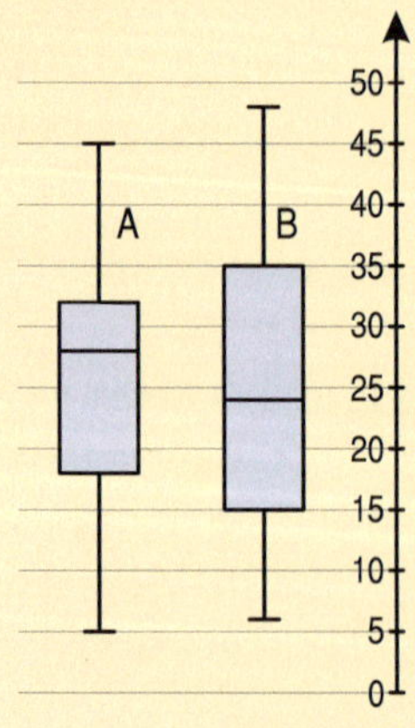

16. Umfangsgleich

Es gibt viele Figuren mit 60 cm Umfang, aber unterschiedlichem Flächeninhalt.

a) Berechne den Flächeninhalt eines Quadrats mit u = 60 cm.

b) Wie groß ist der Flächeninhalt eines gleichseitigen Dreiecks mit u = 60 cm?

c) Albert E. behauptet: „Wenn ich eine Quadratseite um x verkürze und die andere um x verlängere, dann entsteht ein Rechteck mit gleichem Umfang, aber kleinerem Flächeninhalt." Hat Albert E. recht? Begründe deine Meinung mit einer Rechnung.

17. Flagge

Die Zeichnung zeigt eine rote Flagge mit weißem Kreuz.

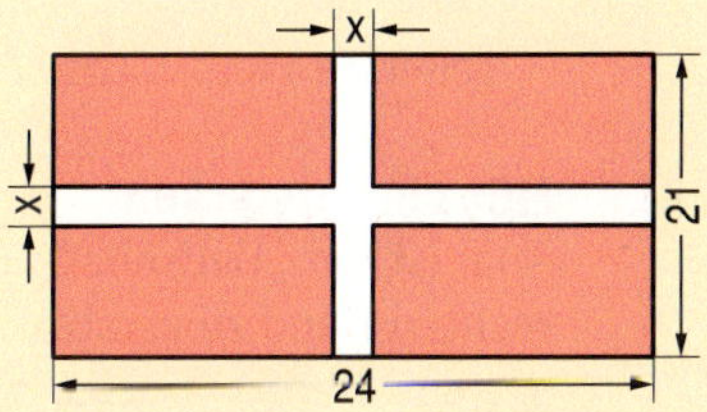

Maße in cm

a) Wie groß ist die weiße Fläche für x = 2 cm?

b) Karin und Mehmet notierten für die weiße Fläche:
Karin: $(24 + 21) \cdot x - x^2$; Mehmet: $x \cdot 24 - x^2 + x \cdot 21$.
Nimm dazu Stellung.

c) Für welches x ist die weiße Fläche 126 cm^2 groß?

d) Für welches x ist die weiße Fläche so groß wie die rote?

18. Parabel

a) Arbeite mit der Funktionsgleichung $y = -x^2 + 45x$. Berechne die y-Werte für x = 2,5 und $x = -\frac{1}{2}$.

b) Für welche x-Werte hat die Funktionsgleichung $y = -x^2 + 45x$ den y-Wert 0?

c) Welche Abbildung skizziert den Graphen der Funktion $y = -x^2 + 45x$?

d) Berechne die Lösung(en) der Gleichung $324 = -x^2 + 45x$.

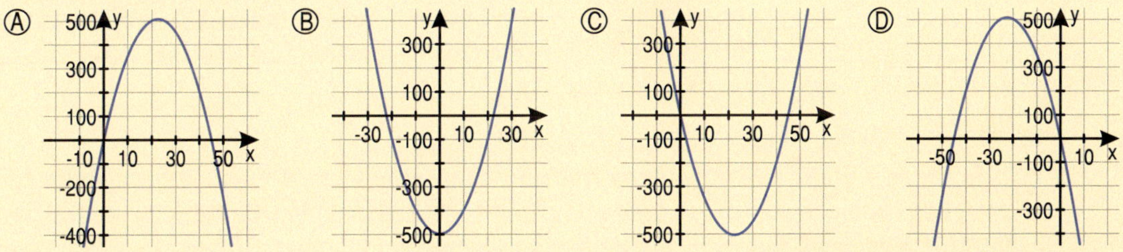

19. Wachstum

In tropischen Gebieten findet man eine Pflanze (die Wasserhyazinthe), die unter günstigen Bedingungen sehr rasch wächst. Rechne unter folgenden Modellannahmen:

① In der 10. Kalenderwoche des Jahres 2007 bedecken die Pflanzen auf einem See (Gesamtoberfläche 6 800 km^2) eine Fläche von 4 km^2.

② Jede Woche nimmt die von Pflanzen bedeckte Oberfläche des Sees um 20 % zu.

a) Wie viel km^2 bedecken die Pflanzen 3 Wochen später in der 13. Kalenderwoche? Runde auf km^2.

b) Gib einen Term an, mit dem du die von den Pflanzen bedeckte Fläche nach x Wochen berechnen kannst.

c) In der wievielten Kalenderwoche ist der See zur Hälfte mit Wasserhyazinthen bedeckt?

d) Eine Umweltorganisation befürchtet, der See könne bereits am Jahresende 2007 völlig zugewachsen sein. Überprüfe diese Behauptung. Rechne und formuliere eine Antwort.

Der See kippt um!

Wenn wir nicht handeln, dann ist am Jahresende unser See verschwunden.

20. Versteigerung

> **CHIO in Aachen**
> **Aachen.** Versteigert wurden 13 Dressurpferde. Die Preisspanne lag zwischen 45 000,– € und 240 000,– €. Der Durchschnittspreis betrug 75 600,– €.

a) Nimm an, dass zwei Pferde zum Preis von 45 000,– € verkauft wurden, eines den genannten Spitzenpreis erzielte und alle übrigen den gleichen Preis x hatten. Bestimme x mit einer Gleichung.

b) Wie hoch ist der Durchschnittspreis, der auf der Versteigerung erzielt wurde, wenn das teuerste Pferd nicht berücksichtigt wird?

21. Münzen verstecken

Andi ist der „Hellseher" in seiner Klasse. Er fordert Bea auf, 12 Münzen unter der linken und rechten Hand zu verstecken, wobei er sich die Augen zuhält. Dann sagt er: „Bea, multipliziere die Anzahl der Münzen unter der linken Hand mit 3, die unter der rechten mit 4, addiere die beiden Ergebnisse und nenne mir das Gesamtergebnis". Bea macht's wie gewünscht, nennt 43 als Endsumme und staunt, weil Andi ihr nach kurzem Überlegen sagt, wie viele Münzen jeweils unter der rechten und linken Hand versteckt sind.

a) Welches Zahlenpaar (links | rechts) gibt für die Summe 43 die richtige Lösung an?
(3 | 9) (9 | 3) (4 | 8) (8 | 4) (5 | 7) (7 | 5)

b) Erkläre, wie Andi die Anzahlen der versteckten Münzen finden konnte.

22. Atomuhr

Mit einer Atomuhr kann man die Zeit sehr genau messen. Solche Uhren, die in 2 Millionen Jahren nur um 1 Sekunde falsch gehen, braucht man z. B. bei der Navigation mit GPS (Global Positioning System), um Entfernungen sehr genau zu bestimmen und um Uhren zu eichen.

a) In wie viel Jahren geht die Atomuhr um 1 h vor oder nach?

b) Wie viel Sekunden Ungenauigkeit hat die Atomuhr in 1 Jahr?

c) Zwei Uhren A und B messen unterschiedliche Laufzeiten eines GPS-Signals hin und zurück zwischen einem Punkt auf der Erde und einem Satelliten. A misst 0,001 Sekunden. B misst 0,00101 Sekunden. Berechne mit den Messwerten von A und B die Entfernung Erde–Satellit und den Messfehler in km. Runde auf ganze Kilometer. Beachte: Das GPS-Signal läuft mit Lichtgeschwindigkeit $c = 299\,792\ \frac{\text{km}}{\text{s}}$.

23. Preiserhöhung

Eine Firma erhöht die Preise. Ihren Kunden schreibt sie: „Zum 1.1.2007 steigt die MwSt. von 16 % auf 19 %. Nunmehr sehen wir uns gezwungen, die Gebühren um monatlich 99 Cent auf 15,49 € pro Monat anzuheben (Preis inkl. MwSt.)."

a) Um wie viel Prozent werden die monatlichen Gebühren erhöht?

b) Ist diese Preiserhöhung ganz durch die Erhöhung der Mehrwertsteuer gerechtfertigt?

24. Schätzen und Rechnen

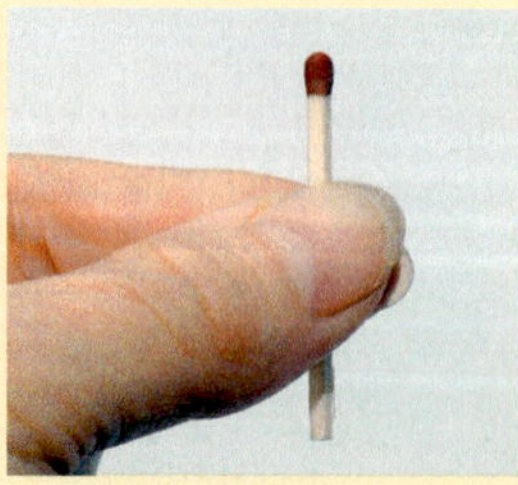

a) Welches Volumen hat etwa das Streichholz auf dem Foto? Schätze die dazu benötigten Größen und schreibe auf, wie du rechnest.

b) Ein Baum hat in 2 m Höhe einen Umfang von 1 m. Überschlage, wie viele Streichhölzer man ungefähr mit dem Holz eines solchen 4 m langen Baumstamms herstellen kann. Rechne mit 25 % Holzverlust bei der Herstellung der Streichhölzer.

Lösungen zum Kapitel 1

Seite 6

1. $x = 6{,}7$ 2. $A = 68\ cm^2$ 3. 315 min = 5 h 15 min 4. 67,60 € 5. Median: 4,195 m; arithmetisches Mittel: 4,175 m

6. P (Name eines Jungen) = 0,4 = 40 % 7. $A = 0{,}63\ m^2$ (Tischbreite ca. 2 · 30 cm = 60 cm; Tischlänge ca. 5 · 21 cm = 1,05 m)

8. 190 € 9. a) Männer: ≈ 3,4 %; Frauen: ≈ 3,7 %
b) Die 30- bis 40-Jährigen um ca. 35 %

Seite 7

1. passende Aussagen: ein Fünftel und 20 %
2. $V = 50 \cdot (\frac{68}{2})^2 \cdot \pi \approx 181\,584\ cm^3 \approx 181{,}6\ l$
3. 2,55 €
4. 24 %
5. Median: 37,90 €
Spannweite: 33,30 €
6. p (keine fünf oder sechs) ≈ 66,67 %
7. y = 9
8. a) Nils wohnt 16 km vom Jugendheim entfernt.
b) Nils trifft 5 Minuten vor Partybeginn ein.
c) Nils machte eine Pause. Die Pause dauerte 5 Minuten.
9. Das Guthaben beträgt 1086,81 €.

Seite 8

1. a) $\frac{5}{12}$ b) $\frac{2}{5}$ c) $\frac{1}{2}$

2. a) 40 g b) 36 km c) 100 € d) 27 kg

3. 20 Autos hatten leichte Mängel und 24 Autos hatten erhebliche Mängel.

4. a) $\frac{7}{9}$ b) $1\frac{2}{7}$ c) $\frac{2}{5}$ d) $1\frac{1}{7}$ e) $\frac{1}{5}$ f) $\frac{1}{2}$

5. a) $8\frac{1}{3}$ b) $10\frac{2}{9}$ c) 14 d) $9\frac{3}{4}$ e) $7\frac{2}{5}$ f) $9\frac{6}{7}$

6. a) $4\frac{5}{9}$ b) $\frac{2}{5}$ c) $2\frac{1}{2}$ d) $1\frac{3}{10}$ e) $1\frac{1}{3}$ f) $5\frac{1}{7}$ g) $4\frac{3}{4}$ h) $4\frac{4}{7}$ i) $2\frac{1}{3}$

7. a) $\frac{13}{20}$ b) $\frac{1}{6}$ c) $\frac{19}{30}$

8. a) $2\frac{31}{35}$ b) $3\frac{17}{20}$ c) $6\frac{11}{18}$ d) $2\frac{11}{35}$ e) $5\frac{7}{20}$ f) $1\frac{1}{18}$

9. a) $\frac{3}{5} > \frac{4}{7}$ b) $\frac{1}{4} = \frac{3}{12}$ c) $\frac{2}{3} > \frac{1}{2}$ d) $\frac{4}{5} < \frac{5}{6}$

10. a) $1\frac{1}{7}$ b) $1\frac{4}{5}$ c) $\frac{5}{8}$ d) $\frac{1}{3}$ e) $\frac{4}{7}$ f) $\frac{1}{2}$

11. a) $\frac{1}{8}; \frac{2}{9}; \frac{6}{17}$ b) $\frac{1}{6}; \frac{1}{4}; \frac{3}{11}; \frac{4}{13}$

12. a) $\frac{3}{8}$ b) $\frac{5}{24}$ c) $\frac{2}{9}$

Seite 9

13. a) 0,9 b) 0,04 c) 0,0008 d) 0,003

14. a) $\frac{6}{100}$ b) $\frac{2}{10}$ c) $\frac{7}{1000}$ d) $\frac{9}{10\,000}$

15. a) $\frac{2}{10} + \frac{6}{100}$ b) $\frac{3}{10} + \frac{4}{100}$ c) $\frac{1}{10} + \frac{3}{100} + \frac{5}{1000}$ d) $\frac{3}{10} + \frac{2}{100} + \frac{4}{1000}$

16. a) 441; 441,27 b) 11; 11,58 c) 182; 181,904

17. a) 17,96 b) 318,84

18. a) 41; 40,54 b) 24; 24,52 c) 39; 38,395

19. a) 105,77 b) 0,678 c) 4,09

20. a) 500; 498,64 b) 10; 12,30 c) 6; 4,99224 d) 0,12; 0,1330

21. a) 1497,6 b) 0,1344 c) 3233,4 d) 0,07 e) 9,36 f) 8460,09 g) 0,588 h) 0,028 i) 32,13

22. a) 2,5 b) 2,35 c) 808 d) 93,2 e) 5000 f) 3,64

23. a) 28,21 b) 0,37 c) 4,88

24. a) 0,5 b) 0,33 c) 0,25 d) 0,4

25. a) 8,46 b) 6,48 c) 587,58 d) 0,25 e) 0,24 f) 75

Seite 10

1. a) < b) > c) <

2. a) 24,5 b) 24,6 c) 18 d) 800

3. a) 0,5 km^2; 270 a; 4 ha; 50 dm^2; 2500 cm^2 b) 0,5 km^2; 4 ha; 270 a; 50 dm^2; 2500 cm^2

4. Fußballfeld: 1 ha
Tennisplatz: 2,6 a
Schulheft: 6 dm^2
Fläche USA: 9 Mio. km^2
Klassenraum: 65 m^2
CD: 113 cm^2

5. 650 *l*; $\frac{1}{2}$ m^3; 87 000 cm^3; 8,5 dm^3; 0,5 ml

6. a) 300 b) 7 c) 0,05 d) 0,2 e) 800 f) 4,3

7. 2 592 000 s (30 Tage)

8. a) 2880 min; 285 min; 18 min b) 5400 s; 36 s; 15 s

9. a) 18.30 Uhr b) 16.45 Uhr

10. Tafel Schokolade: 100 g Elefant: 4 t Mensch: 70 kg Tüte Zucker: 1 kg

11. 6 Stücke

Seite 11

1. a) T b) M c) H d) HT

2. a) 895 000 000 b) 674 300 000 c) 1 000 000 000 d) 1 900 000

3. a) 3,38 € b) 1,40 € c) 1,65 € d) 12,08 €

4. a) 7,9 cm; 8 cm b) 35,1 cm; 35 cm c) 9,9 cm; 10 cm d) 0,1 cm; 0 cm

5. a) ② b) ③

6. Ⓑ und Ⓓ

7. Nein, es müssen 15 t transportiert werden.

8. Ⓒ

9. –

10. a) Es ist eine Handbreite lang und 2 Daumenbreiten breit.
b) Es ist ungefähr jeweils 10 Schrittlängen breit und lang.
c) Es ist ungefähr eine Daumenbreite dick.
d) Sie ist ungefähr 2 Handbreiten hoch.
e) Ungefähr ein Ellenbogen mal eine Schrittlänge.

11. a) < b) > c) < d) >

Seite 12

1. a) ① gleichschenklig ② gleichseitig ③ rechtwinklig
b) hier ohne Zeichnung, zur Kontrolle siehe c)
c) ①: $\alpha = \beta = 37{,}5°$; c = 7,9 cm ②: $\alpha = \beta = \gamma = 60°$ ③: $\beta = 37{,}5°$; c = 7,9 cm

2. a) h = 6,7 m b) h = 5,5 m

3. (ohne Zeichnung) Der Ballon ist von Adenbüttel 44 km und von Lüder 25 km entfernt.

4. hier ohne Zeichnung, zur Kontrolle
a) d = 7,5 cm b) a = 3,5 cm c) e = 4,8 cm, f = 6,0 cm d) a = 4,0 cm

5. h = 5,8 m (Deichbasis: 26,5 m; $\beta = 19°$)

6. a) hier ohne Zeichnung, zur Kontrolle siehe b) b) c = 9 cm

7. a) b = 22,9 cm b) a = 9,6 cm c) c = 18 cm

8. (ohne Skizze) Die Leiter ist 5,7 m lang.

Seite 13

1. a) – b) – **2.** a) – b) –

3. zur Kontrolle: Der Mittelpunkt des Umkreises ist ungefähr M (5,1 | 6,3).

4. zur Kontrolle: Der Mittelpunkt des Inkreises ist ungefähr W (5,3 | 4,8).

5. zur Kontrolle: Der Höhenschnittpunkt ist ungefähr H (11,7 | 3,4).

6. zur Kontrolle: Der Schwerpunkt ist ungefähr S (8 | 9,7).

7. bei gleichseitigen Dreiecken

8. a) Der Innenkreismittelpunkt W und der Schwerpunkt S liegen immer im Inneren des Dreiecks. Der Höhenschnittpunkt H und der Umkreismittelpunkt M können auch außerhalb liegen.
b) Nur in rechtwinkligen Dreiecken gibt es Höhenschnittpunkte oder Umkreismittelpunkte, die auf dem Dreieck liegen. Dabei ist der Höhenschnittpunkt stets der Eckpunkt, bei dem der rechte Winkel liegt, der Umkreismittelpunkt ist der Mittelpunkt der Hypotenuse.

9. a) $\alpha = \gamma = 66°$; $\beta = 114°$ b) $\alpha = \delta = 115°$; $\beta = 38°$; $\gamma = 27°$
c) $\alpha_2 = \beta_2 = \beta_4 = 67°$; $\alpha_1 = \alpha_3 = \beta_1 = \beta_3 = 113°$
d) $\epsilon = 39°$; $\gamma = 79°$; $\delta = 62°$; $\alpha = 101°$; $\beta = 118°$

10. Hier ohne Zeichnung. Tipp: Am einfachsten geht die Konstruktion mit Hilfe des Thaleskreises.

11. Die Entfernung ist stets 5,5 cm, da Punkt C auf dem Thaleskreis zur Strecke $\overline{AB}$ liegt.

Seite 14

1. Rechteck, Parallelogramm, Dreieck, Kreis, Quadrat

2. hier ohne Zeichnung
a) Kreis mit Umfang u und Radius r
b) Rechteck oder Parallelogramm mit Umfang u und den gegenüberliegend gleichen Seiten a und b.
c) Quadrat oder Raute mit Umfang u und der Seite a.
d) beliebiges Dreieck mit Umfang u und den Seiten a, b und c.
e) beliebiges Viereck mit Umfang u und den Seiten a, b, c und d.

3. hier ohne Zeichnung
a) $A = 35\ cm^2$; $u = 24\ cm$ b) $A = 36\ cm^2$; $u = 27{,}5\ cm$ c) $A = 45\ cm^2$; $u = 30{,}8\ cm$ d) $A = 33\ cm^2$; $u = 24{,}3\ cm$

4. Der Durchmesser beträgt ca. 0,6 m, also $A \approx 0{,}28\ m^2$.

5. a) $A = 50{,}27\ cm^2$, $u = 25{,}1\ cm$ b) $A = 38{,}48\ cm^2$, $u = 22{,}0\ cm$

6. $r \approx 10\ m$; $d \approx 20\ m$

7. a) $3\ m^2$ b) 6,73 m (a = c = 1,265 m) c) Abfall = $0{,}48\ m^2 \triangleq 16\%$

8. a) um 50% b) geviertelt

9. a) g = 8,2 cm b) g = 8,6 cm c) g = 1,8 cm d) h = 4,2 cm e) h = 8,5 cm f) h = 18,4 cm

10. a) $A = 50\ cm^2$ b) $A = 100\ cm^2$ c) $A \approx 29{,}875\ cm^2$ d) $A \approx 42{,}92\ cm^2$

Seite 15

1. a) hier ohne Zeichnung
b) $O = 6a^2$: Würfel
$V = \pi r^2 \cdot h_K$: Zylinder
$V = a \cdot b \cdot c$: Quader
$O = 2\pi r^2 + 2\pi r h_K$: Zylinder
$V = \frac{g \cdot h_\Delta}{2} \cdot h_K$: Dreiecksprisma
$O = 2ab + 2ac + 2bc$: Quader
$V = a^3$: Würfel

2. ① nein
② ja, ein Zylinder
③ nein
④ ja, ein Dreiecksprisma

3. $V = 9000\ cm^3 = 9\ l$
$O = 2700\ cm^2$

4. $V = 36\,000\ l$

5. a) $V = 64\ cm^3$; $O = 96\ cm^2$
b) das Volumen verachtfacht sich (2^3), die Oberfläche vervierfacht sich (2^2).
c) das Volumen wird 27-mal so groß (3^3), die Oberfläche wird 9-mal so groß (3^2).

6. $V \approx 3141{,}59\ cm^3$; $O \approx 1256{,}64\ cm^2$

7. 122,72 Liter

8. $a = b = 3\ cm$; $V = 72\ cm^3$; $O = 114\ cm^2$

9. $a = 6\ cm$; $V = 216\ cm^3$; $O = 216\ cm^2$

10. 1,21 m hoch

11. a) $V = 96\ cm^3$ b) $V = 250\,000\ cm^3$ c) $V \approx 35\,725{,}67\ cm^3$

Seite 16

1. 170,50 €

2. a) ja, der Quotient zugeordneter Größen ist immer gleich: $\frac{6}{1,5} = \frac{18}{4,5} = \frac{8}{2}$
b) nein, der Quotient zugeordneter Größen ist teilweise unterschiedlich: $\frac{80}{16} = \frac{50}{10} \neq \frac{210}{35}$
c) ja, der Quotient zugeordneter Größen ist immer gleich: $\frac{800}{40} = \frac{620}{31} = \frac{380}{19}$

3. 54 €

4. a) Hier ohne Zeichnung

Anzahl der Brötchen	1	2	3	4	5	6	7	8
Preis in €	0,40	0,80	1,20	1,60	2,00	2,40	2,80	3,20

b) 5 · 0,40 € = 2,00 €

5. –

6. 4,55 €

7. 6 Nächte

8. 24 cm und 1 cm; 12 cm und 2 cm; 10 cm und 2,4 cm; 8 cm und 3 cm; 6 cm und 4 cm; 5 cm und 4,8 cm.

9. 15 Tage

10. –

11. a) proportional
b) antiproportional
c) keins von beiden
d) antiproportional
e) proportional

Seite 17

1. Marienkäfer in Wirklichkeit: 0,7 cm
Elefant in Wirklichkeit: 350 cm

2. a) 0,4 km b) 2,5 km c) 15 km d) 750 km

3. hier ohne Zeichnung
a) Der Flächeninhalt verändert sich um den Faktor $2{,}5^2 = 6{,}25$.
b) Der Flächeninhalt verändert sich um den Faktor $0{,}5^2 = 0{,}25$.

4. Es muss 1,9 m hoch sein.

5. a) a : b = 1 : 2 b) a : b = 1 : 4,5

6. a) b = 10 cm b) b = 75 cm

7. a) a = 6 cm; b = 15 cm; c = 9 cm; d = 18 cm
b) a : b = 2 : 5; c : d = 1 : 2
c) z. B. e = 4 Kästchen; f = 2 Kästchen

8. a) x = 9 cm
b) x = 11,25 cm
c) x = 3,2 cm

Seite 18

1.

	eingefärbt	nicht eingefärbt
a)	49 %	51 %
b)	26 %	74 %
c)	52 %	48 %

2. a) 8,6 kg b) 23,40 € c) 3,50 €

3. Man zählt von hinten 2 Stellen ab und setzt dort ein Komma, bzw. verschiebt ein Komma um 2 Stellen nach links.
a) 0,325 kg b) 0,72 € c) 0,008

4. a) 20 € b) 72 € c) 90 € d) 170 kg e) 11,48 m f) 79,5 g

5. a) $\frac{2}{5} = 40\,\%$ b) $\frac{5}{6} \approx 83{,}33\,\%$ c) $\frac{3}{8} = 37{,}5\,\%$ d) $\frac{8}{20} = 40\,\%$ e) $\frac{15}{24} = 62{,}5\,\%$

6. $\frac{1}{2} = 50\,\%$; $\frac{2}{3} \approx 67\,\%$; $\frac{1}{5} = 20\,\%$; $\frac{3}{4} = 75\,\%$; $\frac{1}{10} = 10\,\%$; $\frac{1}{4} = 25\,\%$; $\frac{1}{3} \approx 33\,\%$

7. a) $\frac{1}{10} \cdot 70$ € = 7 € b) $\frac{1}{5} \cdot 25$ € = 5 €

c) $\frac{1}{4} \cdot 40$ € = 10 € d) $\frac{1}{2} \cdot 60$ € = 30 €

e) $\frac{3}{4} \cdot 40$ € = 30 € f) $\frac{1}{2} \cdot 44$ € = 22 €

g) $\frac{3}{4} \cdot 120$ € = 90 € h) $\frac{3}{4} \cdot 80$ € = 60 €

8. a) 360 kg b) 220 € c) 22 g d) 210 m

9. a) $\frac{1}{4} = 25\,\%$. 13 Lkws wiesen Mängel auf. b) $\frac{1}{20} = 5\,\%$. 8 Lose gewinnen. c) $\frac{1}{10} = 10\,\%$. 210 Befragte kaufen im Internet ein.

Seite 19

10.

	G	W	p%
a)	750 €	375 €	50%
b)	3 kg	0,3 kg	10%
c)	200 km	2 km	1%

11. a) W = 60,91 € b) W = 5539 kg c) W = 0,21 €

12. 160 g

13. a) 7088 Delikte
b) 29 756 Delikte

14. a) Es sind 17,7 % fertig.
b) Es waren 6,8 % verfault.
c) Sie hat 36,1 % bezahlt.
d) Er hat 90 % der Punkte.

15. 500 g

16. 84 €

17. 15 164,71 €

18. a) W = 3,45 € b) W = 1550 Stück
c) W = 13,5 kg d) W = 8,6 t
e) W = 22 Liter

19. nach 10 Stunden: 150 %;
nach 20 Stunden: 225 %;
nach 30 Stunden: 337,5 %

Seite 20

1. a) Z = 30 € b) Z = 460 € c) Z = 13,12 € d) Z = 980 €

2. 1230 € Zinsen

3. p% = 2,2 %

4. 8,88 %

5. a) ① = 6 %; ② = 4 %; ③ = 2,5 %

b)
c)

	p% = 2,5%	p% = 4%	p% = 6%
K = 2000 €	Z = 50 €	Z = 80 €	Z = 120 €
K = 500 €	Z = 12,50 €	Z = 20 €	Z = 30 €
K = 1600 €	Z = 40 €	Z = 64 €	Z = 96 €
K = 2200 €	Z = 55 €	Z = 88 €	Z = 132 €

6. a) 544 € Zinsen b) 8544 €

7. 10 840 €

8. a) Z = 22,50 € b) Z = 2,19 €

9. a) Z = 0,05 € b) Z = 1,50 € c) Z = 18 €

10. 37,33 €

11. a) 4200 € b) 4410 €

Seite 21

1. Mittelwert: 60 kg

2. Median: 66 kg

3. Mittelwert: 59 Seiten

4. 11 Tore

5. a) Mittelwert: 4,45 €
Median: 4,58 €
Spannweite: 7,75 €

b) Klasse 1 (0 € bis 3 €): 0,55 €; 1 €; 2,35 €; 2,75 €
Klasse 2 (3,01 € bis 6 €): 3,50 €; 4,35 €; 4,80 €; 5,10 €
Klasse 3 (6,01 € bis 9 €): 6,15 €; 6,90 €; 7,65 €; 8,30 €

6.

Ronald:	Mittelwert:	10,01 m
	Median:	9,90 m
Cem:	Mittelwert:	9,71 m
	Median:	10,25 m

Beurteilung: Ronald hat den niedrigeren Mittelwert, aber einen höheren Median als Cem. Ronalds Leistungen sind jedoch konstanter als Cems: sein kürzester Wurf ist 9,60 m, Cems kürzester Wurf ist 7,90 m lang.

7. 1. Möglichkeit: 10 *l*, 20 *l*, 23 *l*, 26 *l*, 31 *l*
2. Möglichkeit: 9 *l*, 20 *l*, 23 *l*, 28 *l*, 30 *l*

8. Der Chef erhält 10 100 €.

Seite 22

1. a) 48 Jahre

b) 45 Lehrerinnen und Lehrer

c) jedes vorhandene Alter eintragen; jeweilige Anzahl eintragen; Produkt aus Alter und Anzahl; Aufsummieren dieser Produkte; Summe durch die Anzahl der Lehrkräfte teilen; Durchschnittsalter: 49,16 Jahre

2. a) Angebot A: gelbe Linie
Angebot B: grüne Linie
Angebot C: rote Linie

b) blaue Linie: Grundgebühr 2 €, dann 0,40 € je 10 Min.

c) Angebot B (grün)

d) bei dem „blauen" Angebot.

3. a) das Sparschwein

b) 40 Jugendliche

c) Es nutzen viele Jugendliche gleichzeitig mehrere Sparformen. Das erkennt man daran, dass die Summe der Prozentsätze mit 166 % deutlich höher ist als 100 %.

d) Hier ohne Zeichnung; Man könnte die Sparformen (1); (3); (5); (6); (8) und (9) zusammenfassen.

4. a) ⓐ und ⓒ, da das Boot nicht zum selben Zeitpunkt an verschiedenen Liegeplätzen sein kann.
b) ⓑ Beispiel: Die Familie entfernt sich bei günstigem Wind recht schnell vom Ufer, nach der Hälfte der Zeit treibt das Boot gemütlich mit geringer Fahrt parallel zum Ufer weiter, danach geht es wieder mit voller Fahrt zum Liegeplatz zurück.
ⓓ Beispiel: Die Familie segelt mit günstigem Wind schnell vom Ufer weg, anschließend kreuzt das Segelboot wieder in Richtung Liegeplatz zurück, dreht jedoch vorher wieder ab und steuert mit voller Kraft zum nächsten Hafen.

Seite 23

1. rH (Würfeln, Ereignis „6") = $\frac{4}{35} \approx 11{,}4\,\%$

2. p (Würfeln, Ereignis „6") = $\frac{1}{6} \approx 16{,}67\,\%$

3. a) rH (Zählen von Autos, Marke „VW") = $\frac{107}{650} \approx 16{,}46\,\%$

b) nein, da es keine gleichwahrscheinlichen Ergebnisse gibt.

c) Er hat 1000 Autos gezählt, da die relative Häufigkeit ungefähr gleich sein muss ($\frac{107}{650} \approx \frac{150}{1000}$)

4. p (Mädchen gewinnt Kinokarte) = $\frac{9}{25}$ = 36 %

5. p (ungerade Zahl) = $\frac{3}{6} \cdot \frac{3}{6} = \frac{1}{4}$ = 25 %

6. p (rote Kugel) = $\frac{8}{13} \cdot \frac{7}{12} = \frac{14}{39} \approx$ 35,9 %

7. a) p (mindestens einmal „Zahl" oben) = $1 - \frac{1}{8} = \frac{7}{8}$ = 87,5 %

b) p („Zahl" und „Wappen" wechseln) = $2 \cdot \frac{1}{2} \cdot \frac{1}{2} \cdot \frac{1}{2} = \frac{1}{4}$ = 25 %

8. a) p (Reihenfolge BAD) = $\frac{1}{10} \cdot \frac{1}{9} \cdot \frac{1}{8} = \frac{1}{720} \approx$ 0,14 %

b) p (ergibt HAI) = $\frac{3}{10} \cdot \frac{2}{9} \cdot \frac{1}{8} = \frac{6}{720} = \frac{1}{120} \approx$ 0,83 %

Seite 24

1. a) 3x + 7 b) 2x + 5x c) 24 – 7x d) (x – 5) · 4 e) (31 – 3x) · 2

2. a) Rafael: x; Svenja: 2x; Marco: 2x + 3 b) 5x + 3

3. a) 26 b) 12

4. a) 5x – 7 für x = 20 : 93 b) 5a – 30 für a = 13 : 35

5. a) ja b) nein c) ja

6. a) x = 11; Probe: 3 = 3 b) y = 9; Probe: 39 = 39

7. 2x + 16 = 46; die Zahl heißt 15.

8. a) 3x + 0,8 km + 5,2 km + 2x + 3x + 4x = 12x + 6 km b) AB = 15,6 km c) x ≈ 1667 m

Seite 25

9. a) x = 6 b) x = 85 c) x = 12 d) x = 2 e) x = 19 f) x = 36 g) x = –4,8 h) x = 0,2

10. x = 13

11. a) x = 5,5 b) x = 2 c) x = –12

12. a) x = 2 b) x = 5 c) x = 5 d) x = 12,25

13. a) x = 6 b) x = –9

14. a) x = 3 b) x = 4

15. a) x = 7,8 b) y = 55 c) x = –12,5 d) y = 3

16. a) 5 + 2x – 2 = 3 (x –1); x = 6
b) Beispiel: Dirk kauft sich für 2 Euro Süßigkeiten. Zuvor hatte er 5 Euro und das Taschengeld von 2 Monaten gespart. Wie hoch ist sein monatliches Taschengeld, wenn er sich von seinem gesparten Geld 3 Taschenbücher kaufen kann, von denen jedes einen Euro weniger als ein monatliches Taschengeld kostet?

17. a) Länge des Weges A-B-C: 12 x + 13,7 cm b) Länge des Weges A-B-C: 42,5 cm c) x = 1,3 cm d) x = 3,15 cm

Seite 26

1. ①; Trinkmenge in 70 Jahren ≈ 76 650 Liter Pool: 80 m³ ≙ 80 000 Liter

2. 90 SMS 3. 12.37 Uhr 4. ca. 21,5 % Abfall

5. r ≈ 3,50 cm; V ≈ 500,30 cm³ 6. x = 5,5

7.

	Kapital bei KKF Bank	Kapital bei Land- und Sparbank
nach dem 1. Jahr	15 300 €	15 525 €
nach dem 2. Jahr	15 835,50 €	16 068,38 €
nach dem 3. Jahr	16 627,28 €	16 630,77 €

Das Angebot der Land- und Sparbank ist günstiger.

8. a) ca. 3671 Unfälle (7000–3329) b) 201 Schultage

9. a) 12,50 € b) um 2,63 %

Lösungen zu den TÜV-Seiten

Seite 47

1. a) S (0|0), enger als Normalparabel, nach oben geöffnet.
b) S (0|3), weiter als Normalparabel, nach oben geöffnet.
c) S (0|1), enger als Normalparabel, nach oben geöffnet.
d) S (0|0), weiter als Normalparabel, nach oben geöffnet.
e) S (0|0,5), enger als Normalparabel, nach unten geöffnet.
f) S (0|−5), weiter als Normalparabel, nach oben geöffnet.

2. a)

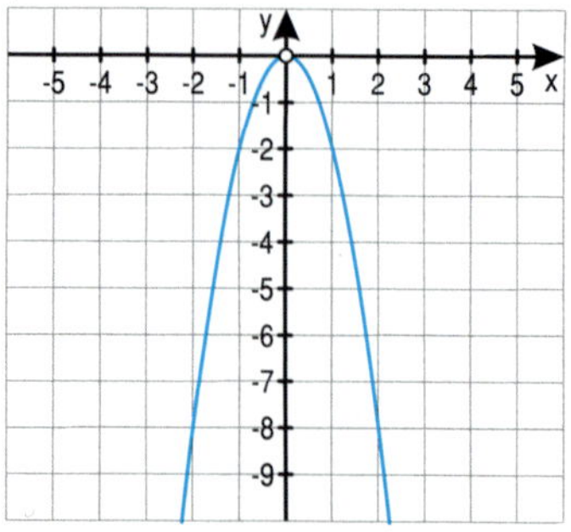

$y = -2x^2$ Nullstelle N (0|0)

b)

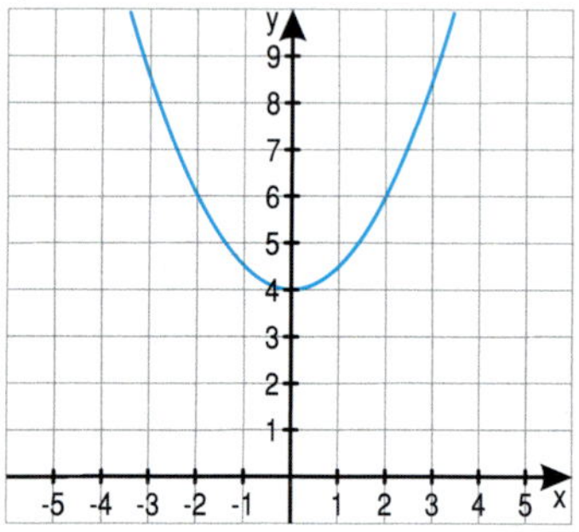

$y = 0{,}5x^2 + 4$ keine Nullstellen

c)

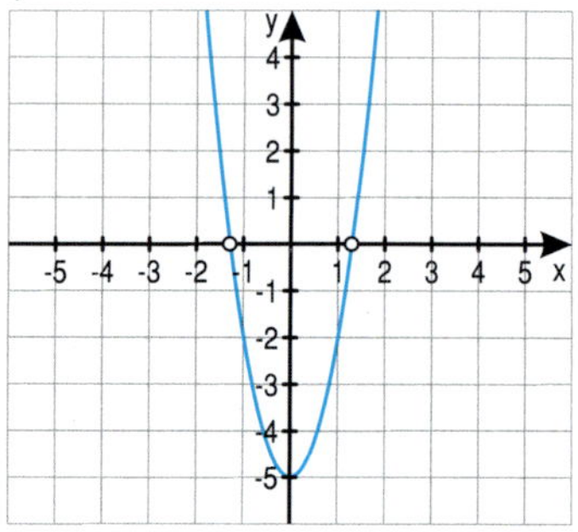

$y = 3x^2 - 5$ Nullstellen N_1 (1,3|0); N_2 (−1,3|0)

3. Hier ohne Zeichnung; alle Parabeln sind verschobene Normalparabeln.
a) S (−4|−1), nach oben geöffnet. b) S (3|4), nach oben geöffnet. c) S (−1,5|−4,5), nach oben geöffnet.

4. a) A (3|1): li. S.: y = 1 re. S.: $(x - 3)^2 + 1 = (3 - 3)^2 + 1 = 1$ A liegt auf dem Graphen.
b) B (−2|−4) liegt nicht auf dem Graphen. c) C (7|17) liegt auf dem Graphen. d) D (0|4) liegt nicht auf dem Graphen.

5. Hier ohne Zeichnung.
a) $x^2 - 10x + 24 = (x - 5)^2 - 1 = 0$; Zeichne Graph zu $y = (x - 5)^2 - 1$
$x_1 = 4$; $x_2 = 6$
b) $x^2 - 4x - 5 = (x - 2)^2 - 9 = 0$
$x_1 = -1$; $x_2 = 5$
c) $x^2 - 2x - 3 = (x - 1)^2 - 4 = 0$
$x_1 = -1$; $x_2 = 3$
d) $x^2 - 6x + 8 = (x - 3)^2 - 1 = 0$
$x_1 = 2$; $x_2 = 4$
e) $x^2 - 4x + 3 = (x - 2)^2 - 1 = 0$
$x_1 = 1$; $x_2 = 3$
f) $x^2 + 2x - 3 = (x + 1)^2 - 4 = 0$
$x_1 = -3$; $x_2 = 1$

6. a) $x^2 - 49 = (x + 7)(x - 7) = 0$
$x_1 = -7$; $x_2 = 7$
b) $4x^2 - 64 = (2x + 8)(2x - 8) = 0$
$x_1 = -4$; $x_2 = 4$
c) $x^2 - 0{,}04 = (x + 0{,}2)(x - 0{,}2) = 0$
$x_1 = -0{,}2$; $x_2 = 0{,}2$

7. a) $x_1 = \sqrt{10}$; $x_2 = -\sqrt{10}$ b) $x_1 = \sqrt{2}$; $x_2 = -\sqrt{2}$ c) $x_1 = \sqrt{12} = 2\sqrt{3}$; $x_2 = -\sqrt{12} = -2\sqrt{3}$

8. a) $x^2 + 4x = x(x + 4) = 0$
$x_1 = 0$; $x_2 = -4$
b) $x^2 - 7x = x(x - 7) = 0$
$x_1 = 0$; $x_2 = 7$
c) $4x^2 - 36x = 4x(x - 9) = 0$
$x_1 = 0$; $x_2 = 9$

9. a) $x_1 = -3$; $x_2 = 5$ b) $x_1 = -7$; $x_2 = -1$ c) $x_1 = 7$; $x_2 = 9$ d) $x_1 = -3$; $x_2 = -1$

10. a) $x_1 = -\sqrt{10} - 2 \approx -5{,}2$
$x_2 = \sqrt{10} - 2 \approx 1{,}2$
b) $x_1 = -\sqrt{4{,}25} + 2{,}5 \approx 0{,}4$
$x_2 = \sqrt{4{,}25} + 2{,}5 \approx 4{,}6$
c) $x_1 = -\sqrt{1{,}25} + 1{,}5 \approx 0{,}4$
$x_2 = \sqrt{1{,}25} + 1{,}5 \approx 2{,}6$
d) $x_1 = -\sqrt{5} + 3 \approx 0{,}8$
$x_2 = \sqrt{5} + 3 \approx 5{,}2$

11. a) $x_1 = 3$; $x_2 = -7$ b) $x_1 = 1$; $x_2 = -7$ c) $x_1 = -6$; $x_2 = -8$ d) $x_1 = 7$; $x_2 = -9$

12. a) $x_1 \approx -0{,}6$; $x_2 \approx -3{,}4$ b) $x_1 = 0{,}3$; $x_2 = -3{,}3$ c) $x_1 \approx 4{,}8$; $x_2 \approx 0{,}2$ d) $x_1 \approx 9{,}1$; $x_2 \approx -2{,}1$

Seite 71

1. a) sin 15° = 0,26
sin 35° = 0,57
sin 65° = 0,91
sin 80° = 0,98
b) cos 23° = 0,92
cos 37° = 0,80
cos 65° = 0,42
cos 85° = 0,09
c) tan 10° = 0,18
tan 34° = 0,67
tan 37° = 0,75
tan 45° = 1,0

2. a) $\alpha_1 = 24°$ b) $\alpha_2 = 35°$ c) $\beta_1 = 33°$ d) $\beta_2 = 16°$ e) $\gamma_1 = 24°$ f) $\gamma_2 = 36°$

3. a) $\cos\alpha = \frac{5}{9}$; $\alpha = 56{,}25°$. (Der dritte Winkel ist 33,75°; die dritte Seite 7,48 cm)
b) $\frac{a}{15} = \sin 38°$; a = 9,2 cm. (Der dritte Winkel ist 52°; die dritte Seite 11,8 cm)

4. längere Seite a; $\frac{a}{4} = \cos 20°$; $a \approx 3{,}76$ cm; kürzere Seite b; $\frac{b}{4} = \sin 20°$; $b = 1{,}37$ cm

5. $\frac{h}{40} = \tan 50°$; $h = 47{,}67$ cm

6. $\frac{h}{5} = \sin 30°$, $h = 2{,}5$ cm   Für Grundseite c gilt: $\frac{\frac{c}{2}}{5} = \cos 30°$; $c = 8{,}66$ cm.   Umfang $u = 2 \cdot 5\text{ cm} + c = 18{,}66$ cm

7. a)

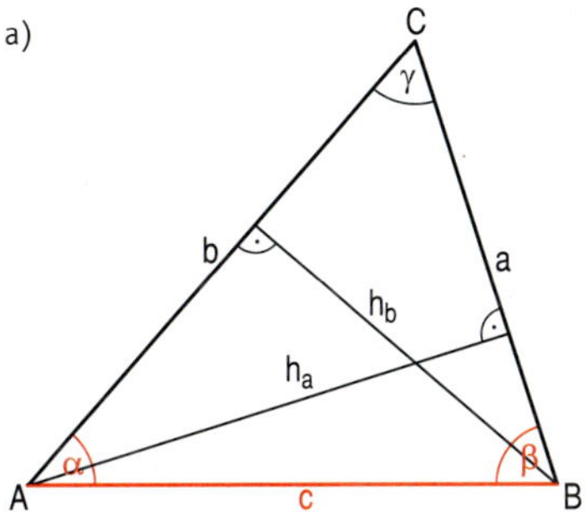

$\alpha = 49°$, $\beta = 72{,}5°$, $\boldsymbol{\gamma} = 180° - \alpha - \beta = \mathbf{58{,}5°}$ $c = 6$ cm

$\frac{h_b}{c} = \sin\alpha$; $h_b = 4{,}5$ cm; $\frac{h_b}{a} = \sin\gamma$; **a = 5,3 cm**

$\frac{h_a}{c} = \sin\beta$; $h_a = 5{,}7$ cm; $\frac{h_a}{b} = \sin\gamma$; **b = 6,7 cm**

b)

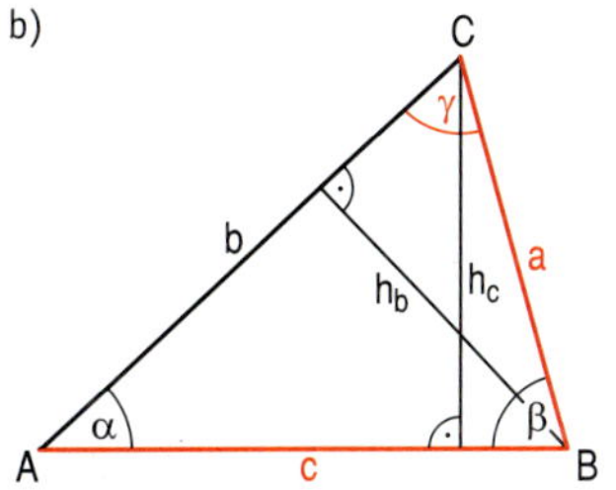

$a = 5{,}5$ cm; $c = 7{,}1$; $\gamma = 62{,}2°$

$\frac{h_b}{a} = \sin\gamma$; $h_b = 4{,}9$ cm; $\frac{h_b}{c} = \sin\alpha$; $\boldsymbol{\alpha} = \mathbf{43{,}3°}$

$\boldsymbol{\beta} = 180° - \gamma - \alpha = \mathbf{74{,}5°}$

$\frac{h_c}{a} = \sin\beta$; $h_c = 5{,}3$ cm; $\frac{h_c}{b} = \sin\alpha$; **b = 7,7 cm**

c)

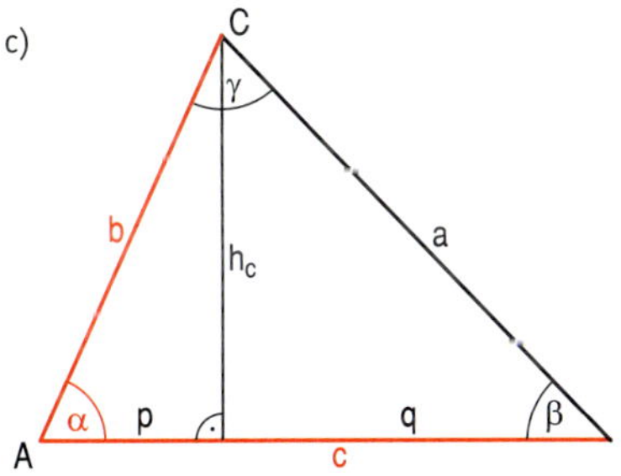

$b = 8$ cm; $c = 10{,}2$ cm; $\alpha = 66°$

$\frac{p}{b} = \cos\alpha$; $p = 3{,}3$ cm; $\frac{h_c}{b} = \sin\alpha$; $h_c = 7{,}3$ cm;

$p + q = c$; $q = 6{,}9$ cm $\frac{h_c}{q} = \tan\beta$; $\boldsymbol{\beta} = \mathbf{46{,}6°}$

$\frac{h_c}{a} = \sin\beta$; **a = 10 cm**; $\boldsymbol{\gamma} = 180° - \alpha - \beta = \mathbf{67{,}4°}$

d)

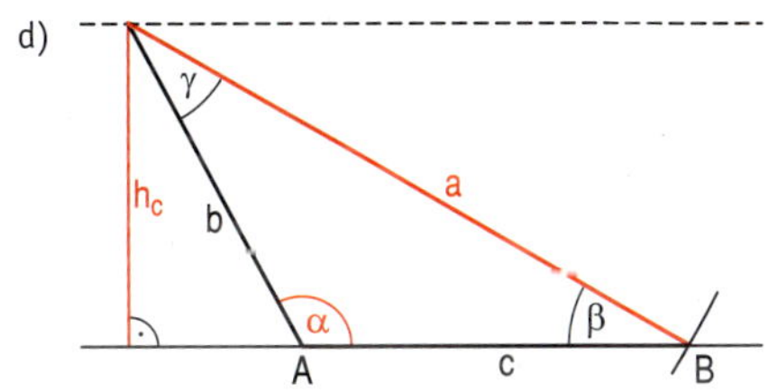

$a = 8$ cm; $h_c = 4$ cm; $\alpha = 118°$

$\frac{h_c}{b} = \sin(180° - \alpha)$; **b = 4,5 cm;** $\frac{h_c}{a} = \sin\beta$;

$\beta = 30°$; $\boldsymbol{\gamma} = 180° - \alpha - \beta = \mathbf{32°}$

$\frac{h_c}{p} = \tan(180° - \alpha)$; $p = 2{,}1$ cm; $\frac{p + c}{a} = \cos\beta$;

$p + c = 6{,}9$ cm; **c = 4,8 cm**

8.

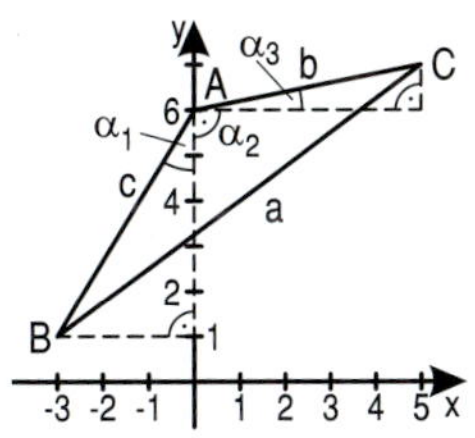

a) A (0|6)   B (−3|1)   C (5|7)

b) Seitenlängen mit Hilfe des Satzes von Pythagoras:
$c^2 = 3^2 + 5^2 = 34$; $c = 5{,}8$ cm
analog: $b = \sqrt{26}$ cm $= 5{,}1$ cm
$a = \sqrt{100}$ cm $= 10$ cm

c) z. B. so berechnen: $\alpha = \alpha_1 + \alpha_2 + \alpha_3$ $\tan\alpha_1 = \frac{3}{5}$ $\alpha_1 = 30{,}96°$ $\alpha_2 = 90°$
$\tan\alpha_3 = \frac{1}{5}$ $\alpha_2 = 11{,}31°$
$\boldsymbol{\alpha} = \mathbf{132{,}3°}$

Seite 85

1. a) 64   b) 0,25   c) − 27   d) 256   e) 0,00001

2. a) $\left(\frac{1}{7}\right)^2 \approx 0{,}0204$ b) $\left(\frac{1}{5}\right)^3 = 0{,}008$ c) $\left(\frac{1}{3}\right)^4 \approx 0{,}012$ d) $\left(\frac{1}{2}\right)^5 = 0{,}03125$ e) $\left(\frac{1}{10}\right)^5 = 0{,}00001$

3. a) $7{,}5 \cdot 10^{11}$ b) $5{,}93 \cdot 10^{-9}$ c) $3{,}7 \cdot 10^{10}$ d) $4{,}3 \cdot 10^{-5}$

4. a) 520 000 000   b) 7 400 000 000 000   c) 0,0000041

5. a) $4^5 = 1024$, $5^4 = 625$ b) $2^{15} = 32768$, $12^2 = 144$ c) $8^5 = 32768$, $23^3 = 12167$

6. a) 256, 64   b) 7 776, 16   c) 16, 243

7. a) 64   b) 25,62890625   c) 0,00390625   d) 0,000064

8. a) 5 b) − 2 c) 4 d) 5 e) 3 f) 4

9. –

10. a) $y = x^3$ b) $y = x^2$ c) $y = x^4$ d) $y = x^3$ e) $y = x^5$ f) $y = x^4$

11. (1 | 1) und (− 1 | − 1) und (0 | 0)

12. a) 20 b) 20 c) 0,6 d) 0,5 e) 5 f) 0,2 g) 4 h) 100

13. a) x = 5,18 b) y = 1,96 c) z = 0,91

Seite 103

1. Rechnung: $K = 250 \cdot (1{,}035)^5 = 296{,}92$; Endkapital 296,92 €

2. Rechnung: $K \cdot (1{,}04)^6 = 2530{,}64$; K = 2000 €

3. Rechnung: $q^7 = \frac{5000{,}54}{3800} = 1{,}04$; p% = 4%

4. Gleichung: $2000 = (1{,}035)^x \cdot 1000$ Probieren: $(1{,}035)^{20} = 1{,}9898$ $(1{,}035)^{21} = 2{,}0594$
Nach 21 Jahren hat sich das Kapital (bei 3,5% Zinssatz) etwas mehr als verdoppelt, nach 20 Jahren ist es fast verdoppelt.

5. a) Rechnung: $Z = 240000 \cdot (1{,}025)^5$, **Z = 271538** b) nach etwa 28 Jahren

6. Rechnung: $Z = 175000 \cdot (1 - 0{,}015)^5$, **Z = 162263**

7. a) Rechnung: $G_{10} = 1200 + 10 \cdot 84 = 2040$; Aktienwert nach 10 Jahren 2040 €. b) q = 1,07

Seite 129

1. a) V = 1385,44 cm^3; O = 703,72 cm^2 b) V = 272,38 cm^3; O = 232,85 cm^2 c) V = 3,85 m^3; O = 14,07 m^2

2. a) h_K = 2,1 cm b) r = 1,85 m

3. a) V = 75,4 cm^3; O = 108,8 cm^2 b) V = 30,44 m^3; O = 62,28 m^2 c) V = 8620,53 cm^3; O = 2562,93 cm^2

4. a) V = 11,67 cm^3 b) V = 14,93 m^3 c) V = 44,1 cm^3

5. a) M = 80 cm^2; O = 105 cm^2 b) M = 117,76 cm^2; O = 158,72 cm^2 c) M = 45,6 cm^2; O = 60,04 cm^2

6. a) a ≈ 3,8 cm b) h_s = 4,1

7. a) V = 113,1 cm^3; O = 113,1 cm^2 b) V = 735,62 m^3; O = 394,08 m^2 c) V = 24,43 m^3; O = 40,72 m^2

8. a) r = 2,1 cm b) r = 2,8 cm c) r = 0,89 m

9. 212,1 g

Lösungen zu den Diagnosetests

Seite 48

Grundaufgaben

1. 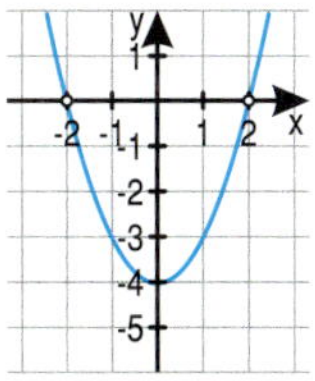

$y = x^2 - 4$
$N_1\ (-2|0)$
$N_2\ (2|0)$

2. li. S.: $y = 5$
re. S.: $2{,}5x^2 - 4 = 2{,}5 \cdot (-2)^2 - 4 = 6$
P liegt nicht auf dem Graphen.

3. $x^2 - 8{,}5x = x(x - 8{,}5) = 0$
$x_1 = 0,\ x_2 = 8{,}5$

4. $x^2 - 4x - 5 = (x - 2)^2 - 9 = 0$
$x_1 = 5;\ x_2 = -1$

5. Gleichung: $x^2 + 7 = 13{,}25$
bzw. $x^2 = 6{,}25$
$x_1 = 2{,}5,\ x_2 = -2{,}5$

Wahlaufgaben

1. a) Zeichnung siehe rechts.
b) $y = -\frac{73}{8\,100}x^2 + 73$

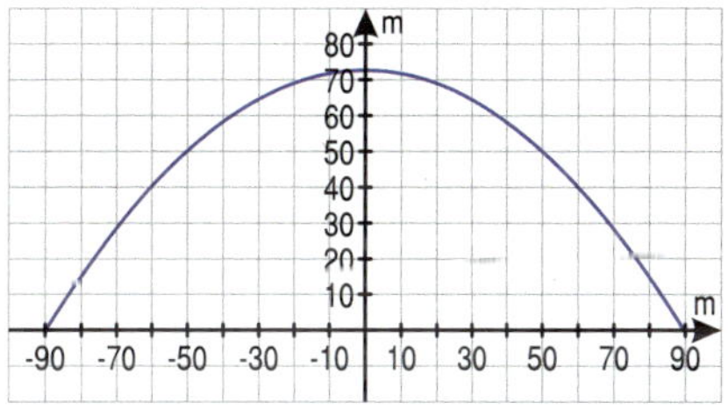

2. a)

t [s]	1	2	3	4	5	6	7	8	9	10
h [m]	115	220	315	400	475	540	595	640	675	700

t [s]	11	12	13	14	15	16	17	18	19	20
h [m]	715	720	715	700	675	640	595	540	475	400

b) Nach ≈ 5,4 s und ≈ 18,6 s

3. Es gibt zwei Lösungspaare: 18 und 19 oder –17 und –16

4. Es gibt zwei Lösungen: $x_1 = 8$ oder $x_2 = -52$

5. 86 m und 35 m

6. ≈ 13,9 cm und ≈ 7,9 cm

7. 6,60 m lang, 5,80 m breit

8. a = 36 cm

Seite 72

Grundaufgaben

1. a) 0,979 b) –0,785 c) 0,620 d) –0,665

2. a) $\frac{a}{c}$ b) $\frac{b}{a}$ c) $\frac{a}{c}$ d) $\frac{a}{b}$

3. a) $\alpha \approx 51{,}39°$ b) $\beta \approx 129{,}73°$

4. a) $x \approx 9{,}80$ cm b) $b \approx 5{,}31$ cm

5. gesuchter Winkel α; $\sin \alpha = \frac{630}{8500}$; $\alpha \approx 4{,}25°$

Wahlaufgaben

1. a) $x \approx 13{,}70$ cm b) $\beta \approx 44{,}2°$

2. hier ohne Zeichnung $\overline{RQ} \approx 10{,}3$ cm; $\overline{RP} \approx 8{,}2$ cm; $\overline{PQ} \approx 7{,}6$ cm
∢ PRQ ≈ 47°; ∢ RQP ≈ 52°; ∢ QPR ≈ 81°
(Hilfswinkel: ∢ RPA ≈ 76°; ∢ ARP ≈ 14°; ∢ BPQ ≈ 23°; ∢ PQB ≈ 67°; ∢ CQR ≈ 61°; ∢ QRC ≈ 29°)

3. a) $h \approx 23{,}9$ cm b) $a \approx 14{,}6$ cm

4. $\tan \alpha = \frac{140}{100}$; $\alpha \approx 54{,}5°$ (Steigungswinkel)

5. $h_c \approx 5{,}5$ cm; $a \approx 9{,}5$ cm $(= \sqrt{5{,}5^2 + (9{,}6 - 1{,}9)^2})$; $u = 24{,}9$ cm

6. $h_a = 8{,}2 \cdot \sin 41° \approx 5{,}4$ cm; $\gamma = 70°$; $b = h_a : \sin 70° \approx 5{,}7$ cm

7. Winkel zwischen den Geraden 36,86° bzw. 143,14°. Zur Lösung jeweils die Winkel zur x-Achse berechnen (26,57° bzw. 63,43°), die Differenz bilden.

Seite 86

Grundaufgaben

1. a) –16 b) $\frac{1}{27}$ c) –1000 d) $\frac{1}{256}$

2. a) $4{,}8 \cdot 10^5$ b) $7{,}6 \cdot 10^{10}$ c) $7{,}3 \cdot 10^{-7}$ d) $5{,}3 \cdot 10^{-5}$

3. a) $1 \cdot 10^6$ b) $\frac{1}{729}$

4. a) 5; 5; 2; 3; 4 b) 3,107; 2,305; 3,162

5. a) 6 cm b) 100 cm

Wahlaufgaben

1. a) $1{,}3 \cdot 10^{-5}$ b) $2{,}23 \cdot 10^{-12}$

2. a) $10^{-5} = \frac{1}{100\,000}$ b) $10^0 = 1$ c) $(-1)^{-3} = -1$ d) $2^{-9} = \frac{1}{512}$

3. zu Merkur: $t \approx 193{,}03$ s $\approx 3{,}22$ min; zu Neptun: $t \approx 14\,993{,}33$ s $\approx 249{,}89$ min

4. Ⓐ = ③; Ⓑ = ①; Ⓒ = ②; Ⓓ = ④

5. ① = Ⓐ; ② = Ⓒ; ③ = Ⓓ; ④ = Ⓔ; ⑤ = Ⓑ; ⑥ = Ⓕ

6. in $4\frac{1}{2}$ Stunden

7. Hier ohne Zeichnung; Die Lok hat nach 10 s 80 m zurückgelegt.

8. a) $B = 156{,}25$ m b) $T \approx 70{,}71\ \frac{\text{km}}{\text{h}}$

Seite 104

Grundaufgaben

1. Rechnung: $K = 800 \cdot (1{,}045)^4 = 954{,}01$; Endkapital 954,01 €

2. Rechnung: $q = \sqrt[5]{\frac{1187{,}67}{1000}} \approx 1{,}035$; $p\% = 3{,}5\%$

3. Rechnung: $K = \frac{4072{,}24}{1{,}05^{10}} = 2500$; Anfangskapital 2500 €.

4. a) lineares Wachstum bei dem rechten Angebot
b) Das linke Angebot ist günstiger: nach 8 Jahren: 16 076,92 €; beim rechten Angebot sind es „nur" 14 700 €.

5. Rechnung: $G_0 \cdot q^4 = 0{,}5 \cdot G_0$; $q^4 = 0{,}5$; Probieren: $0{,}84^4 \approx 0{,}5$; $p\% = 16\%$
Die anfängliche Strahlung verringert sich täglich um 16 %.

Wahlaufgaben

1. a) Nach 10 Jahren, denn $3500 \cdot 1{,}04^{10} = 5180{,}85$ b) Nach 13 Jahren, denn $3000 \cdot 1{,}055^{13} = 6017{,}32$ €

2. a) Nach 1500 Minuten b) Zuordnung Zeit t (in min) → Wassermenge V (in ml) mit $V = 10 \cdot t$

3. Endkapital 1012,91 €.

4. a)

	2004	2005	2006	2007	2008	2009	2010	2011	2012	2013	2014
monatliche Kosten (in €)	2500	2550	2601	2653,02	2706,08	2760,20	2815,40	2871,71	2929,14	2987,73	3047,48

b) nach 35 Jahren, denn $2500 \cdot 1{,}02^{35} = 4999{,}72$ € ≈ 5000 €

5. stündlich um ca. 60 %; denn $10 \cdot 1{,}6^{10} \approx 1100$

6. ① $650 \cdot 1{,}05^{12} = 1167{,}31$ ② $650 + 12 \cdot 40 = 1130$; Variante ① ergibt nach 12 Monaten mehr Geld.

7.

	1. Jahr	2. Jahr	3. Jahr	4. Jahr	5. Jahr	6. Jahr	7. Jahr
Kapital (in €)	1020	1042,95	1071,63	1103,78	1142,41	1188,11	1235,63

Endkapital 1235,63 €.

Seite 130

Grundaufgaben

1. Hier ohne Zeichnung: $V = 50$ cm³

2. hier ohne Zeichnung; $O \approx 75{,}40$ cm²

3. $d \approx 11{,}3$ cm; $h_K \approx 4{,}1$ cm; $h_s \approx 5{,}7$ cm

4. $V = 64$ cm³; $O = 144$ cm²

5. $V \approx 310{,}34$ cm³; $O \approx 221{,}67$ cm²

Wahlaufgaben

1. a) $r \approx 7$ cm; $s \approx 10{,}6$ cm; $M \approx 233$ cm²; $O \approx 387$ cm²

2. $r \approx 5{,}05$ cm

3. Kegel: $r = 2$ cm; $h = 4$ cm; $V \approx 16{,}8$ cm³; $V_{Abfall} \approx 47{,}2$ cm³

4. $O \approx 40{,}659$ cm²

5. $a \approx 5{,}60$ cm

6. $r \approx 3{,}15$ cm; $V \approx 131{,}1$ cm³

7. $O = 84{,}82$ cm²

8. $V_{groß} \approx 113{,}1$ cm³; $V_{klein} \approx 0{,}524$ cm³; $\frac{V_{groß}}{V_{klein}} \approx 216$ Man erhält 216 kleine Kugeln.

9. $O \approx 1246{,}01$ cm²

10. $V \approx 34{,}71$ cm³

Diagnose – Fit für die Abschlussprüfung?

Seite 142

Basiswissen

1. a) 10; 18; –6 geordnet: –6; 10; 18 b) 16,25; 2000; 2800; 4000; ist schon geordnet
c) $1{,}201 \cdot 10^9$; $6{,}0 \cdot 10^9$; 500; $1{,}0 \cdot 10^{13}$; geordnet: 500; $1{,}201 \cdot 10^9$; $6{,}0 \cdot 10^9$; $1{,}0 \cdot 10^{13}$

2. a) Nein, ein erwachsener Mann wiegt 0,08 t. b) Nein, ein Bleistift kostet 30 Cent oder 0,30 €.
c) ja d) Nein, eine Badewanne ist mit ca. 200 *l* Wasser randvoll.

3. a) 1 h 50 min
b) Der Zug fuhr durchschnittlich $\frac{150\,\text{km}}{1\frac{2}{3}\,\text{h}} = 90\,\frac{\text{km}}{\text{h}}$, also langsamer als $100\,\frac{\text{km}}{\text{h}}$.
c) Winkel zwischen Stunden- und Minutenzeiger: ≈ 144° $(360° \cdot \frac{14}{60} + 360° \cdot \frac{10}{60})$
Winkel zwischen Stunden- und Sekundenzeiger: 90°
Winkel zwischen Sekunden- und Minutenzeiger: ≈ 120°; $\frac{360°}{60} \cdot 31 - \frac{360°}{60} \cdot 10 = 126°$
d) 16.05 Uhr

4. a) auf 100 Mio. Byte b) 147 394 Buchseiten

5. a) $u = 33x + 6{,}2$ m b) Zaunlänge: 55,7 m c) $A = 132{,}75\ \text{m}^2$

6. a) $x = 4{,}5$ km b) hier ohne Zeichnung

7. a) $V = 411\ \text{cm}^3$ b) $O = 358{,}9\ \text{cm}^2$ c) Maße: rechteckig mit a = 12,6 cm und b = 8 cm

Seite 143

8. a) 157,50 € b) 15 Personen c) Nein. Preis pro Person ändert sich: bei 10 Personen 4,75 € pro Person, bei 20 Personen 4,50 € pro Person.

9. proportional: ①, ③, ⑤ antiproportional: ② weder noch: ④

10. a) ja. 29,90 € · 0,75 = 22,43 € > 22,00 € b) W = 36,75 € c) G = 78,98 €

11. a) $15{,}50\,\frac{€}{\text{h}}$ b) Bei Frau Meis; ihr Stundenlohn beträgt $16{,}15\,\frac{€}{\text{h}}$. c) 1860 €

12. a) Diagramm Ⓑ. Es wurden 400 Jugendliche befragt, d. h. das Kreissegment für Musik muss genau $\frac{1}{4}$ betragen, die Anteile für Computer und für Musik sind etwa gleich groß, der Anteil für Sport ist deutlich größer. Dies ist nur bei Diagramm Ⓑ gegeben.
b) hier ohne Zeichnung; zur Kontrolle: Streifenlängen Musik 2,5 cm; Sport 3,25 cm; Computer 2,6 cm; Kino 1,2 cm; Theater 0,45 cm

13. a) $\frac{x}{4}$; x : 4; 25 % von x; $x - \frac{3}{4}x$; 0,25x b) z. B.: 0,6x; $\frac{3x}{5}$; 60 % von x; 3x : 5 c) $\frac{52\,\%}{4} = 13\,\%$

Komplexe Aufgaben

Seite 144

1. a) 44 Kugeln b) 56 Kugeln c) 1184 Kugeln

2. a)
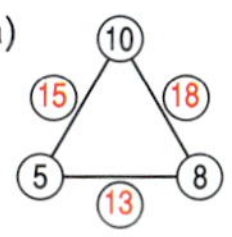

b)
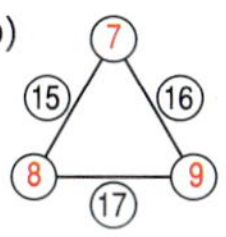

c) Es gibt keine solchen Seitenzahlen.

3. a) falsch. Die Zahl 123 456 999 ist durch 3 teilbar, da die Quersumme der Zahl durch 3 teilbar ist. Folglich ist auch jedes Produkt dieser Zahl durch 3 teilbar.
b) richtig, denn $(n + 1) \cdot (n - 1) + 1 = n^2 - 1 + 1 = n^2$

4. a) Der Term stimmt, es sind 72 Felder. b) $9 + 9 + 9 + 9 + 4 \cdot 9 = 9 \cdot (1 + 1 + 1 + 1 + 4) = 9 \cdot 8 = 72$

5. a) 11- bis 12-mal (pro Wurf durchschnittlich 3,5) b) 12- bis 13-mal, je nachdem ob man auf a, b, c oder d kommen will.

6. a) p (erst „2“, dann „6“) $= \frac{4}{6} \cdot \frac{2}{6} = \frac{2}{9} \approx 22{,}2\,\%$ b) p (kleiner als „3“) $= \frac{809}{1200} \approx 67{,}4\,\% \approx \frac{2}{3}$ → Würfel ① c) Würfel ② oder ③

Seite 145

7. a) 1 : 25 000 b) In 40 min; dies entspricht einer durchschnittlichen Geschwindigkeit von $5{,}4\ \frac{km}{h}$.
c) Der See kann näherungsweise als rund angesehen werden mit Radius r = 1 cm im Bild, ca. 0,25 km in der Realität. Also $A \approx 0{,}2\ km^2$. Der Wert $0{,}25\ km^2$ passt am besten. $V \approx 500\,000\ m^3$
Alternative Begründung: Die durch die Wege begrenzte Dreiecksfläche ist ca. $\frac{1}{2}\ km^2$; der See ist etwa halb so groß.

8. a) siehe Zeichnung rechts. b) $O = 544\ cm^2$ (Dachschräge 10 cm)
c) $V = 672\ cm^3$ d) z. B.: a = 12 cm; b = 8 cm; c = 14 cm
a = 9,6 cm; b = 10 cm; c = 14 cm

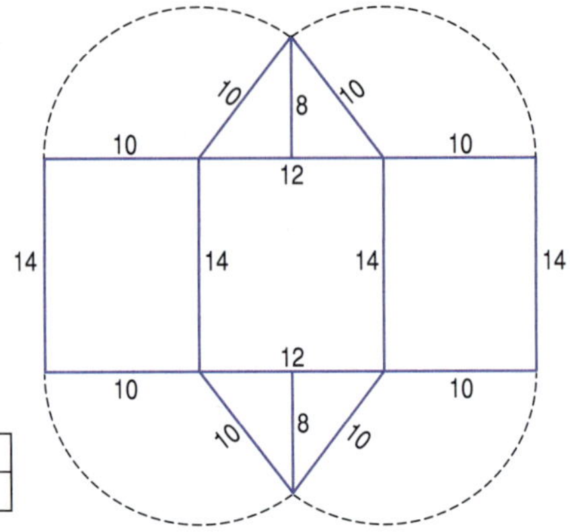

9. a) $V = 576\ cm^3$; $m \approx 4{,}5\ kg$ b) $a \approx 8{,}3\ cm$

10. a) $\alpha = 20°$; $\beta = 70°$ b) 50 % der Rechteckfläche
c) Der Punkt P kann irgendwo auf der Strecke liegen, die von den Seitenmitten von $\overline{AB}$ und $\overline{DC}$ gebildet wird.

11. a) z. B.: x = 2; y = 2 und x = 0; y = 5
ergänzt: „... Also hat die Gleichung unendlich viele Lösungen."
b)

x	1	2	3	4	5	6	7	8	9
$y = 5 - \frac{3}{2}x$	3,5	2	0,5	−1	−2,5	−4	−5,5	−7	−8,5

Seite 146

12. a) Anna schätzt den Durchmesser auf 1,70 m.
b) Die Schnur ist ca. 30-mal im Kreis gewickelt. Daraus ergibt sich ein Durchmesser von 2,40 m und somit eine Fläche von $A = 4{,}52\ m^2$.
c) $V \approx 141\,300\ cm^3$; $m \approx 286{,}2\ kg$ (Hätte das Seil einen quadratischen Querschnitt, würde es einen Zylinder mit r = 120 cm, h = 4 cm voll ausfüllen. Es ist aber kreisförmig, daher nimmt es nur 78 % des Volumens ein.)
d) Querschnitt des Seils: $12{,}6\ cm^2$; $\frac{141\,300\ cm^3}{12{,}6\ cm^2} = 11\,214\ cm$ Somit ist das Seil etwa 112 m lang.

13. ① Über die Teilnehmerzahl kann der Grafik nichts entnommen werden. ② falsch. Der Höhenunterschied beträgt 465 m.
③ richtig ④ falsch. Die Steigung ist etwa 2,6°.
⑤ falsch. Zwischen Romanèche-Thorins und Chânes geht es bergauf. ⑥ richtig

14. a) 77 min b) Nein, denn sie hat nur 75 min Zeit. c) 5 km (ganz am Anfang der Fahrt)

15. a) In Gruppe A wurde die niedrigste Punktzahl, in der Gruppe B die höchste Punktzahl erreicht.
b) Gruppe B c) in Gruppe A: 28 Punkte. d) Gruppe A

Seite 147

16. a) $A = 225\ cm^2$ b) $A \approx 173{,}2\ cm^2$
c) Ja, er hat recht. $u_{▭} = 2 \cdot ((a + x) + (a - x)) = 2 \cdot (2a) = 4a = u_{□}$; $A_{▭} = (a - x) \cdot (a + x) = a^2 - x^2$; $A_{□} = a^2 > a^2 - x^2$

17. a) $A = 86\ cm^2$ b) Beides ist richtig. c) für x = 3 cm d) für $x \approx 6{,}55\ cm$

18. a) $y_{2,5} = 106{,}25$; $y_{-\frac{1}{2}} = -22{,}75$ b) y = 0 für $x_1 = 45$ und $x_2 = 0$ c) Abbildung Ⓐ d) y = 324 für $x_1 = 36$ und $x_2 = 9$

19. a) $G_3 = 4 \cdot 1{,}2^3$; $G_3 \approx 7\ km^2$ b) $G_x = 4 \cdot 1{,}2^x$
c) In der 47. KW ist der See zur Hälfte zugewachsen. d) Der See ist vor Jahresende in der 51. KW zugewachsen.

Seite 148

20. a) Gleichung: $75\,600 \cdot 13 = 2 \cdot 45\,000 + 240\,000 + 10 \cdot x$ x = 65 280 € b) Durchschnittspreis: 61 900 €

21. a) (5 | 7) b) Gleichung: $3 \cdot L + 4 \cdot R = 43$ und $R + L = 12$ Lösung: L = 5 und R = 7

22. a) in $7{,}2 \cdot 10^9$ Jahren b) $5{,}0 \cdot 10^{-7}$ s Ungenauigkeit in 1 Jahr
c) Entfernung bei A ≈ 300 km Entfernung bei B ≈ 303 km Messfehler: 3 km

23. a) um 6,8 % b) Nein, die Erhöhung der Mehrwertsteuer rechtfertigt lediglich 3 % Preiserhöhung.

24. a) geschätzte Größen: Länge: 3 cm; Breite und Dicke: je 1,5 mm; $V = 67{,}5\ mm^3$
b) $V_{Baum} \approx 3{,}2 \cdot 10^8\ mm^3$ (mit $r \approx 0{,}16\ m$) Anzahl $= \frac{3{,}2 \cdot 10^8 \cdot 0{,}75}{67{,}5} \approx 3{,}6 \cdot 10^6$

Formeln

Algebra

Klammern auflösen:
$a + (b - c) = a + b - c$
$a - (b - c) = a - b + c$

Multiplikation von Summen:
$(a + b) \cdot (c + d) = ac + ad + bc + bd$

Binomische Formeln:
$(a + b)^2 = a^2 + 2ab + b^2$
$(a - b)^2 = a^2 - 2ab + b^2$
$(a + b)(a - b) = a^2 - b^2$

Quadratische Gleichungen (in Normalform) $x^2 + px + q = 0$
haben zwei Lösungen $x_{1/2} = -\frac{p}{2} \pm \sqrt{(\frac{p}{2})^2 - q}$, wenn $(\frac{p}{2})^2 - q > 0$
haben eine Lösung $x = -\frac{p}{2}$, wenn $(\frac{p}{2})^2 - q = 0$
haben keine Lösung, wenn $(\frac{p}{2})^2 - q < 0$

Rechenregeln für Potenzen von Zahlen a, b > 0:
$a^n \cdot a^m = a^{n+m}$ $a^n \cdot b^n = (a \cdot b)^n$ $(a^n)^m = a^{n \cdot m}$ $a^n : a^m = a^{n-m}$ $a^n : b^n = (a : b)^n$ $(\sqrt[n]{a})^n = a$

Beispiele für Zehnerpotenzen:
$10^3 \cdot 10^4 = 10^{3+4} = 10^7$ $(10^3)^2 = 10^{3 \cdot 2} = 10^6$ $10^8 : 10^2 = 10^{8-2} = 10^6$

Standardschreibweise mit Zehnerpotenzen:
84 Mio. = 84 000 000 = $8{,}4 \cdot 10^7$ $0{,}0028 = 2{,}8 \cdot 10^{-3}$

Prozentrechnung: $W = G \cdot \frac{p}{100}$ $G = W : \frac{p}{100}$ $\frac{p}{100} = W : G$

Vermehrter Grundwert bei „plus p %“:
$G_+ = G \cdot (1 + \frac{p}{100}) = G \cdot q$ mit Zunahmefaktor $q = (1 + \frac{p}{100})$.

Verminderter Grundwert bei „minus p %“:
$G_- = G \cdot (1 - \frac{p}{100}) = G \cdot q$ mit Abnahmefaktor $q = (1 - \frac{p}{100})$.

Zinsrechnung: $Z = K \cdot \frac{p}{100} \cdot \frac{t}{360}$ (Zinsen nach t Tagen, das Jahr zu 360 Tagen)

Zinseszinsrechnung: $K_n = K_0 \cdot q^n = K_0 \cdot (1 + \frac{p}{100})^n$ (Kapital mit Zinseszins nach n Jahren)

Exponentielles Wachstum: $G_n = G_0 \cdot q^n$
mit dem Wachstumsfaktor $q = (1 + \frac{p}{100})$ bei Zunahme *oder* $q = (1 - \frac{p}{100})$ bei Abnahme

Dichte

So viel Gramm wiegt 1 cm³ von diesem Material:

Material	g	Material	g	Material	g
Aluminium	2,7	Granit	2,6	Silber	10,5
Beton	2,4	Holz (Buche)	0,7	Spiritus	0,83
Blei	11,3	Kork	0,5	Stahl	7,9
Eis (bei 0 °C)	0,92	Kupfer	8,9	Styropor	0,02
Eisen	7,9	Marmor	2,6	Titan	4,5
Glas	2,5	Platin	21,4	Wasser	1
Gold	19,3	Sand	1,7	Zink	7,1

Geometrie

In jedem Dreieck ist die Winkelsumme 180°. In jedem Viereck ist die Winkelsumme 360°.

Sätze im rechtwinkligen Dreieck ($\gamma = 90°$)		
Satz des Pythagoras	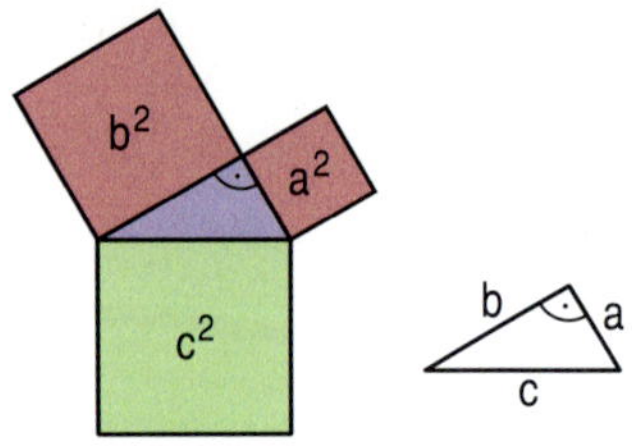	$a^2 + b^2 = c^2$
Höhen- und Kathetensatz	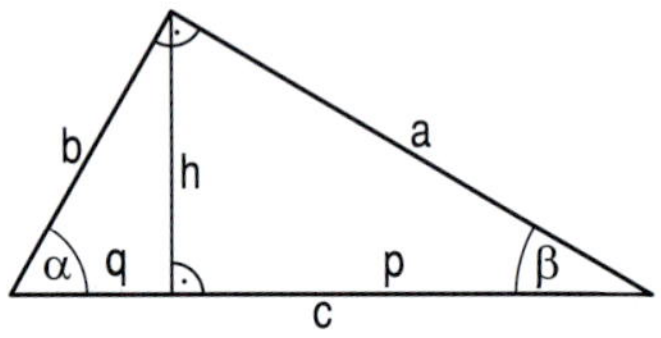	$h^2 = p \cdot q$ $a^2 = c \cdot p$ $b^2 = c \cdot q$
Satz des Thales	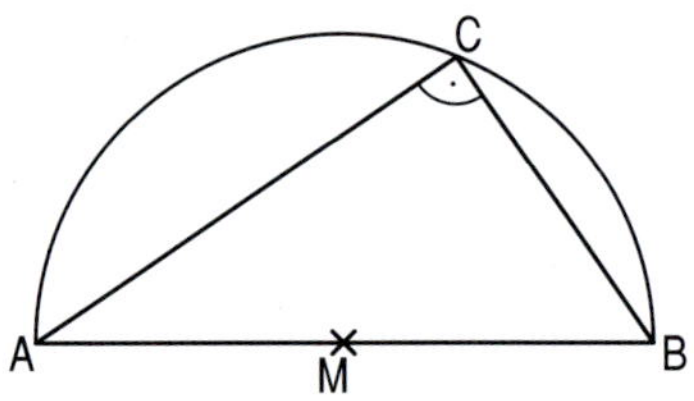	Liegt C auf einem Kreis mit dem Durchmesser $\overline{AB}$, dann ist das Dreieck ABC bei C rechtwinklig, sonst nicht.
Seitenverhältnisse	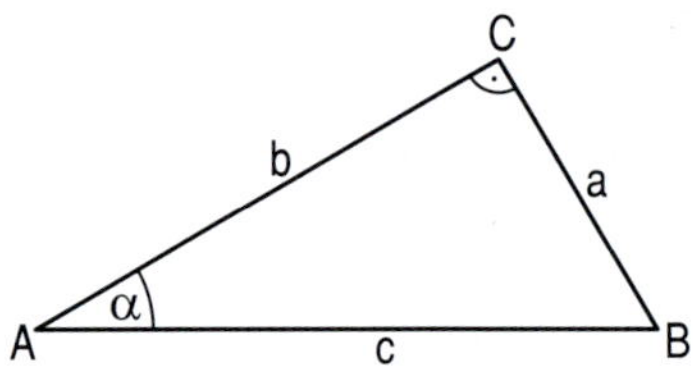	$\sin \alpha = \frac{a}{c}$ $\cos \alpha = \frac{b}{c}$ $\tan \alpha = \frac{a}{b}$

Zentrische Streckung und Ähnlichkeitsbeziehungen	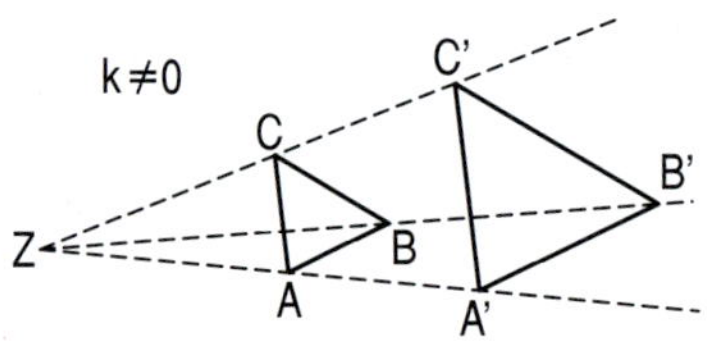	$\frac{\overline{AB}}{\overline{AC}} = \frac{\overline{A'B'}}{\overline{A'C'}}$ usw. $\frac{\overline{ZA}}{\overline{ZA'}} = \frac{\overline{AB}}{\overline{A'B'}} = \frac{1}{k}$ usw.

Ebene Flächen

Rechteck	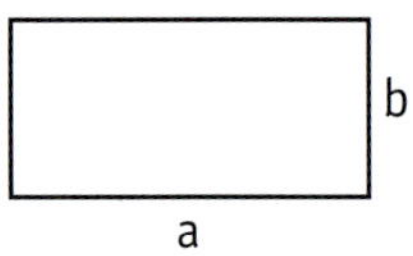	Flächeninhalt: $A = a \cdot b$ Umfang: $u = 2a + 2b$
Dreieck	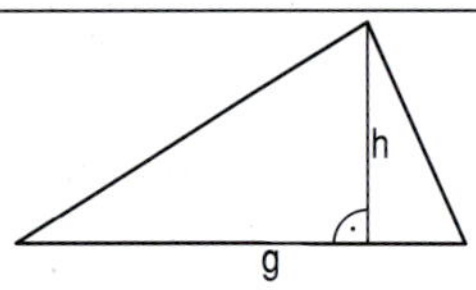	Flächeninhalt: $A = \frac{g \cdot h}{2}$

Parallelogramm	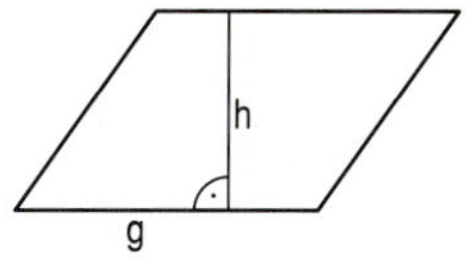	Flächeninhalt: $A = g \cdot h$
Trapez	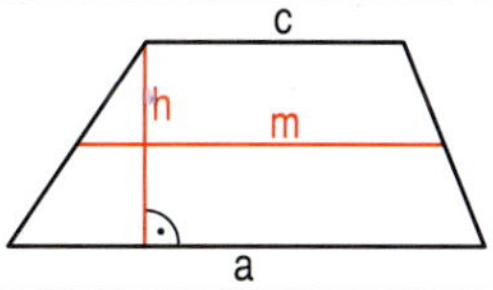	Flächeninhalt: $A = \frac{a + c}{2} \cdot h = m \cdot h$
Kreis	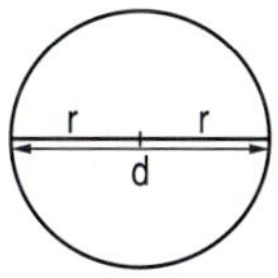	Flächeninhalt: $A = \pi \cdot r^2 = \pi \cdot \frac{d^2}{4}$ Umfang: $u = \pi \cdot d = 2\pi \cdot r$

Körper

Quader	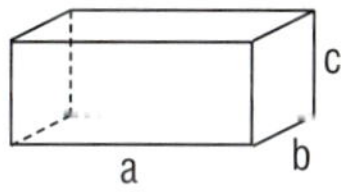	Volumen: $V = a \cdot b \cdot c$ Oberfläche: $O = 2\,ab + 2\,ac + 2\,bc$
Prisma	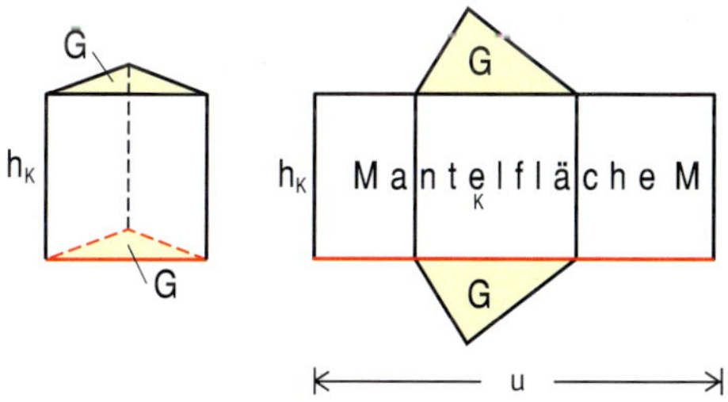	Oberfläche: $O = 2\,G + M$ Mantelfläche: $M = u \cdot h_K$ Volumen: $V = G \cdot h_K$
Zylinder	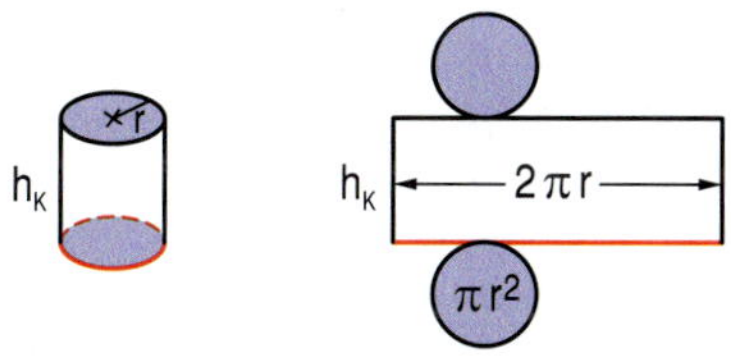	Mantel: $M = u \cdot h_K = 2\pi r \cdot h_K$ Oberfläche: $O = M + 2\,G = 2\pi r \cdot h_K + 2\pi r^2$ Volumen: $V = \pi r^2 \cdot h_K$
Kegel	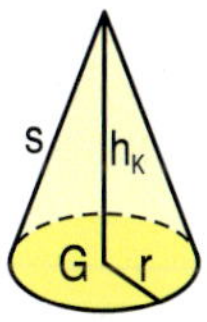	Volumen: $V = \frac{1}{3}\,G \cdot h_K = \frac{1}{3}\,\pi \cdot r^2 \cdot h_K$ Mantel: $M = \pi \cdot r \cdot s$ Oberfläche: $O = \pi \cdot r^2 + \pi \cdot r \cdot s$
Pyramide	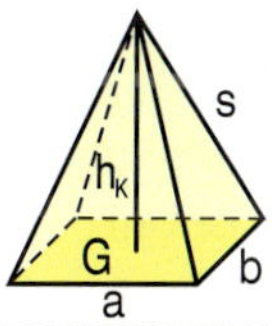	Volumen: $V = \frac{1}{3}\,G \cdot h_K = \frac{1}{3} \cdot a \cdot b \cdot h_K$
Kugel	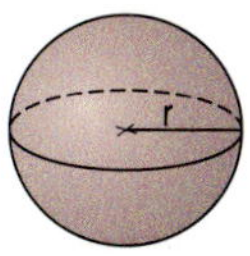	Volumen: $V = \frac{4}{3}\,\pi\,r^3$ Oberfläche: $O = 4\,\pi\,r^2$

Stochastik

Urliste	Die ungeordnete Darstellung der Daten bezeichnet man als Urliste.	Daten: 14 € 17 € 19 € 17 € 16 €
Mittelwert (arithmetisches Mittel)	Man addiert alle Werte und dividiert anschließend durch die Anzahl der Werte.	14 € + 17 € + 19 € + 17 € + 16 € = 83 € Mittelwert: 83 € : 5 = 16,6 €
Median (Zentralwert)	Die Daten werden nach aufsteigender Größe geordnet. Der Median (Zentralwert) ist der Wert in der Mitte der Reihe. Bei einer geraden Anzahl von Werten ist der Median der Mittelwert der beiden Werte in der Mitte der Reihe. In der Rangliste stehen rechts und links vom Median gleich viele Daten.	Rangliste: 14 € 16 € 17 € 17 € 19 € Median: 17 € 19 g 19 g 21 g 22 g 24 g 26 g Median: $\frac{21\,g + 22\,g}{2}$ = 21,5 g

Bei einem Zufallsversuch mit gleichwahrscheinlichen Ergebnissen (Laplace-Versuch) gilt für die Wahrscheinlichkeit p eines Ereignisses

$$p\,(\text{Ereignis}) = \frac{\text{Anzahl der günstigen Ergebnisse}}{\text{Anzahl aller möglichen Ergebnisse}}$$

Beispiel:
Mögliche Ergebnisse beim fairen 6er-Würfel: Augenzahlen 1; 2; 3; 4; 5; 6
Die Wahrscheinlichkeit für das Ereignis „1 oder 6": $p\,(1 \text{ oder } 6) = \frac{2}{6} = \frac{1}{3} \approx 33\%$

Mehrstufige Zufallsversuche lassen sich in einem Baumdiagramm darstellen. Dabei kann ein Ergebnis als Pfad veranschaulicht werden. Die Wahrscheinlichkeiten lassen sich mithilfe von Produkt- und Summenregel berechnen.

1. Pfadregel (Produktregel)	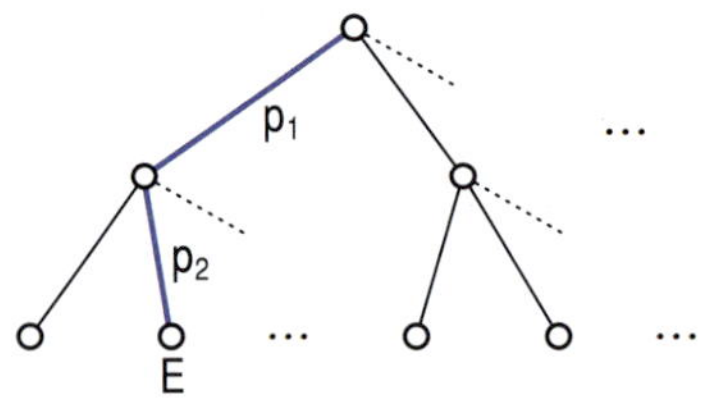	Die Wahrscheinlichkeit eines Ereignisses ergibt sich aus dem Produkt der Wahrscheinlichkeiten entlang des Pfades. $p\,(E) = p_1 \cdot p_2$
2. Pfadregel (Summenregel)	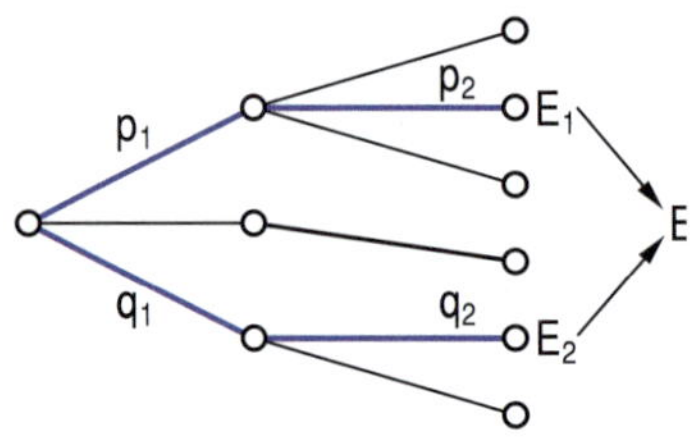	Die Wahrscheinlichkeit eines zusammengesetzten Ereignisses ist gleich der Summe der Einzelwahrscheinlichkeiten. $p\,(E) = p\,(E_1) + p\,(E_2)$ $= p_1 \cdot p_2 + q_1 \cdot q_2$

Maßeinheiten

Kilometer	Meter	Dezimeter	Zentimeter	Millimeter
1 km =	1000 m			
	1 m =	10 dm =	100 cm =	1000 mm
		1 dm =	10 cm =	100 mm
			1 cm =	10 mm

Quadratkilometer	Hektar	Ar	Quadratmeter
1 km^2 =	100 ha =	10 000 a	
	1 ha =	100 a =	10 000 m^2
		1 a =	100 m^2

Quadratmeter	Quadratdezimeter	Quadratzentimeter	Quadratmillimeter
1 m^2 =	100 dm^2 =	10 000 cm^2	
	1 dm^2 =	100 cm^2 =	10 000 mm^2
		1 cm^2 =	100 mm^2

Kubikmeter	Kubikdezimeter	Kubikzentimeter	Kubikmillimeter
1 m^3 =	1000 dm^3		
	1 dm^3 =	1000 cm^3	
		1 cm^3 =	1000 mm^3

1 dm^3 = 1 l

Hektoliter	Liter	Zentiliter	Milliliter
1 hl =	100 l		
	1 l =	100 cl =	1000 ml
		1 cl =	10 ml

Tonne	Kilogramm	Gramm	Milligramm
1 t =	1000 kg		
	1 kg =	1000 g	
		1 g =	1000 mg

Tag	Stunde	Minute	Sekunde
1 d =	24 h		
	1 h =	60 min	
		1 min =	60 s

Vorsilben für Maßeinheiten

Vorsilbe	Zeichen	Vielfaches der Maßeinheit	Vorsilbe	Zeichen	Vielfaches der Maßeinheit
Deka	da	10	Dezi	d	0,1
Hekto	h	100	Zenti	c	0,01
Kilo	k	1 000	Milli	m	0,001
Mega	M	1 000 000	Mikro	µ	0,000 001
Giga	G	1 000 000 000	Nano	n	0,000 000 001
Tera	T	1 000 000 000 000	Pico	p	0,000 000 000 001

Stichwortverzeichnis